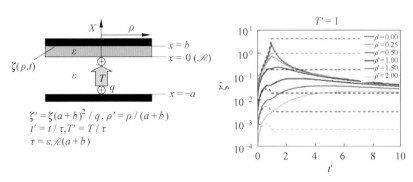

$$\zeta' = \zeta(a+b)^2 / q, \rho' = \rho / (a+b)$$
$$t' = t / \tau, T' = T / \tau$$
$$\tau = \varepsilon \mathscr{R}(a+b)$$

图 4.24　计算 $x=b$ 处电极上减小的感应电荷密度 $\zeta'(\rho, t)$ 的实例

电荷在 $T=\tau$ 时刻穿过间隙,然后穿过 $x=0$ 处的薄电阻层。该图是由精简变量以后所绘制,其中 $\mathscr{R}$ 是中间层的面电阻率。为了比较,虚线对应于 $\mathscr{R}=0$ 的静电情况。

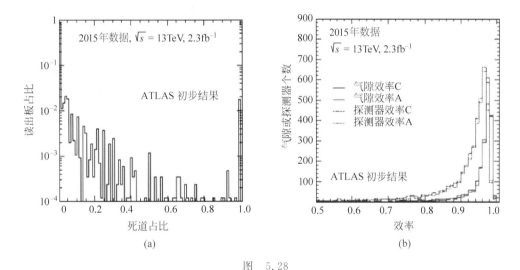

图　5.28

（a）死道的占比分布；（b）ATLAS RPC 效率

这里,"气隙效率"要求同一 RPC 的两个读出板至少一个有击中,"探测器效率"则要求两个读出板都有击中。

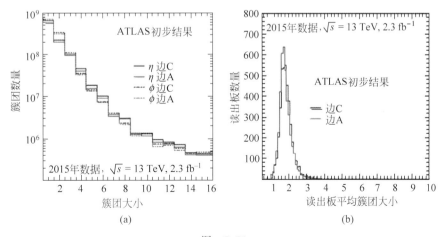

图　5.30

（a）RPC 簇团大小的分布；（b）RPC 平均簇团大小的分布

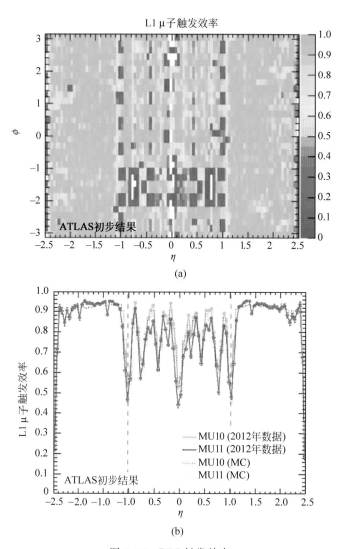

图 5.32　RPC 触发效率

（a）μ 子横动量大于 10GeV 情况下 L1 μ 子触发效率分布图；（b）不同触发条件下效率和赝快度（空间坐标，描述
了粒子运动方向相对于束流轴的夹角）的函数关系

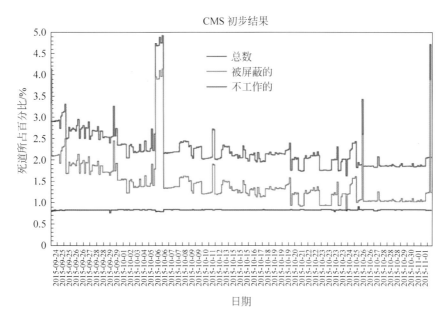

图 5.35　CMS RPC 系统 2015 年的死道百分比

死道主要由以下两个因素导致：因为电路故障而采取主动屏蔽(即自主从读出链中断开)的读出条和因处于高压或低压故障 RPC 上不工作的读出条。

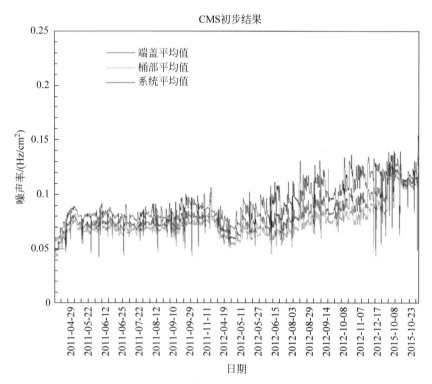

图 5.36　CMS 桶部和端部 RPC 的本征计数率（噪声率）
在每次质子注入之前测量。

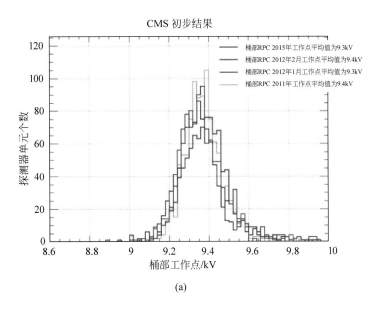

(a)

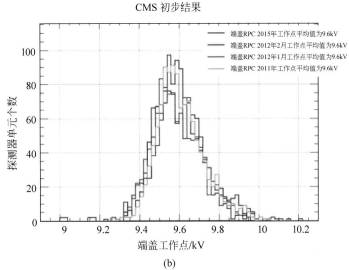

(b)

图 5.38　2011—2015 年间经 4 轮测试得到的 CMS RPC 桶部（a）和端盖（b）的工作点分布

由于探测器生产组装过程中不可避免的微小差异，可以看到桶部和端盖的工作电压都有大约 300V 的晃动。

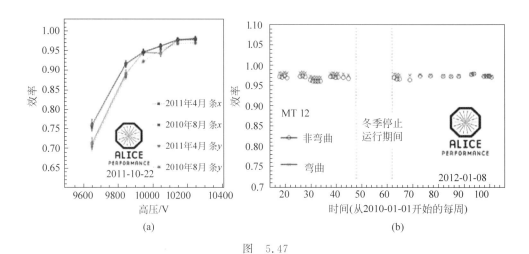

(a)

(b)

图 5.47

（a）一个触发 RPC 在 8 个月内的效率与电压的关系曲线图；（b）四个探测平面之一的平均效率随时间变化的关系，探测器工作点进行了温度和气压的校正

图 5.54　参加 EEE 实验的团队之一，来自 Trinitapoli 的 Instituto Staffa 团队

照片中的后方就是他们刚刚完成组装的 RPC 探测器，其中还有本书的作者之一 Marcello Abbrescia。高中学生、教师和专业研究人员之间的合作是 EEE 实验取得重要成果的坚实基础。

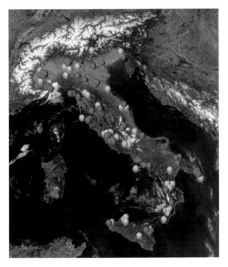

图 5.55 截至 2016 年年底 EEE 网络站点分布图

其中红色点代表装有宇宙射线望远镜的学校或机构,蓝色点代表参加系统监测和数据分析,但没有安装探测器的学校。

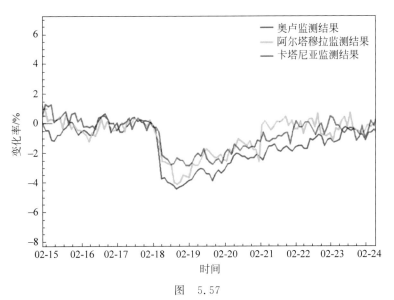

图 5.57

2011 年 2 月,位于阿尔塔穆拉和卡塔尼亚的两个 EEE 望远镜系统首次观测到福布什降低现象,与奥卢在同一时间段内得到的中子监测数据进行了比较,结果非常一致。

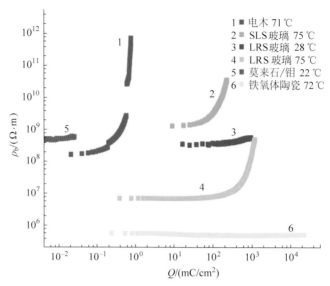

图 6.7　在不同温度下测量得到的玻璃和其他材料的电阻率与转移电荷的关系

SLS玻璃：钠钙硅酸盐玻璃；LRS：低阻硅酸盐玻璃(清华大学研发)；莫来石/钼莫来石/钼陶瓷。电木在 71℃(当没有足够气体湿度提供 H^+ 载体时，转移电荷能力小于 $1mC/cm^2$)与 72℃ 的铁氧体陶瓷(即使电荷转移能力达到 $22\,000mC/cm^2$ 后，仍然保持不变的电阻率)同时表现出极端的行为。

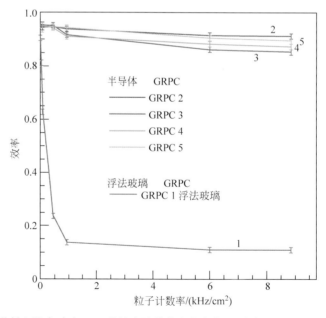

图 6.9　4 种低电阻率玻璃 RPC 的效率随计数率的变化(图中标记为 GRPC2～GRPC5)

为了比较，图中还给出了浮法玻璃 RPC 的数据。

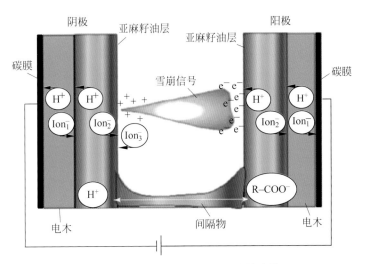

图 6.10　涂油电木 RPC 中的电荷转移模型

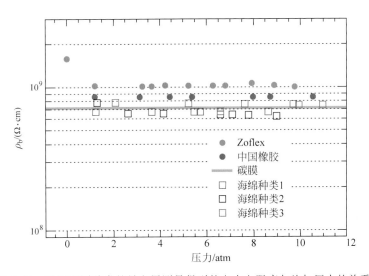

图 6.15　采用不同种类的导电层测量得到的电木电阻率与施加压力的关系
测试结果与碳膜电极获得的结果进行了比较，其中 Zoflex 是一种导电橡胶的品牌。

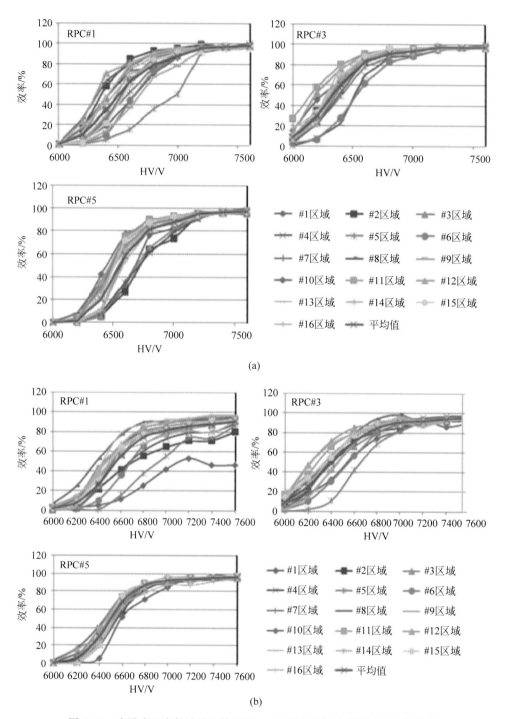

图 6.27　在没有亚麻籽油处理情况下，3 个 RPC 的加速老化试验中的效率
（a）试验开始时；（b）经过 23 天实验后

在 16 个监测区域（4×4 阵列）中用宇宙射线测量效率，相应的编号为♯1 至♯16。在 RPC 1 的♯1 区域中，严重老化已经出现。其他 3 个 RPC 的老化程度要小得多，因为它们的等效受照剂量较小。

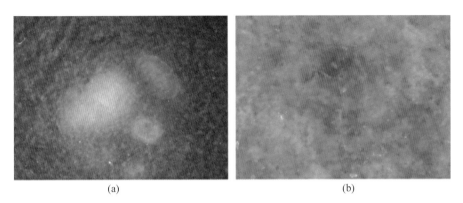

(a)   (b)

图 6.33 油涂层电木电极内表面出现的斑点照片,可能是与 HF 的化学相互作用形成的(有彩图)

(a)"白色"斑点(浅灰色);(b)"橙色"斑点(在黑白版照片中的深灰色斑点)

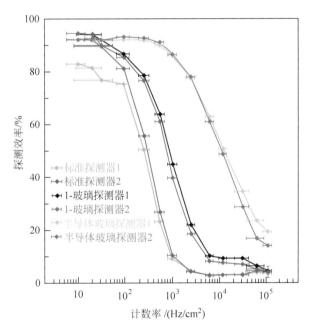

图 7.3 不同电极电阻率的玻璃 RPC 样机的计数率能力

标准探测器 1 和标准探测器 2 是指电极由 1.1mm 厚的钠钙浮法玻璃制作的两个样机。
1-玻璃探测器指的是一个电极由同一种玻璃制作的 2 个样机,气隙另一侧直接由阳极
读出板形成电极并读出信号。计数率能力最好的是一种从 Schott Glass Technologies
公司购买的"半导体"玻璃(型号是 S8900)制作的探测器。

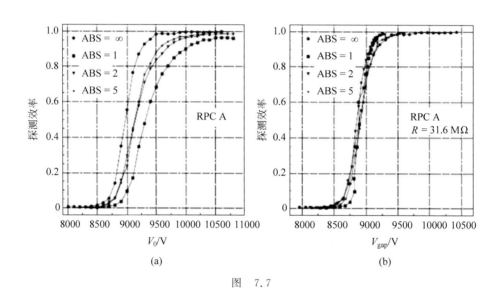

图 7.7

（a）一个 $50\text{cm} \times 50\text{cm}$ 的 RPC 在不同计数率条件下测量得到的效率与 $\Delta V_{\text{appl}}(\Delta V_{\text{appl}} = V_0)$ 的关系，工作气体是比例为 $95 : 4 : 1$ 的 $C_2H_2F_4$、C_4H_{10} 和 SF_6。这是在欧洲核子研究中心的 GIF 辐照装置上，同时用 [137]Cs 源的 γ 辐照的情况下测量的。图中给出的吸收因子（ABS）指的是放在放射源前面的屏蔽体的衰减系数，ABS 大即 γ 通量低。（b）使用同样的数据画出的效率与 $\Delta V_{\text{gap}} = \Delta V_{\text{appl}} - RI$ 关系曲线，R 是通过 I 与 ΔV_{appl} 关系拟合得到的

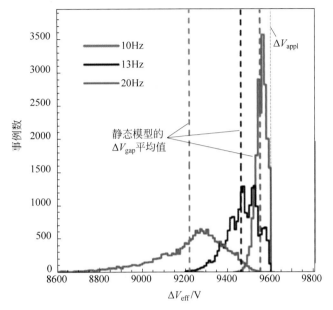

图 7.9 不同入射粒子计数率下"有效的"ΔV_{eff}

这两套曲线证明了 RPC 的特性:当入射粒子计数率增加时,进入坪区的工作电压越来越高。而且,高计数率时坪区的效率值较低(Abbrescia,2004)。

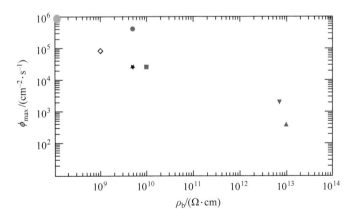

图 7.27 "RPC 计数率世界分布图"

(Gonzalez-Diaz 2006 的改编版)

表示效率下降 10% 的最大通量与材料体电阻率的关系图。红色圈和红色方块是陶瓷,上三角是加热的硅玻璃,下三角是硅玻璃(Gonzalez-Diaz et al.,2005),星号是半导体掺杂玻璃(Wang et al.,2010),◇号是低电阻率陶瓷。绿色点代表具有 GaAs 或者陶瓷阴极 RPC 的计数率能力(Naumann et al.,2011)。

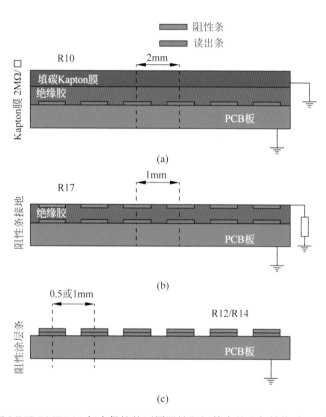

图 8.14　用于 MICROMEGAS 打火保护的不同阻性阳极技术的几何结构(标记为(a),(b),(c))

根据实验要求,阳极条的电阻率可以在 0.5～100MΩ·cm 范围内调整。

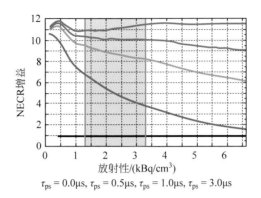

$\tau_{ps} = 0.0\mu s,\ \tau_{ps} = 0.5\mu s,\ \tau_{ps} = 1.0\mu s,\ \tau_{ps} = 3.0\mu s$

图 9.4 在不同电路死时间下(用 τ_{ps} 表示)时,RPC-PET 全身扫描仪预期的噪声等效计数率(详见 NECR)与最好的商用断层扫描设备(Philips gemini TF,用水平线表示)之比
下面的线对应于大的 τ_{ps}。阴影区域对应于临床检查中普遍接受的活度范围。

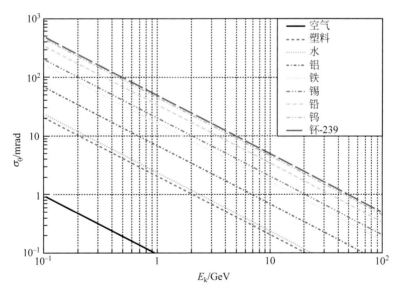

图 9.14 经过所选材料一个辐射长度后散射角 σ_θ 与 μ 子动能的关系

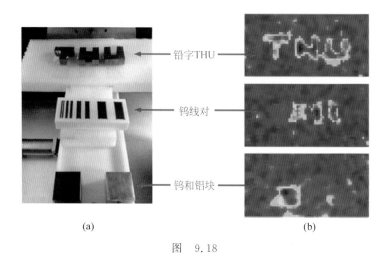

(a)

(b)

图　9.18

（a）一些测试工件的照片；（b）在 TUMUTY 装置中对应的成像图像

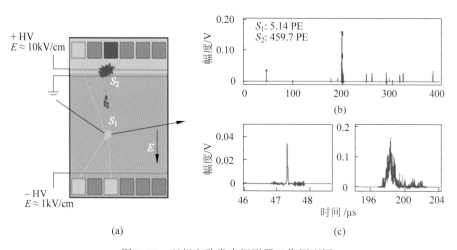

(a)

(b)

(c)

图 9.33　双相电致发光探测器工作原理图

（a）通过几个 PMT（在图中以黄色标记）信号的符合，识别在液体中相互作用（深灰色）产生的闪烁光 S_1，气体中强烈的次级闪烁光 S_2（浅蓝色）在靠其最近的顶部 PMT 上产生大幅度信号（以红色标记）；（b）液态惰性气体 TPC PMT 信号 S_1 和 S_2 的波形图；（c）信号 S_1 和 S_2 的局部放大。

Resistive Gaseous Detectors
Designs, Performance, and Perspectives

阻性板
气体探测器

设计，性能及应用

[意] 马赛罗·阿不拉西亚（Marcello Abbrescia）

[俄] 伏拉基米尔·佩斯科夫（Vladimir Peskov）　著

[葡] 保罗·丰特（Paulo Fonte）

王　义　李元景　韩　冬　译

清华大学出版社

北　京

北京市版权局著作权合同登记号　图字：01-2018-8444

翻译自 [Marcello Abbrescia；Vladimir Peskov and Paulo Fonte]，[Resistive gaseous detectors，Designs，Performance，and Perspectives]，[1]。

This edition is published by arrangement with **Blackwell Publishing** Ltd，Oxford.

Translated by **Tsinghua University Press** from the original English language version. Responsibility of the accuracy of the translation rests solely with **Tsinghua University** Press and is not the responsibility of **Blackwell Publishing Ltd.**

图书在版编目（CIP）数据

阻性板气体探测器：设计，性能及应用/（意）马赛罗·阿不拉西亚，（俄罗斯）伏拉基米尔·佩斯科夫，（葡）保罗·丰特著；王义，李元景，韩冬译.—北京：清华大学出版社，2021.5

ISBN 978-7-302-54881-2

Ⅰ．①阻…　Ⅱ．①马…　②伏…　③保…　④王…　⑤李…　⑥韩…　Ⅲ．①气体探测器　Ⅳ．①TN215

中国版本图书馆 CIP 数据核字（2020）第 023109 号

责任编辑：朱红莲　赵从棉
封面设计：傅瑞学
责任校对：刘玉霞
责任印制：宋　林

出版发行：清华大学出版社
　　　网　　　址：http://www.tup.com.cn，http://www.wqbook.com
　　　地　　　址：北京清华大学学研大厦 A 座　　　　邮　　　编：100084
　　　社　总　机：010-62770175　　　　　　　　　　邮　　　购：010-62786544
　　　投稿与读者服务：010-62776969，c-service@tup.tsinghua.edu.cn
　　　质量反馈：010-62772015，zhiliang@tup.tsinghua.edu.cn
印　装　者：三河市铭诚印务有限公司
经　　　销：全国新华书店
开　　　本：185mm×260mm　　印　张：18　　插　页：8　　字　　　数：460 千字
版　　　次：2021 年 5 月第 1 版　　　　　　　　　　印　　　次：2021 年 5 月第 1 次印刷
定　　　价：89.00 元

产品编号：081549-01

致　谢

阻性板室气体探测器的研制和成功应用得益于全世界科学家、工程师、技术人员和学生们的工作,他们组成了一个庞大的团体。我们感谢和所有这些顶级专家的日常交流,以及他们分享的经验,这些交流和经验使我们能在本书中展现这个团体共同努力的结晶。

特别感谢来自 ALICE、ATLAS 和 CMS 实验组,以及 EEE 项目的同事和朋友,我们中的一些同事与他们开展着非常紧密的合作,那是很棒的经历!

前　言

　　本书主要介绍带有阻性电极且用于探测基本粒子的气体探测器，这其中最为成熟的是阻性板室。这些探测器具有若干独特、重要且实用的特性，比如良好的打火保护和优秀的时间分辨率，时间分辨率甚至低至几十皮秒。

　　关于阻性板室设计的许多不同实例及其运行和性能，有许多科学出版物，但仍然很少有评论文章特别是书籍，来总结它们的基本工作原理、历史发展、最新成果以及它们在各个领域中不断增长的应用。

　　所以，本书旨在涵盖以上所提到的方面，同时尝试通过合适的物理模型将它们整合到一起。本书的读者面很广，这个领域的初学者也可以阅读。我们希望本书能够由简单到复杂，循序渐进地讨论这个话题。

　　同时，由于这个已经建立的知识体系还有待科学界的总结评估，所以我们所做的工作对阻性气体探测器的研究和发展也是具有重要意义的。

Marcello Abbrescia

Vladimir Peskov

Paulo Fonte

引　言

　　100 年前,一种通过雪崩放电模式工作的气体探测器——盖革计数器被发明出来,在这之后,气体探测器的发展经历了三次里程碑式的突破,分别是:

- 多丝正比室(multiwire proportional chamber,MWPC)的发明,其发明者乔治·夏帕克为此获得 1992 年的诺贝尔物理学奖。
- 20 世纪 80 年代初阻性板室(resistive plate chamber,RPC)探测器的发明。
- 20 世纪 90 年代末微单元结构气体探测器(micropattern gaseous detector,MPGD)的发展,该探测器在概念上与多丝正比室相近,但采用微电子技术加工而成。

　　本书将着重介绍阻性板室探测器(RPC)。RPC 具有放电保护功能,且对于带电粒子、伽马光子及中子有灵敏的位置(小于 $100\mu m$)和时间分辨率(优于 50ps)。这种探测器工作稳定性好,易于生产,价格相对低廉。

　　如今,RPC 发展迅猛,被成功用于许多物理实验当中,如欧洲核子中心(CERN)的大型强子对撞机(LHC)(RPC 总面积达 $10000m^2$)和大型天体物理实验(羊八井宇宙射线地面测量站(ARGO-YBJ)中 RPC 探测器总面积达 $7000m^2$)。未来,RPC 还可能被用于 LHC 探测器升级和一些新的物理实验,以及更多、更具体的应用,如正电子发射断层成像(PET)的飞行时间探测、国土安全和火焰检测等。

　　本书主要是介绍 RPC 探测器的设计、性能和应用,也会提出该类探测器目前和未来将面临的挑战。

　　我们也将回顾另一种近期发展迅猛且很有潜力的阻性板气体探测器——微单元结构探测器,这种探测器至少有一个电极使用阻性材料,它将 RPC 火花保护和 MPGD 高粒度、高位置分辨率的优势集中在一起。该探测器工作稳定,将用于超环面仪器(ATLAS)和紧凑 μ 子线圈(CMS)探测器的升级以及环境监控等一些实际应用中。

　　本书包含 9 章。

　　第 1 章介绍气体探测器的工作原理、设计理念以及一些局限性。其中之一就是倍增系数的极限,这将导致放电现象的产生。本书介绍了使用阻性电极对放电的抑制和定位作用,这一创新的思路曾开启了探测器发展的新方向。RPC 探测器对放电抑制的一个简化模型也在本书中有所叙述。

　　第 2 章介绍平行板电极气体探测器的发展历史。平行板气体探测器的早期设计采用金属电极,放电现象严重,考虑到放电带来的一系列问题,起源于 Babykin 和 Parkhomchuk 开拓性工作的阻性板探测器将在本章加以介绍。第 2 章还讨论了第一个 1mm 厚工作在 1 个大气压下的 RPC 原型探测器,以及其他一些有阻性电极的探测器,如著名的 Pestov 火花计数器(时间分辨率可达 50ps)、Iarocci 管和阻性 MWPC 等探测器。

第 3 章的重点是介绍使用电木作为电极材料的"经典"RPC,此种 RPC 探测器由 Santonico 和 Cardarelli 在 20 世纪 80 年代发明。本章也介绍了适用于低计数率环境下的玻璃 RPC。探测器的设计、生产(包括在电木电极板的内表面涂抹亚麻籽油)以及物理原理都在本章中有详细的描述。探测器物理原理包括雪崩、流光模式的原理、火花抑制机制、信号发展、探测器效率和时间分辨率、气体的选择、噪声信号和暗电流。

第 4 章介绍了一种现代 RPC——双气隙 RPC,这种探测器广泛应用于包括 LHC 在内的很多物理实验中。双气隙 RPC 工作在信号符合模式,拥有更好的探测效率和时间、空间分辨率等性能。本章还介绍了宽气隙 RPC 的特征,但主要集中于在本领域取得重要突破的多气隙 RPC 以及定时 RPC。关于探测器的一些更深入的工作原理如空间电荷效应等也将在本章中有所涉及。

第 5 章描述了 RPC 探测器在高能物理实验中的应用。其中,最重要的应当是复杂而巨大的 LHC 实验。之前的一些较小的实验如斯坦福直线加速器中心(SLAC)的 L3 和 BaBar 也有所叙述。本章还介绍了用于大型离子对撞(ALICE)和高接收度双电子谱仪(HADES)实验组粒子鉴别飞行时间系统中的定时 RPC,以及羊八井和极端能量事件(EEE)等天体物理实验中的 RPC。羊八井实验完全由 RPC 组成,研究空气簇射和各向异性的特征。EEE 实验能探测高能宇宙射线簇射,观测面积巨大。该实验还有教育功能,由于 RPC 都安装在一些中学内,学生们有机会参与到真实科学实验的数据采集中去,感受科学研究的过程。

第 6 章集中在两个方面：材料和老化。原则上,很多阻性材料可以被运用到 RPC 中,但目前只有很少数材料有实际应用。本章介绍了其原因和对其微观行为的理解。材料的一些参数,如电阻及其随时间的变化、计数率、温度变化和其他相关因素会影响探测器运行的稳定性,也在本章中做了详细的介绍。老化问题是在探测器运用于大型物理实验之后出现的,需要在下一代探测器中解决,本章对目前的解决方案也做了一定讨论。

第 7 章的主题是高计数率。阻性板探测器从原理上就只能达到有限的计数率,因此在对计数率有要求的实验中应用阻性板探测器需要更多的考虑。提升计数率的措施主要是降低材料的电阻率($10^8 \sim 10^{10}\,\Omega \cdot \text{cm}$)。近年来对于同时具有高时间、位置分辨率的窄气隙 RPC 的研究也将在本章中有所叙述,这些成就为未来更有创新性的 RPC 应用带来了可能性。

第 8 章介绍了新一代的阻性板气体探测器。这些探测器由微电子技术加工而成,该技术可以生产一端为阻性,另一端为金属电极构成的 RPC。该探测器最突出的特点是高位置分辨率,在一些设计中可以达到前所未有的 $12\,\mu\text{m}$ 的分辨率。本章也讨论了在 LHC 升级中使用阻性微网气体探测器(MICROMEGAS)及其他探测器的一些计划。

最后,第 9 章介绍了 RPC 在高能物理及天体物理以外的应用,如正电子发射断层扫描(PET)等一些医疗仪器、国土安全、环境监测和低温时间投影室(TPC)等。

本书总结了阻性板气体探测器的最新成果。我们希望本书将对高能物理、天体物理、医学物理等辐射探测相关方向的研究者有所帮助,希望它适用于学生、博士、研究员、讲师、教授,以及工作在如电子学和国土安全等工业领域的工程师等不同人群。

目　录

第1章
经典气体探测器及其局限性

阻性板气体探测器可用于探测带电粒子、高能光子和中子,其探测介质是气体,其特征为至少有一个电极由阻性材料制成,电阻率通常为 $10^8 \sim 10^{12} \Omega \cdot cm$。这些设备的主要优点是它们可以从原理上抑制火花放电的产生,但代价是计数率有限。为了在实践中理解这一特征的重要性,本章简要回顾一下在使用阻性电极之前,传统气体探测器的一些主要设计及其运行原理。

1.1 电离室

从历史上看,电离室是 20 世纪初第一个用于实验测量的第一个气体探测器。根据实验要求,该探测器可以具有不同的几何形状,如平板、圆柱形、球形等,但其工作原理与几何形状无关。

图 1.1 所示为平板和圆柱形电离室。电离室由阳极和阴极两个金属电极组成,电极之间可加高压。这种探测器可以使用多种气体(包括空气),通常工作于 1 个标准大气压下。它们至今仍在使用,甚至应用于高能物理领域之外,例如烟雾探测器、剂量测定等(参见维基百科,自由百科全书(2017)及其中的参考文献,以及 Khan and Gibbon(2014)的第 6 章)。

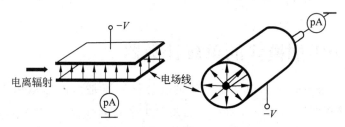

图 1.1 平板和圆柱形电离室的示意图

"pA"代表皮安计,是一种用于测量极小电流的装置。

如果强电离辐射(X 射线、γ 射线或带电粒子等,会在气体中产生一定数量的电子-离子对)射入电极之间的区域,探测器产生的电流信号是其所加电压的函数,如图 1.2 所示。在低电压(大约低于 1kV,取决于具体的几何形状和使用的气体),电流随电压不断增大,直到达到一种饱和区,通常称为"坪区"。在这个区域,几乎所有由入射电离辐射产生的初级电子-离子对都被电极所收集。在低于坪区的电压下,一些电子-离子对会复合,这就是其电流信号低于饱和值的原因。

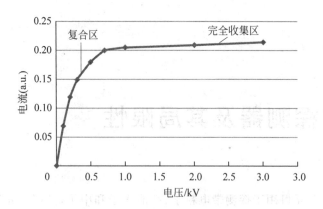

图 1.2　当光子或带电粒子射入时，用电离室测量的电流随所加电压的变化曲线

坪区电流值由下式给出：

$$I = k_i \frac{W_{\text{dep}}}{W_i} \qquad (1.1)$$

其中，k_i 是系数，W_{dep} 是电离辐射在电离室内所沉积的能量，W_i 是产生单个电子-离子对所需的平均能量。注意 W_i 高于电离势（通常是两倍），因为电离粒子沉积的部分能量将耗散于其他作用（例如激发原子能级或激发分子能级、分子振动和转动），而该作用不会产生电子-离子对。

例如，对 X 射线：

$$W_{\text{dep}} = \int N_{\text{abs}}(\nu) E_\nu \, d\nu \qquad (1.2)$$

其中，$N_{\text{abs}}(\nu)$ 是探测器单位体积吸收的能量为 E_ν 的光子数，ν 为入射辐射的频率。

电离室探测辐射的能力由电流计（用于测量两个电极之间的电流）的灵敏度决定。在 20 世纪初，电流计的灵敏度远差于现有标准水平，因此这种探测器只能探测到强度相对较高的辐射，而不能检测单光子或单电离粒子。

1.2　工作于雪崩模式的单丝计数器

第一个能够记录单光子和单基本粒子的气体探测器是由卢瑟福和盖革（1908）发明的雪崩计数器，该探测器如图 1.3 所示。它是一个金属圆柱体（典型直径为 2～3cm），其中心是一根被拉紧的直径约为 0.1mm 或更细的金属细丝。中心丝加正电压，圆柱表面接地。

当接收到强辐射时，该探测器的典型电压-电流特性曲线如图 1.4 所示，电压和电流的值都只给出数量级，因为它们很大程度上取决于探测器的精确几何形状和填充气体。该图仅是圆柱形计数器的性能的定性描述。

当所加电压较低时，该探测器即为圆柱形电离室（相关区域在图中标记为"电离室"）。但是，在较高电压下，电流急剧上升，这即为电子雪崩倍增的开始。

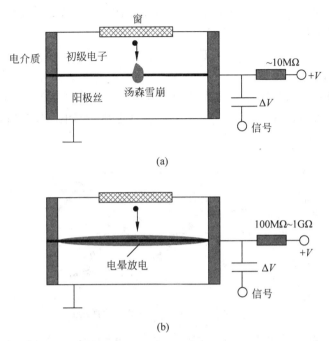

图 1.3　盖革和卢瑟福在 1908 年发明的单丝圆柱计数器的示意图。该探测器通常工作在 (a)正比模式或(b)盖革模式

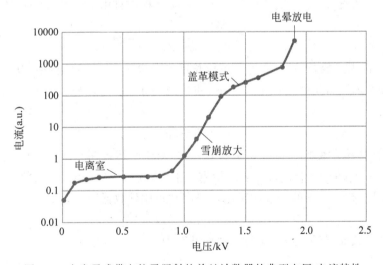

图 1.4　由光子或带电粒子照射的单丝计数器的典型电压-电流特性

1.3　均匀或圆柱形电场中的雪崩和放电发展

约翰·西利·汤森在 1897—1901 年之间最早观测到气体中的电子的雪崩倍增过程,并对其进行了详细的研究。这个过程从 E/n_A 的某个临界值开始(E 是电场强度,n_A 是气体密度,即每立方米的分子数或原子数),该临界值取决于发生这种现象的探测器填充工作气体的几何形状。在电场的作用下,自由电子会在气体中漂移,并与其周围的原子和分子发生

多次弹性或非弹性碰撞。在弹性碰撞过程中,电子只改变其运动方向,不会损失动能,因此电子在走过 ΔV 的电位差后将获得动能:

$$E_k = |q_e| \Delta V \tag{1.3}$$

式中,q_e 是电子电荷。

非弹性碰撞在电场较高时变得显著,电子失去了部分动能,导致各种原子或分子的激发(原子被激发,分子除激发外还会产生转动与振动)或电离。当电离发生时,气体中会产生一个新的自由电子(参见图 1.5)。

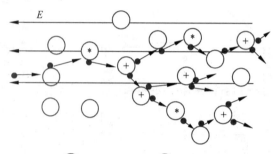

图例: ●—电子 ◯—原子或分子 ✳—激发的原子或分子 ⊕—离子

图 1.5 气体中汤森雪崩发展的示意图:在足够大的电场中漂移的自由电子(来自左侧)与原子和分子发生弹性和非弹性碰撞,导致新的自由电子、激发或电离的原子或分子的产生

在最简单的情况下,电场线平行于 x 轴,雪崩过程中自由电子数 n_e 的无穷小增量 dn_e 可在数学上描述为

$$dn_e = \alpha n_e dx \tag{1.4}$$

其中,α 是第一汤森系数,表示一个电子单位长度产生电子-离子对的概率,其值受电场强度影响。气体探测器通常工作在恒定气压下,我们忽略了 n_A 的影响。将方程(1.4)积分,可以得到:

$$n_e = \exp(\alpha d) \tag{1.5}$$

其中,d 是雪崩发展的距离(受限于电极所在位置,对于平行板探测器,即为气隙厚度)。

如果位于 $x = 0$ 的 n_0 个初级电子开始雪崩倍增,则所产生的电子的总数 n_e 将与 n_0 成正比(输出信号与初级电子的个数成正比,故称为"正比计数器"):

$$n_e = n_0 \exp(\alpha d) \tag{1.6}$$

通常定义倍增系数或"气体增益"(简称为"增益")为

$$A = \exp(\alpha d) \tag{1.7}$$

在气体中电场不均匀的情况下,增益的形式较复杂,表示为

$$A = \exp\left(\int_a^b \alpha\{E(x)\} dx\right) \tag{1.8}$$

只有在简单的情况下才能解析计算其值,但大多数情况下必须以数值方式计算,其中 a 和 b 分别表示雪崩的初始点和最终点的位置坐标。例如,对于如图 1.3(a)所示的单丝计数器:

$$A = \exp\left(\int_{r_a}^{r_c} \alpha(r) dr\right) \tag{1.9}$$

其中，r_a 和 r_c 分别是阳极和阴极的半径。

在电场中，电子的漂移速度 $v_-(E)$ 远大于离子漂移速度 v_+，通常 $v_-(E)$ 大约为 v_+ 的 1000 倍。因此，雪崩由两部分组成：由电子产生快速向阳极漂移的"头部"，和由正离子产生向反方向漂移的圆锥形"尾部"。

图 1.6 所示为平行板几何结构中两个重要时刻雪崩发展的示意图：

（1）$t_- = d/v_-$：雪崩电子到达阳极；

（2）$t_+ = d/v_+$：最后一个正离子到达阴极。

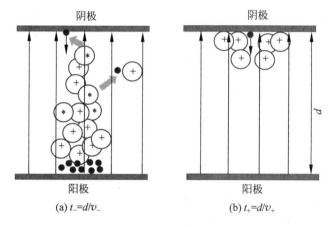

图 1.6　雪崩结构的示意图

（a）在 $t_- = d/v_-$ 时刻，图中还展示出了由气体自发光致电离产生的电子；（b）在 $t_+ = d/v_+$ 时刻，图中还展示出了由于离子喷射产生的电子；$t = 0$ 对应于单个电子从阴极处开始雪崩的时间。小圆点表示电子，中心带有"+"符号的空心圆表示正离子

阻性板室探测器的工作电场为 $50 \sim 100 \text{kV/cm}$，因此 t_- 的典型值为几纳秒，t_+ 的典型值为几微秒。该内容会在本书第 3 章详细介绍。

被激发的原子和分子退激道有很多，其中最重要的一个是紫外（UV）光子发射，由于光子的能量很高，它可以引起周围原子和分子的光致电离，在雪崩体内外（Fonte et al.，1991a）产生次级自由电子，称为光电子，如图 1.6(a) 所示，这也被称为电子光子反馈过程。

我们定义 γ_{ph} 为一个雪崩电子产生新的光电子的概率，则在雪崩过程中产生的这种次级光电子的总数 n_{pe} 将是

$$n_{pe} = A n_0 \gamma_{ph} \tag{1.10}$$

退激过程产生的紫外光子发射也经常发生，所需时间远小于 t_-。

当产生的光电子位于电场不为零的区域时，很可能引起次级雪崩。特别地，我们考虑所有光电子以增益 A 倍增的情况，对于圆柱形单丝计数器，光电子产生于气体中的任何地方或阴极；对于平行板室，所有光电子都产生于阴极或非常接近阴极的区域。即使在这种极端情况下，当 $A\gamma_{ph} \ll 1$ 时，光电子的产生过程也可以忽略不计，雪崩在空间中也可以很好地定位（如图 1.6(a) 所示）。

当所有雪崩电子都被探测器阳极收集（发生在时间 t_- 附近）之后，离子仍然继续缓慢漂移，在 t_+ 时刻最后一个离子将到达阴极（见图 1.6(b)）。

当离子接近阴极表面时，可以通过电子隧道效应从阴极材料导带内俘获一个电子而变

成电中性(Mc Daniel，1964)。用 E_i 表示离子第一电离能，并用 φ 表示阴极的功函数(即吸附一个电子所需的能量)，如果 $E_i > \varphi$，将导致能量 $E_{ex} = E_i - \varphi$ 过量(见图1.7)。多余的能量可以转移给阴极内的另一个电子，当 $E_{ex} > \varphi$ 时，该电子也可从中逃逸。

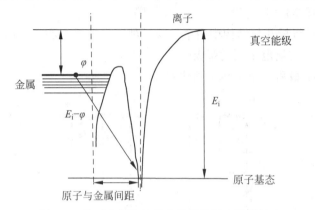

图 1.7　接近金属电极的离子的能级和隧道效应

总的来说，如果满足条件：

$$E_i > 2\varphi \tag{1.11}$$

离子复合会使阴极发射一个自由电子，相对概率用 γ_+ 表示，称为"第二汤森系数"(Davies，Evans，1973)，该电子发射将引发离子反馈。

在单丝计数器中，当 $A\gamma_{ph}$ 和 $A\gamma_+$ 都小于1时，探测器的信号幅度 S_d 将与初级电离成正比：

$$S_d = kAn_0 \tag{1.12}$$

其中，k 是比例系数，取决于实际的感应过程和电子学特性。此特性所处的电压区间称为正比区(见图1.4)。

在平行板室中，即使满足这一条件，通常初级电离和输出信号之间也没有正比性，因为在这种情况下，增益 A 很大程度上取决于电子-离子对在气体内产生的位置，此部分将在第3章中详细叙述。对于其他探测器，如网格探测器(例如 MICROMEGAS)，只要漂移区域和倍增区域是分开的，式(1.12)仍然有效，本书也将对此进行描述。

雪崩的发展取决于它的大小，当雪崩足够小时，雪崩区的电场几乎完全取决于外部电场(取决于电极结构和所加电压)。然而，必须强调的是，雪崩带负电的"头部"和带正电的"尾体"由于空间位置分离会产生与外加电场方向相反的电场。当雪崩发展到足够大时，这个"空间电荷场"不可忽略，它将影响雪崩的进一步发展。图1.4中所示的气体增益曲线偏离直线(在 log 坐标系下)正是由于空间电荷效应的出现。对于单丝计数器，这通常被认为是正比区的结束。

这里简要提到的空间电荷效应对一些阻性探测器，尤其是一些气隙非常薄(几百微米级)的平行板结构至关重要，尤其是对于一些气隙非常薄(几百微米级)的平行板结构而言，这将在第4章中详细讨论。

当所加电压高于正比区时，探测器将工作在图1.4所示的"盖革模式"，探测器测得的所有信号幅度几乎全部相等，与初级电离 n_0 无关。

在此区域，由于气体的不同，若增益变大，$A\gamma_{ph}$ 或 $A\gamma_+$ 开始接近1，则次级过程将开始影响探测器的工作：每个初级电子将伴随着一个甚至更多的次级雪崩,称为"后继者"。若增益继续增大,当 $A\gamma_{ph}=1$ 或 $A\gamma_{+}=1$ 时,探测器内将出现连续放电(在图 1.4 中标记为"电晕放电"的区域)。

严格来说,盖革模式只是一种不稳定的电晕放电(Nappi,Peskov,2013),因此两种模式之间没有明显的区别。在早期设计中,100MΩ 或更大的电阻总是用在单丝计数器的电路中,与高压电源串联(如图 1.3(b)所示)。电晕电流(通常为几微安)将在此电阻上产生几百伏电压降 ΔV,从而降低了探测器两端的电压,即暂时降低了气体中的电场,这又会中断电晕放电。在该计数器中,输出信号为淬灭电阻两端的电压,因此,若测得之前所提幅度的电压降 ΔV,即说明有电离粒子通过探测器。在 20 世纪初,当电子学的开发仍处于初始阶段时,以盖革模式工作的单丝计数器在无须电子学放大的情况下,提供了以非常简单的方式记录单个带电粒子或光子的可能性,这一特征使当时的盖革计数器取得了巨大成功。

有趣的是,虽然单丝计数器不是本书所指的阻性探测器(探测器结构中含有阻性元件),但它是第一个借助阻性元件(与电源串联的电阻器)来抑制放电现象的探测器。随后将会提到,现代阻性探测器中的原理与其具有许多相似之处。

此外,之后 Trost(1937)发现在某些气体混合物中出现了另一种操作模式,其中放电现象不是通过外部的电阻来抑制,而是通过内在机制,其中之一就是由阳极丝周围的电晕放电产生的强空间电荷(参见文献(Nappi,Peskov,2013)了解更多细节)。直到 20 世纪 50 年代,盖革计数器和正比计数器都是仅有的探测基本粒子的电子探测器。当平行板探测器被引入时,对圆柱形和平行板结构中,不同气体和气体混合物中的雪崩发展和反馈过程都进行了详细研究,对此现象的研究方法有很多,如在威尔逊相机的帮助下对这些现象进行可视化,这揭示了许多重要的特性(参见文献(Raether,1964)及其中的参考文献)。

据观察,在低气体增益下,雪崩发展的过程在圆柱形和平行板中非常相似。但是,当增益系数变大时,其发展过程出现了差异。在平行板探测器中,会发生以下两种现象之一(更多细节,参见文献(Fonte et al.,1991b)):

(1)"快"击穿;

(2)"慢"击穿。

1.3.1　快击穿

在大多数情况下,当雪崩发展到某临界电荷时,我们观察到初级雪崩会向电火花过渡。Raether(1964)的详细研究表明,对于平行板检测器,这种情况发生时

$$An_0 \geqslant 10^8 \text{ 电子} \qquad (1.13)$$

这种情况通常称为"Raether 极限",此时由靠近雪崩"头部"的空间电荷产生的电场与外加电场大小相当,雪崩附近的电场线向带正电的雪崩"尾部"弯曲(见图 1.8(a))。由于这种电场线弯曲聚焦效应,随着该区域场强的增加,初级雪崩附近产生的次级雪崩开始向初级雪崩的"尾部"漂移,并且在此强电场下迅速倍增,因此正离子从初始雪崩"尾部"位置至阴极附近不断增多,逐渐形成一条等离子通道,这称作流光(Kanal 或者称 Kanal 机制),如图 1.8(b)中所示。当阴极表面处也出现大量正离子时,探测器发生火花放电(图 1.8(c))。

这个过程称为快速击穿。最终,如果没有淬灭机制,探测器两极板将完全放电。如果两电极间电压进一步增大,则流光不仅可以传播到阴极,还将传播到阳极,这分别称为"阴极流

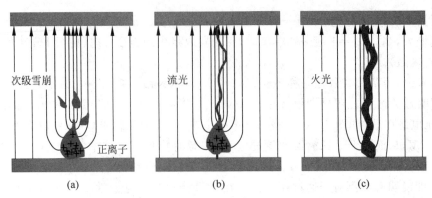

图 1.8　火花发展的三个阶段，当雪崩中的总电荷达到 Raether 极限时

（a）雪崩附近的电场线被聚焦，一些次级雪崩开始向由正离子构成的雪崩"尾部"移动；（b）形成薄的等
离子丝——流光（或 Kanal）；（c）当流光发展到达电极时，探测器发生火花放电

光"和"阳极流光"。

本章前面所述的光电产生机理在流光发展中起着重要作用，实际上这是流光传播机制的最常见解释（Raether，1964）。然而，光子的数量和产生位置是否足以维持流光？该理论常因此而受到质疑（Kunhardt，1980）。最近的计算（Capeillère et al.，2008）进一步阐明，该理论的有效性建立在光子必须产生于特定区域的基础上，这显然不是对气体中普遍现象的良好解释。一种更优的解释是基于扩散效应，这是气体中的一种普遍现象，扩大了流光产生的高增益区域（Ebert et al.，1997）。到达阴极的真空紫外线（后面提到的 VUV）和可见光子也可以通过光电效应产生电子。

当电场不均匀时，特别是对于那些中心阳极丝较粗的探测器，其电场线沿径向可能发生一些有趣的现象。在这种情况下，流光出现在靠近阳极的强电场中并向阴极移动，当到达远离中心丝的弱电场区时，倍增不再显著，此时可能会停止传播并逐渐衰弱而到达不了阴极（见图 1.9）。这种现象会在读出电路中产生快速且幅度较大的脉冲电流，但不产生火花放电（因为在阴极和阳极之间没有导通）。这种现象称为"有限流光模式"，此类流光通常被称为"自熄流光"（self-quenched streamer，SQS）。它通常出现在 r_a/r_c 值较大的丝型探测器中，更多细节可以参考 Razin 在 2001 年的文章。

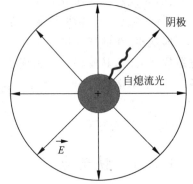

图 1.9　半径比为 r_a/r_c 的丝型探测器中发生的自熄流光示意图

1.3.2　慢击穿

另一种类型的击穿，通常称为"慢击穿"（因为它在微秒甚至更长的时间尺度内发展），慢击穿很少发生在填充纯净惰性气体或用具有高 UV 和可见光子灵敏度的光电阴极构造的平板形探测器内，因为在这些情况下 γ_{ph} 和 γ_+ 值很大，因此在达到 Raether 极限（$An_0 \geqslant 10^8$）前就已经满足击穿条件 $A\gamma_{ph}=1$ 或 $A\gamma_+=1$。慢击穿通常通过产生几个甚至多达几十个次级过程来实现（Raether，1964）。与盖革放电类似，在慢过程中次生雪崩逐渐增多，空间分布更广，但该过程的最后阶段很大程度上取决于气体成分、压强和探测器的几何形状。在

大多数情况下，它也会产生火花，但在某些情况下也可以被认为是一种辉光放电。

1.4　脉冲火花和流光探测器

早期人们曾尝试用平行板计数器来探测单粒子信号（Keuffel，1948），然而，在外加电压恒定时，探测器工作常常不太稳定。

主要原因有三个：

（1）由于某种原因（例如，α 粒子、中子或大量宇宙射线），探测器中产生大量初级电子，则 $An_0 \geqslant 10^8$（式（1.13））成立，探测器被击穿。

（2）"后脉冲（after-pulses）"：初级雪崩后会出现一系列脉冲，有时会持续很长一段时间。

（3）电极制造得不完善，如边缘不够光滑、电极板上有毛刺或灰尘时，经常出现打火现象。

为了保证探测器的稳定工作，通常不使用恒定的高压，而是使用脉冲（或触发）工作模式。

在这种情况下，探测器两平行极板上会施加一个相对"低"的恒定电压（大约几千伏），同时被一个基于闪烁体的触发装置（见图 1.10）或盖革计数器阵列包围。若带电粒子穿过闪烁体（或盖革计数器）自然也会穿过平行板探测器时，此时闪烁体（或盖革计数器）提供触发信号。

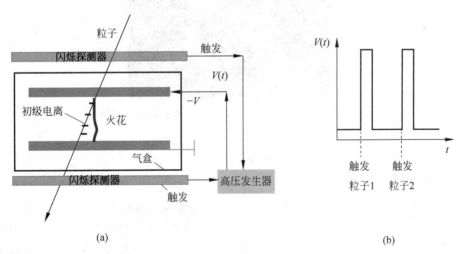

图 1.10　火花计数器的简化图，探测器被闪烁体包围并工作在脉冲模式下

此时若使用某种放大电路，在平行板探测器两电极间加一个短的（大约几微秒）幅度通常高于 HV＝10kV（精确值取决于特定的探测器几何结构和气体成分）的高压脉冲，在此强电场下，穿过探测器的粒子产生的初级电子（并且由于低恒定电场与离子保持分离）会引发汤森雪崩，然后迅速转变为火花。通过照相方法可以记录火花的位置，使用多个这样的平行板探测器即可得到粒子的轨迹。

当探测器不加脉冲高压时，探测器两极板上需要加低电压以"清理"气隙中非信号离子，这些离子产生的原因有：电极板上的电子发射，宇宙射线，天然放射性，上一次火花信号的残余离子等等。

直到 20 世纪 70 年代，火花计数器是探测显示带电粒子径迹的主要探测器之一，并且在与乳胶室、云室和气泡室的竞争中胜出。

与其竞争探测器相比，火花计数器的优势在于其前所未有的快速响应时间(纳秒级)，这在高能和天体物理实验中非常重要。然而，由于其特殊的工作模式，火花计数器也具有严重的缺点：死时间(高压脉冲之间无法记录粒子信号)通常约为 0.01s(Gajon，Lksin，1963)，限制了探测器的计数率；摄影或胶片读出技术的限制使得探测器读出时间较长，大约为毫秒量级，因此数据仅可离线获得；记录同时发生的多个事例会产生问题以及探测器结构设计比较复杂等。

流光室在火花计数器的基础上做了显著的改进。对于流光室，高压脉冲的持续时间非常短，仅为几纳秒，并且(单个)气隙相对较厚，大约为厘米量级。在这一极短的时间间隔内，流光起初在粒子产生的初级电子附近发展，最终产生足够的光使得粒子轨迹在三维空间中可见，但又不足以触发火花。图 1.11 所示为一张用流光室获得的粒子轨迹照片。尽管这些设备能够检测多条轨迹，但由于脉冲之间的长"死"时间和所使用的摄影读出技术，得到它们需要很长的时间。

图 1.11　在 CERN 的 UA5 实验中使用流光室记录的质子-反质子碰撞后粒子的径迹

1.5　多丝正比室

1968 年，G.Charpak 发明了一种新的雪崩气体探测器，他称之为多丝正比室(Charpak et al.，1968)。与火花室和流光室相比，它可以连续工作，实现自触发，具有快速读出能力，计数率很高(甚至高达 10^5 Hz/丝)，可以记录多条径迹。图 1.12(a)、(b)所示为该探测器的结构图。

第一个版本的 MWPC(见图 1.12(a))由两个平行的阴极平面中间拉一组阳极丝组成，阳极丝通常位于中间。通常阳极丝间距在 3～6mm 范围内，阳极-阴极间隙为 5～8mm，取决于具体的设计。穿过 MWPC 的带电粒子在气体中产生初级电子并向阳极丝漂移。当它们距离阳极丝仅有几个丝半径时，电场极强，初级电子将在此处发生汤森雪崩。雪崩在收集电子的阳极丝上产生负电荷信号，在周围电极上产生正信号。总的来说，这个过程非常类似于单丝计数器中发生的过程，实际上 MWPC 可以被认为是一组共用气体和阴极电极的单丝计数器阵列。

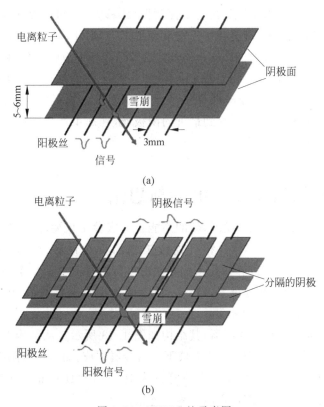

图 1.12　MWPC 的示意图

（a）最初版本 MWPC：阴极平面是一整体；（b）现代 MWPC：具有二维位置分辨，阴极被分成彼此隔离的读出条

最初，这种探测器只能在一个方向上给出入射粒子的位置，因为信号是从阳极丝读出的，人们只能知道哪根阳极丝周围发生了雪崩，因此，只能测量雪崩在垂直于阳极丝（并与阴极平行）方向上的位置。

后来，人们开始研究其他电极上的感应信号，获得了雪崩发展的二维位置。实现该目的的一种方法是使用条状分隔的阴极，如图 1.12（b）所示，每个阴极条连接到相应的读出电路。这样向阴极漂移的正雪崩离子会在距离最近的条上产生信号，通过对感应电荷分布的研究即可确定雪崩的位置，精确度约为几百微米（特殊情况下低至 $14\mu m$（Fischer，1986）），与早期的火花室和流光室相当。

与火花室和流光室相比，MWPC 的另一个优点是它工作在正比模式，输出信号的大小与初级电离数 n_0 成比例，火花在正常 MWPC 探测器中很少出现，但会出现于结构有缺陷的探测器，如有尖锐的金属边缘、未受保护的导线尖端、阴极或阳极丝上有电介质等。为了保护前端电路不被偶尔出现的电火花损坏，人们在技术上设计了各种解决方案。例如，在欧洲核子研究中心（ALICE Collaboration，2000）的 ALICE（a large ion collider experiment）实验的环形成像切伦科夫（Ring Imaging CHerenkov，RICH）探测器中，所有阳极丝通过 $10\sim$ $100M\Omega$ 电阻连接到高压电源，探测器信号通过分条阴极平面读出。如果探测器中出现火花，该大电阻将限制放电电流大小，原理如同第一个盖革计数器（图 1.3）。

在一些特定条件下，MWPC 可以在一些特定的气体混合物条件下工作在盖革或自熄流光模式（Peskov，1979），该设计也有一些实际用途（Bałanda et al.，2004）。

由于其出色的特性，MWPC 及其衍生探测器（漂移室，时间投影室等）在很多高能物理实验中迅速取代了火花室、流光室、云室和气泡室。此外，填充有光敏蒸汽的 MWPC（Seguinot，Ypsilantis，1977；Bogomolov et al.，1978）在环形成像切伦科夫探测器的开发中发挥了非常重要的作用（Seguinot，Ypsilantis，1994）。然而，尽管取得了巨大的成功，MWPC 仍然存在一个本质的缺点：时间分辨率有限，大约为微秒级。这是因为初级电子基本上可以在探测器的任何位置产生，然后漂移到最近的阳极丝，在那里产生雪崩放大，漂移时间的抖动几乎等于最大漂移时间。

1.6　放电抑制和局部放电的新思路

随着粒子物理探测器技术的发展，新的高能物理实验不仅要求高空间分辨率和信号快速读出，还要求更好的时间特性。在可连续工作的火花计数器（Babykin et al.，1956；Parkhomchuk et al.，1971）发明之后，人们再次对平行板探测器产生了兴趣，因为其时间抖动很小，可以得到很高的时间分辨率，对这一概念的应用研究导致了 20 世纪 80 年代 RPC 的诞生（Santonico，Cardarelli，1981）。

第 3 章将详细描述该新型探测器，其结构如图 1.13 所示。从结构上看，它非常类似于火花计数器，但有一个根本区别：它的电极不是由金属制成，而是由电阻率相对较高的材料制成，如 $1 \sim 2$mm 电木或玻璃板，其电阻率通常为 $10^{10} \sim 10^{12} \, \Omega \cdot cm$。这些电极的外表面涂有导电或半导电层，以便与外部恒定高压稳定连接。

阻性板之间填充有合适的工作气体，电极板连接外部高压并在气体中产生均匀的电场，若电场足够强，则通过探测器的电离粒子产生的初级电子将发生汤森雪崩。雪崩在到达电极板之前的第一阶段与经典火花计数器完全相同，如果雪崩中的总电荷接近或超过 Raether 极限，则雪崩转变为流光。然而，当流光接触阻性电极板时，会发生一种全新的现象。

与金属电极相反，阻性阴极板不能为流光产生大电流，因为高电阻率材料不能有效地提供足够多的电子。阳极板材料具有高电阻率但并非理想的电介质，在其上施加高电压会使其带上正电。因此，当雪崩或流光到达阳极表面时，会局部放电（见图 1.14）。这导致电场强度的局部降低，有效抑制了电荷进一步增多。

这两种现象都有助于限制放电电流，而局部放电效应常常占主导地位。在这种情况下，对于阴极是金属材料而阳极是阻性材料的 RPC，其放电过程中能量的消散与两个极板都是阻性材料的 RPC 几乎一样（T. Frankeke，私人通信）。

图 1.15 显示了 RPC 的简化电路模型，将有助于更好地理解局部放电效应和阻性电极的作用。从半定量的角度来看，RPC 具有电容器的结构，在其内部具有两层介电材料，电极是阻性材料，电阻为 R_b。探测器中可能出现以下两种情况：

（1）气体未被电离。在这种"静态"情况下，施加的电压 HV 相应地传递到气隙，没有电流流过电路。

（2）电离粒子穿过气体。在这种情况下，相关的放电过程可以被建模为电流源，对电容器 C_g（与气隙有关）放电，使得最初施加到气体的电压被传递到电阻电极（电容 C_b 和电阻 R_b）。系统按照指数定律回到初始状态，本征时间常数 τ 为

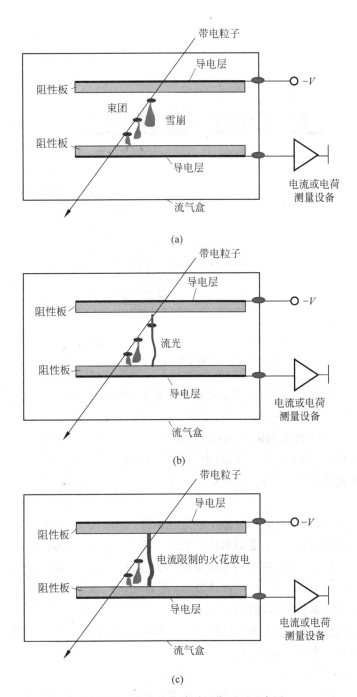

图 1.13　RPC 的设计和工作原理示意图

(a) 带电粒子穿过探测器产生初级电子并发生雪崩；(b) 如果雪崩中的总电荷达到 Raether 极限，则雪崩
会转变为流光；(c) 当流光接触到阻性电极时，它会引起局部放电，但阻性板会抑制火花放电过程

$$\tau = 2R_b\left(\frac{C_b}{2} + C_g\right) = 2\rho_b\frac{d}{S}\left(\frac{1}{2}\varepsilon_0\varepsilon_r\frac{S}{d} + \varepsilon_0\frac{S}{g}\right) = \rho_b\varepsilon_0\left(\varepsilon_r + 2\frac{d}{g}\right) \quad (1.14)$$

其中，ε_r 是电极材料的相对介电常数，ρ_b 是其电阻率，ε_0 是真空的介电常数，g 是气隙厚度，
d 是电极的厚度，S 是电极的表面面积。可以看出，τ 与电极面积 S 无关，当 C_b 较小时，火

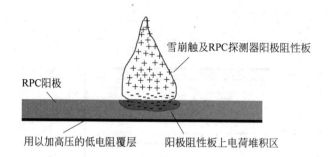

图 1.14 接触电介质阳极时的雪崩示意图,此时阳极会局部放电

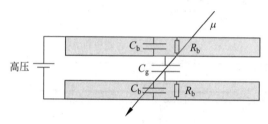

图 1.15 具有阻性电极的 RPC 的简化电路

C_b 和 C_g 分别表示电极板和气隙的电容;R_b 表示电极板的电阻。

花抑制效果较强,因此阳极板的厚度及其介电常数起着重要作用。

由式(1.14),$\rho_b = 10^{11}\,\Omega \cdot cm$,时间常数 τ 大约为 10ms,远大于雪崩或放电持续时间(量级为 10ns)。在这个时间间隔内,电极表现为完美的介电材料,换句话说,它们是完美的绝缘体,因此气隙两端的电压非常低,放电不能持续,这就是该探测器的自动淬灭机制。与具有金属电极的火花计数器相比,采用典型电阻率(参见前文)材料的 RPC 的放电电流呈数量级地减小。

对于经典火花计数器,放电后气隙中的电场下降,而对 RPC 来说,探测器的其他区域仍然可以灵敏地探测入射粒子,不受局部放电效应的影响(灵敏度只是在发生雪崩/流光的区域内下降)。这就是在早期这种探测器通常被称为连续运行的火花计数器的原因。在经过几倍 τ 时间之后,该局部区域上的电压恢复,探测器在该区域中再次变得灵敏。当然,电阻材料上的电压降会限制探测器的计数率。

这一 RPC 简化模型没有考虑沿电极表面以及用于保持电极平行的间隔物上电流泄漏的影响。这些影响本书之后将作讨论。

总之,RPC 的特性如下:

(1) 它是一个可以连续工作的探测器(不需要脉冲电压等待探测器放电)。

(2) 由于具有良好的位置分辨率(在一些最先进的设计中为 $30\sim50\mu m$),它可用来成像。

(3) 它可以多点同时记录事例。

(4) 它具有优越的时间分辨率(在最复杂的配置中通常低于 50ps)。

(5) RPC 中的放电能量有限,不会破坏探测器或前端电路。

(6) 受充电效应影响的区域尺寸相对较小,因此其余部分仍保持对粒子敏感。

(7) RPC 可以用电子电路读出,在速度和后期处理等方面优于光学记录。

（8）RPC 相对容易制作，适用于大面积探测，在某些实验中甚至可达数千平方米。在本书的后面将更详细地介绍各种 RPC 设计，探测器工作原理及其广泛应用。

参考文献

ALICE Collaboration (2000) Time of Flight System. Technical Design Report, CERN/LHCC 2000-12, CERN, Geneva, Switzerland.

Babykin, M.V. *et al*. (1956) Plane-parallel spark counters for the measurement of small times; resolving time of spark counters. *Sov. J. At. Energy*, **4**, 627.

Bałanda, A. *et al*. (2004) The HADES pre-shower detector. *Nucl. Instrum. Methods Phys. Res., Sect. A*, **531**, 445–458.

Bogomolov, G. *et al*. (1978) Multiwire gas counters for coordinate measurements in the VUV region. *Instrum. Exp. Dent. Tech.*, **21**, 778–782.

Capeillère, J. *et al*. (2008) The finite volume method solution of the radiative transfer equation for photon transport in non-thermal gas discharges: application to the calculation of photoionization in streamer discharges. *J. Phys. D: Appl. Phys.*, **41**, 234018, 13 pp.

Charpak, G. *et al*. (1968) The use of multiwire proportional counters to select and localize charged particles. *Nucl. Instrum. Methods*, **62**, 262.

Davies, A.J. and Evans, C.J. (1973) The Theory of Ionization Growth in Gases Under Pulsed and Static Conditions. CERN Yellow Report 73-10, CERN, Geneva, Switzerland.

Ebert, U., van Saarloos, W., and Caroli, C. (1997) Propagation and structure of planar streamer fronts. *Phys. Rev. E*, **55** (2), 1530–1549.

Fischer, J., Radeka, V., and Smith, G.C. (1986) X-ray position detection in the region of 6 μm RMS with wire proportional chambers. *Nucl. Instrum. Methods Phys. Res., Sect. A*, **252**, 239–245.

Fonte, P. *et al*. (1991a) VUV emission and breakdown in parallel-plate chambers. *Nucl. Instrum Methods Phys. Res., Sect. A*, **310**, 140–145.

Fonte, P. *et al*. (1991b) Feedback and breakdown in parallel-plate chambers. *Nucl. Instrum Methods Phys. Res., Sect. A*, **305**, 91–110.

Gajon, M.I. and Lksin, G.A. (1963) Spark detectors for charged particles. *Sov. Phys. Usp.*, **6**, 428.

Keuffel, J. (1948) Parallel-plate counters and the measurement of very small time intervals. *Phys. Rev.*, **73**, 531.

Khan, F.M. and Gibbon, J.P. (2014) *Khan's the Physics of Radiation Therapy*, Lippincott Williams & Wilkins/Wolters Kluwer.

Kunhardt, E.E. (1980) Electrical breakdown of gases: the prebreakdown stage. *IEEE Trans. Plasma Sci.*, **PS-8** (3), 130–138.

Mc Daniel, E.W. (1964) *Collision Phenomena in Ionized Gases*, John Wiley & Sons, Inc., New York.

Nappi, E. and Peskov, V. (2013) *Imaging Gaseous Detectors and their Applications*, Wiley-VCH Verlag GmbH & Co. KGaA.

Parkhomchuk, V.V. *et al*. (1971) A spark counter with large area. *Nucl. Instrum. Methods*, **93**, 269.

Peskov, V. (1979) Geiger counters of VUV and x-ray radiation with the spatial resolution of 0.3 mm. *Instruments and Experimental Techniques*, **22**, 1395–1400.

Raether, H. (1964) *Electron Avalanches and Breakdown in Gases*, Butterworths, London.

Razin, V.I. (2001) Self-quenched streamer operating mode of gas-discharge detectors (Review). *Instrum. Exp. Tech.*, **44** (4), 425–443.

Rutherford, E. and Geiger, H. (1908) An electrical method of counting the number of α particles from radioactive substances. *Proc. R. Soc. London, Ser. A*, **81** (546), 141–161.

Santonico, R. and Cardarelli, R. (1981) Development of resistive plate counters. *Nucl. Instrum. Methods Phys. Res.*, **187**, 377.

Seguinot, J. and Ypsilantis, T. (1977) Photo-ionization and Cherenkov ring imaging. *Nucl. Instrum. Methods*, **142**, 377–391.

Seguinot, J. and Ypsilantis, T. (1994) A historical survey of ring imaging counters. *Nucl. Instrum. Methods Phys. Res., Sect. A*, **343**, 1–29.

Trost, A. (1937) Über Zählrohre mit Dampfzusatz. *Z. Phys.*, **105**, 399.

Wikipedia, The Free Encyclopedia (2017) Ionization Chamber, https://en.wikipedia.org/wiki/Ionization_chamber (accessed 28 October 2017).

第 2 章
现代阻性气体探测器的发展历史

2.1　平行板几何结构的重要性

如第 1 章所述,第一个气体探测器基于圆柱形:穿过探测器的电离粒子产生的初级电子由中心丝收集,雪崩倍增即发生在紧邻其周围的区域。这一类探测器的设计理念可以追溯到 1900 年初,直到现今仍然非常成功,被广泛使用,例如在目前可能是最复杂且最先进的粒子物理实验大型强子对撞机(large hadron collider,LHC)的探测器中,就有这种基于圆柱形的气体探测器。在前一章中,我们同时介绍了圆柱形和平行板这两个几何形状的探测器,但从历史的角度来看,平行板探测器相对于圆柱形探测器发展较晚。为了进一步提高气体探测器的时间分辨率,使其优于盖革-米勒探测器(中心丝探测器的原型)及其衍生的探测器,人们引入了平行板探测器。

20 世纪 40 年代出现了第一版的平行板探测器,我们将在本章介绍这一类探测器的各种技术及如今的发展。

为了更好地理解为什么平行板探测器的时间分辨率原则上比圆柱形更好,我们需要知道平行板探测器与圆柱形探测器的区别。对于圆柱形探测器,电场强度随与中心阳极丝的距离成反比地减小,但在平行板探测器中电场是均匀的。电子雪崩倍增需要有足够强的电场(数量级为几千伏/厘米,具体所需场强大小取决于所使用的气体混合物),因此在圆柱形探测器中,雪崩倍增只能发生在距离阳极丝非常近、电场强度大于发生雪崩阈值的范围以内(见图 2.1)。但在平行板探测器中,雪崩可以发生在探测器中的任何位置。

但是,对于这两种探测器,初级电离(由于电离粒子的通过或由于光子、中子等而产生一个或多个初级电子-离子对)可以发生在气体中的任何位置。那么在圆柱形探测器中,无论初始电离发生在哪里,它们都需要漂移到阳极丝附近才能发生雪崩,产生可测信号,这意味着初级电子的漂移时间是随机变化的,取决于它们产生的位置,见图 2.2(a)。而不同的产生位置会给时间的测量带来本征不确定性。

气体中的电子漂移速度很大程度上取决于所使用的气体混合物,并在一定程度上受所施加电场的影响。例如,在多丝正比室常用的 Ar/C_4H_{10} 气体混合物中,若工作在典型电压下,它的范围为 $3\sim5cm/\mu s$(见图 2.3)。鉴于

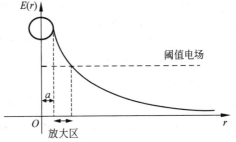

图 2.1　圆柱形探测器中电场强度的示意图,靠近中心丝很近的区域才可以发生雪崩倍增

中心丝探测器的典型横向尺寸为厘米量级,这很容易导致几百纳秒的时间分辨率,并且不容易消除。

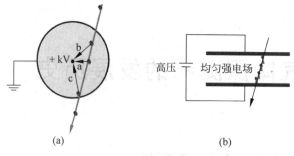

(a)　　　　　　　　　　　　(b)

图　2.2

（a）圆柱形探测器的示意图,清楚展示出了电子向中心倍增区域漂移的不同距离。在这种情况下,这是限制时间分辨率的最大问题。（b）在平行板探测器中,所有电子一产生便立即开始雪崩倍增,并在读出电极上感应出信号,拥有更好的时间分辨率

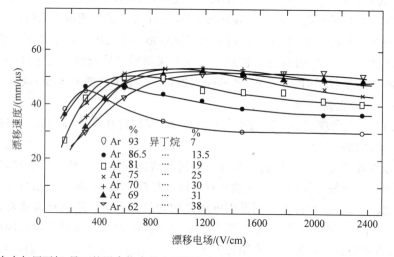

图 2.3　在大气压下氩-异丁烷混合物中的电子漂移速度(Breskin et al.,2009;经 Elsevier 许可转载)

相反,在平行板几何结构中,若探测器内部电场足够强,初级电子可以在产生之后立即雪崩(见图 2.2(b)),不必漂移到放大区域。换句话说,在平行板探测器中,漂移和倍增区域并未分离,这大大减少了之前所述的定时波动。此外,测得的信号是多个雪崩的信号之和,进一步减少了定时波动。

因此,到目前为止,平行板探测器是气体探测器中唯一一个对带电粒子的探测时间显著优于 1ns 的探测器,该记录由多气隙电阻板室(MRPC,将在第 4 章详细描述)保持,时间分辨率可以达到 35ps。

但是,如第 1 章所述,平行板探测器也有缺点,即没有放电抑制机制,由电离粒子的通过引发的放电将一直持续,直到断开提供探测器工作所需电场的外加电压。第一批平行板探测器使用金属电极,由于两个电极上存在的能量和电荷,气体内部发展的雪崩极容易转变成电火花放电。该探测器的原型机很难建造,它需要一个在有粒子穿过探测器后能够紧急断开高压的电子学,这在那个时代是非常复杂的,因此该类原型机仅有几个月的寿命。它的报

废往往是由于其中一个电极上某位置连续经历火花放电,这使人们开始考虑引入阻性材料作为电极。

2.2　第一代平行板计数器

1948 年,J.W. Keuffel 发表了使用平行板计数器(PPC)探测的结果(Keuffel,1948,1949)。平行板探测器的第一个原型由两个钼盘组成,气隙为 3.0mm,面积为 3.1cm²。后来,Keuffel 制作了由两块铜板(或镀铜钢板)制成的探测器,气隙 2.5mm,面积为 35cm²。两个电极之间的电势差为 1~3kV,工作气体为分压强 6mmHg 的二甲苯蒸气($C_6H_{12}(CH_3)_2$)和 Ar 的混合气体,总压强为 0.5atm(图 2.4)。

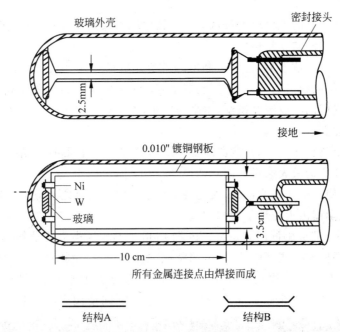

图 2.4　由 Keuffel 建造的最初平行板计数器的布局(Keuffel,1949;经美国物理学会(American Institute of Physics)许可转载)

这些探测器工作在火花模式下,输出脉冲约为 100 V(输出阻抗为 50Ω),该计数器的特点是单事例计数电压坪区较宽,坪区范围在 0.9~3.0kV,坪区末端由于假计数而终止,允许的最大施加电压量取决于淬灭电路对计数器施加的死时间。对宇宙射线的探测效率坪区约为 90%,时间分辨率即图中的"反应时间的不确定性",取决于所加的高压(见图 2.5),为 18~5ns。

虽然这些探测器结构简单,但设备都很精密,制作很困难,一个关键点就是电极表面的制备。在制作过程中,电极表面要用越来越细的砂纸打磨,在最终组装之前,还需用二甲苯、乙醇和蒸馏水清洗,然后将含有探测器的密封管置于高真空条件下,加热至 200℃。在该温度下,向管内充入氢气以减少可能存在于内部的氧化物,之后抽真空至 10^{-5} mmHg,冷却并通入工作气体混合物。为了使探测器能够正常工作,必须先在管中充入二甲苯然后置于氩气中(使得阴极表面上形成一层二甲苯),这些操作的顺序和准确性都将影响探测器的正常工作。

Keuffel 的 PPC 的总工作时间约为几个月,每次探测器停止工作都是因为电极上某个

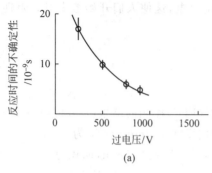
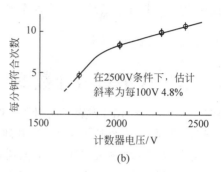

图 2.5　Keuffel 的第一个 PPC 的(a)时间分辨率和(b)事件符合率随工作电压变化曲线。其中"过
电压"指的是在产生火花的阈值电压之上的电压

点总是产生电火花。有时也可以通过从玻璃容器中取出探测器,用二甲苯擦拭,并重复加热和充气的操作以使探测器恢复性能。

当电离粒子通过探测器后,外部关断电路需断开高压 0.01～0.05s,否则探测器就无法工作。实际上,在电离粒子通过之后,探测器达到永久放电条件。永久放电由通过金属电极上的电荷和流过它们的电流连续供给,由来自电极的二次光子发射而得以维持。这些机制已在第 1 章中描述。

探测到一个电离粒子之后,探测器需要关闭相对较长的时间,这一情况严格限制了探测器可测得的电离粒子的最大通量。换句话说,限制了计数率。

有趣的是,在使用这些探测器时,人们观察到了集中在电极之间放电区域中的光发射现象,预示了未来光学读出火花计数器的发展(Bella et al.,2014)。

几乎在 Keuffel 研究的同时,Madansky 和 Pidd 也制作了类似的设备(Madansky,Pidd,1949,1950)。在他们的探测器中,阳极由铜制成,而阴极可以由铝、金、铂、铅等制成。在一种变型探测器中,两个 3mm 厚的铜箔像皮鼓一样绷在直径几厘米的金属框架上(见图 2.6)。电极之间的距离可选在 0.5～5mm 之间,并且在它们之间使用由绝缘材料制成的隔离物,

图 2.6　Madansky 和 Pidd 制作的 PPC 探测器的两幅照片,摘自其发表于 1949 年的文章
(Madansky,Pidd,1949;经 American Physical Society(APS)许可转载)

该间距应尽可能保持恒定。Madansky 和 Pidd 明确指出,电极板的严格平行对于保证电场均匀性(优于 0.2％)以及探测器性能至关重要。

　　该探测器的工作气体是由 90％氩气(活性成分)和 10％丁烷构成的混合物,Madansky 和 Pidd 同时对工作气体压强(10～150mmHg)和电极间距对于探测器性能的影响进行了系统研究。探测器的输出阻抗为 50Ω,输出信号幅度约为几百伏,在每次放电之后探测器必须关闭 0.001～0.1s 不等。探测器对于 β 粒子的探测效率高于 98％,时间分辨率取决于工作电压,在 6～18ns 之间(见图 2.7)。

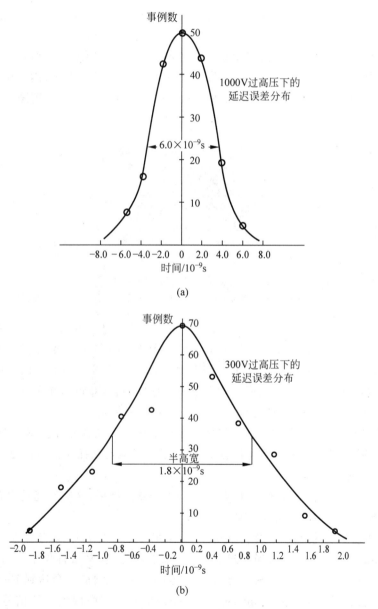

(a)

(b)

图 2.7　Madansky 和 Pidd 制作的 PPC 探测器在两个不同的工作高压下的时间分布(图中称作"延迟误差分布",这是当时普遍的说法)。其中(a)图的工作高压较高,而(b)图的较低(Madansky,Pidd,1950;经 AIP Publishing LLC 许可转载)

2.3　进一步的发展

20 世纪 50 年代,PPC 探测器领域发表了很多研究成果,除了探测器本身的不断发展外,与其匹配的电子电路(需要在电离粒子通过后快速关闭)也得到了发展,其中不乏一些有价值的研究,比如 Franzinetti 和 Bella 完成的工作(Bella et al. ,2014),又如 Focardi 等人进行的有关电子学控制的工作(Focardi et al. ,1957)。

一些对基本工作原理稍作改变的探测器也被研制了出来,其中一种就是由比萨的Conversi 小组研发的闪光室,其利用了在放电过程中同时发射出来的可见光子。这种探测器本质是一个平板电容器,中间由玻璃管组成的网格所填充,如图 2.8 所示,这些玻璃管的直径为 1cm,其中心并无阳极丝,表面覆盖了黑纸来屏蔽外部的光线,内部充入了 0.5atm 的氩气或者氖气(Conversi,1982)。图 2.8 展示了此种探测器的概念原理图。

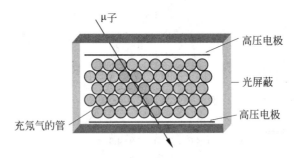

图 2.8　闪光室工作原理示意图

外部电极接通高压后,当有带电粒子穿过时,可以通过其在充满氖气的玻璃管中产生小火花发出的光对其进行观测。

该种探测器同样不能处于连续工作模式。在带电粒子通过几百纳秒后,在金属电极上施加电压,使内部电场强度达到 10kV/cm,持续时间为 $2\mu s$。这样会产生伴随光发射的放电,通过光学读出装置就可以进行记录。使用大量的玻璃管,同时将其中的一些彼此垂直放置,就可以通过可视的一系列闪光来探测带电粒子穿过装置的路径,并在三维坐标系中重建出它的径迹。图 2.9 展示了实现此种功能的一个闪光室结构图。

利用这样的探测系统,人们得到了最初的宇宙射线 μ 子径迹照片。图 2.10 除了展示了 μ 子单条径迹的照片外,还展示了著名的双径迹照片,可能是在探测器内部 γ 射线转换为正负电子对时引起的。

Conversi 的这个想法是美妙的,同时也得到了美妙的结果,这些研究是火花室发展的起源,它在高能粒子探测中起着非常重要的作用。

后来,一些研究人员研究(参见文献(Raether,1964)及其中参考文献)并试图建造(Charpak et al. ,1978)工作在雪崩模式下的平行板探测器(通常被称作平行板雪崩计数器,PPAC)。在这些探测器上加上连续足够低且恒定的高压,使雪崩不会达到 Raether 极限(见第 1 章),从而也不会形成火花(Fonte et al. ,1991)。来自雪崩探测器的信号相应较小,但相比于火花室,其优点是具有高计数率,而且能同时处理更多的事件。需要注意的是,这类探测器采用的高压电极由金属制成,其结构有时是实心的,有时是网状的。

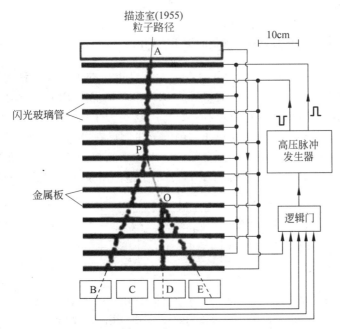

图 2.9 第一个闪光室的原始示意图(Conversi,1982;经 CERN 许可转载)

平行板装置的电极接至高压脉冲发生器上,图中任何一对相邻平行板之间的间隙(宽度为几厘米)都装满了氖气玻璃管(图中并未标出)。穿过的带电粒子会以一系列的闪光序列标记出来(闪光标记为图中的每一个黑点)。

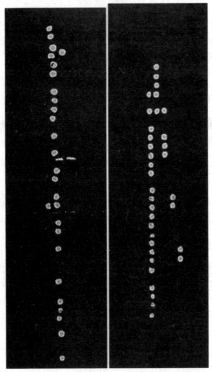

图 2.10 1955 年通过触发闪光室记录的两张宇宙线事件的照片

左图显示的是 μ 子单径迹事例,右图展现的双径迹现象可能是在探测器内部 γ 射线转换为正负电子对时引起的。

2.4 第一个阻性板室探测器原型

如前所述，作为 RPC 最初的前身可能是具有阻性电极的平面火花计数器（planar spark counter，PSC），出现在 Babykin 等人的研究中（2015）。他们在 PPC 探测器的基础上，将其中一个电极分割成若干连接至阻性负载的金属片，这是为了将火花的产生局部化并且通过金属片上的读出信号记录其位置，其中作用的淬灭机制已在第 1 章的末尾进行了简要描述。

然而，更为人们所公认的第一个具有阻性电极的平板探测器是由新西伯利亚小组研制出来的（Parkhomchuk et al.，1971），图 2.11 展示了他们所设计装置的示意图。

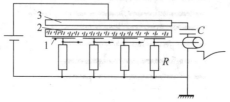

图 2.11　由 Parkhomchuk 等人建造和测试的第一个 RPC 探测器设计图
（Parkhomchuk et al.，1971；经 Elsevier 许可转载）
1—导体层；2—半导体玻璃；3—铜阴极

它有一个铜阴极，阳极由 Yu 和 Pestov 研制的特殊半导体玻璃制成。最初的测试使用了两个灵敏区为 $600cm^2$ 的探测器样品，分别由体电阻率为 $2\times10^8\Omega\cdot cm$ 和 $4\times10^9\Omega\cdot cm$ 的半导体玻璃制成。半导体玻璃中含有铁离子 Fe^+，研究人员认为这样可使电子在玻璃内部传导，使得它们成为"半导体"。后来这项技术被转让给 Schott 公司，能生产出尺寸为 10cm×10cm 或者稍大的玻璃板。

玻璃的外表面涂有导电层，电极之间的间隙为 1mm，工作气体是由 55％的氩气、30％的乙醚蒸汽、10％的空气和 5％的二乙烯基苯蒸气混合而成，总压力为 1atm。当通过的粒子产生火花时，其能量被玻璃的阻性所限制，信号通过导电层读出。对于两种不同的玻璃样品，火花产生后的高压恢复时间分别为 0.3ms 和 3ms。尽管此种探测器产生的信号比具有金属电极的传统火花室要小几个数量级，但其优点在于时间分辨率优于 1ns（见图 2.12）。

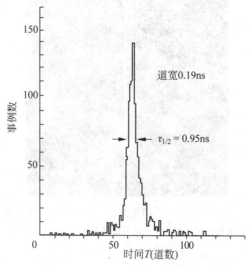

图 2.12　以两个 RPC 探测器构成的宇宙射线望远镜系统得到的飞行时间分布谱

由于阻性阳极具有的自淬灭机制,探测器不需要在脉冲高压下使用,这个重要的突破使得 RPC 探测器具有了更大的面积,同时建造成本也大大降低。除此之外,正如第 1 章所描述的,这种探测器与 Keuffel 探测器的区别在于:在带电粒子穿过探测器后,仅仅在 RPC 探测器径迹附近区域不灵敏,说明放电现象和相应产生的死区是局部的,且其余部分则仍然保持灵敏。

2.5 Pestov 平面火花室

2.4 节中描述的探测器是第一个具有阻性电极的平行板探测器,同时也是现代阻性板室(RPC)探测器的第一个原型机。在它诞生不久之后,另一种设计引起了研究人员更多的关注,其中包含三个重要的修改:

(1) 电极之间的间隙减小为 0.1mm。

(2) 工作气体主要为氩气混合气体或者氖气混合气体。

(3) 工作气体压力增加到几个大气压。

这些修改使得探测器的时间分辨率达到了 100ps 左右,这在当时已经是令人瞩目的性能,尤其是综合考虑到当时宽带宽电子学的发展情况(Pestov,1982)。

探测器的两平面电极彼此平行安装,间距一般为 $100\mu m$,间距精度达到 1%～5%(Atwood et al.,2010)。电极之间如此小的间隙对电极表面的质量(平面度、粗糙度)、隔离物以及它们固定的方式都提出了很高的要求。加在电极上的高压在电极间形成 $2\times10^4 V/cm$ 的电场。

阴极由普通玻璃制成,其上铺设了一薄层铜,阳极由 Yu 研制的特殊玻璃制成,其体电阻率在 10^9～$10^{10}\Omega\cdot cm$ 范围内。Parkhomchuk 探测器已经使用了该种玻璃,在相应的章节有详细描述。Pestov 探测器的电极尺寸通常为几百平方厘米(最大可达 $30cm\times30cm$)(见图 2.13 和图 2.14)。

探测器工作在流气模式下,两电极间始终有充足的工作混合气体,压强为 10atm,以氩气和氖气作为主要成分,同时掺入有机分子气体确保对于波长大于 225nm 紫外波段光子的

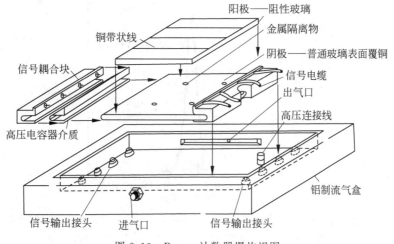

图 2.13 Pestov 计数器爆炸视图

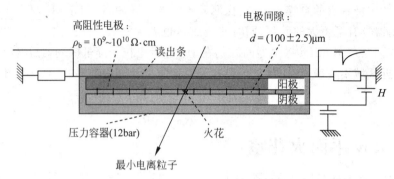

图 2.14 Pestov 计数器的横截面图

吸收。标准的混合气体为 70%（体积百分比）的氩气、16.5% 的异丁烷、3.3% 的乙烯、1.3% 的丁二烯、7.4% 的氢气和 1.5% 的二乙醚(Badura et al.,2017)。

当有带电粒子通过时,两个电极间会产生放电现象。然而电极的高电阻率会限制放电产生的总电荷,同时混合气体中的有机物分子的高光子吸收系数抑制了雪崩过程中光子的传播,从而避免了二次雪崩的发生。放电引起的探测器灵敏区失效面积仅为 $1mm^2$ 左右,具体大小取决于两电极之间的距离、工作电压和气体压强。阻性电极的耗尽区通过充电再次恢复到灵敏状态的时间取决于玻璃的体电阻率,详见第 1 章。

探测器的输出信号从粘在阳极背面的 10mm 宽铜条上读出；带电粒子穿过探测器灵敏区放电引起的感应电流在 50Ω 电阻上产生的信号电压一般为几伏,上升时间小于 1ns,持续时间约为 5ns。

正如已经指出的那样,PSC 的一项突出特征是出色的时间分辨率(图 2.15),在已经发表的结果中,最佳的时间分辨率来自一个气隙宽度只有 0.1mm、工作在 14 个大气压下的探测器,时间分辨率达 24ps(Fedotovich et al.,1978)。在上述条件下,通过读出条两端测出的时间差得到的纵向空间分辨率约为 0.2mm,而横向空间分辨率基本由条宽决定。

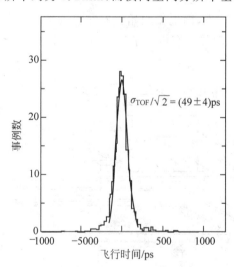

图 2.15 在宇宙射线触发下两个相同的 Pestov 计数器之间的飞行时间分布

图中实线是高斯拟合,由此可以得出单个计数器的时间分辨率约为 50ps。

要想使 PSC 探测器正常工作,需要对其电极表面进行精细的处理,事实上电极必须用氧化铈彻底抛光并用去离子水清洗。为了检测表面上可能存在的缺陷,可以通过在玻璃上的薄水层形成的干涉图样进行判断。一旦组装完成,探测器将放置在流气盒中,通入气体达到工作压强,探测器使用之前还必须经过一段锻炼时间,这需要花费一周时间,探测器在被辐照的情况下缓慢加至工作高压,探测器在这个过程中积累的放电(10^6 火花$/cm^2$)会在电极表面形成一层薄薄的聚合物,Pestov 观测到这层聚合物可以大大提高探测器的性能。

初步的研发完成后,这种探测器被应用于物理实验之中。尽管它们具有出色的时间分辨率,但它们仅在为数不多的实验中得到了应用,例如 1975—1982 年间在新西伯利亚累积环实验 VEPP-2 测试 π 介子的形成因子(Atwood et al.,2010),又如在 CERN 的 NA49 实验中(见图 2.16)。究其原因,是 Pestov 探测器必须工作在远高于大气压的压强下和制备电极时繁琐的工艺和漫长的时间限制了它的广泛应用。从 1986 年到 1991 年,相关的研发工作在 SLAC-Novosibirsk 合作组中继续进行,后来又借助 PesTOF 合作框架进行了相关的研究(Schmidt,1999)。

图 2.16　在 CERN 的 NA49 实验中堆叠的 14 个 PSC 探测器

2.6　阻性阴极丝室

20 世纪 80 年代初,带有阻性阴极的丝室探测器得到了广泛应用。然而阻性材料在这里的作用并不是抑制放电,而是为了收集信号,阻性层不像金属层那样会屏蔽探测器内部因漂移离子和电子产生的信号(至少阻性层不会完全屏蔽这些信号),这使得将金属条连接到阻性阴极外表面实现信号读出成为可能。并且这样的设计在今天仍然被使用,现代 RPC 探测器利用阻性层对于感应信号的透过性来获得位置信息。

这种探测器最典型的一个类型是"Iarocci 管"(Iarocci,1983)。它的结构是一个矩形塑料盒(典型的横截面尺寸为 $1cm \times 1cm$,长度可达数米),内壁涂有阻性层(石墨基)作为阴极。沿轴线伸展的阳极丝的直径在 $100 \sim 200\mu m$ 之间,由于阳极丝的直径较大,探测器工作在有限流光模式下,如前所述。产生的流光会在探测器外表面的读出条上感应出信号,通过信号就可以判断流光发生的位置。

Iarocci 管被成功应用于多个实验,如 CHARM,NUSEX,UA1,ALEPH,DELPHI,OPAL

等,并且总共生产了超过 60 万个独立探测器模块。

　　阻性阴极室的另外一个范例是为在 LHC 的 ATLAS 实验开发的窄气隙阴极条 MWPC 探测器(Majewski,1983)。在此探测器中,用于读出的阴极条放置在距离阳极丝所在平面仅 1mm 处,确保感应信号在读出条上的分布尽可能窄(见图 2.17)。然而,因金属读出条产生的极为不均匀的电场,经常会导致探测器的高压崩溃。为了解决这一问题,在阴极的内表面涂有阻性层,使得其中的场强更加均匀。因为充电效应,这一处理方式还可以使流光附近的探测器灵敏区暂时失效,从而有助于抑制放电传播过程中引起的光子反馈现象(Majewski, 1983)。

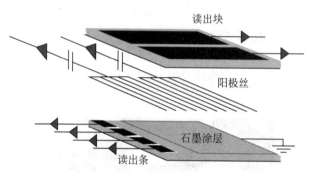

图 2.17　阻性阴极 MWPC 探测器的示意图

　　这两种探测器均表明阻性材料电极除了抑制放电外还可能有更多的功能。

参考文献

Amram, N. *et al.* (2011) Position resolution and efficiency measurements with large scale thin gap chambers for the super LHC. *Nucl. Instrum. Methods Phys. Res., Sect. A*, **628**, 177.

Atwood, W.B. *et al.* (1983) A test of planar spark counters at the PEP storage rings. *Nucl. Instrum. Methods Phys. Res.*, **206** (1–2), 99–106.

Babykin, M.V. *et al.* (1956) Plane-parallel spark counters for the measurement of small times. *Sov. J. At. Energy*, **4**, 487.

Badura, E. *et al.* (1996) Status of the Pestov spark counter development for the ALICE experiment. *Nucl. Instrum. Methods Phys. Res., Sect. A*, **379**, 468–471.

Bella, F. *et al.* (1952) On spark counters. *Il Nuovo Cimento*, **10** (9), 1338–1340.

Breskin, A. *et al.* (1974) Further results on the operation of high-accuracy drift chambers. *Nucl. Instrum. Methods*, **119**, 9–28.

Charpak, G. *et al.* (1978) The multistep avalanche chamber: a new high ate, high accuracy gaseous detectors. *Phys. Lett.*, **78B** (4), 523.

Conversi, M. (1982) The development of the flash and spark chambers in the 1950s. *J. Phys. Colloq.*, **43** (C8), C8-91–C8-99.

Fedotovich, G.V. *et al.* (1978) Spark Counter with a Localized Discharge, http://plasmapanel.grid.umich.edu/articles/articlelist.html (accessed 10 October 2017).

Focardi, S. *et al.* (1957) Metodi di comando rapido dei rivelatori di tracce. *Il Nuovo Cimento*, **5** (1), 275–282.

Fonte, P. *et al.* (1991) Feedback and breakdown in parallel-plate chambers. *Nucl. Instrum. Methods Phys. Res., Sect. A*, **305**, 91–110.

Iarocci, E. (1983) Plastic streamer tubes and their applications in high energy physics. *Nucl. Instrum. Methods Phys. Res.*, **217**, 30–42.

Keuffel, J.W. (1948) Parallel-plate counters and the measurement of very small time intervals. *Phys. Rev.*, **73**, 531.

Keuffel, J.W. (1949) Parallel-plate counters. *Rev. Sci. Instrum.*, **20**, 202. doi: 10.1063/1.1741489.

Madansky, L. and Pidd, R.W. (1949) Some properties of the parallel plate spark counter I. *Phys. Rev.*, **75**, 1175.

Madansky, L. and Pidd, R.W. (1950) Some properties of the parallel plate spark counter II. *Rev. Sci. Instrum.*, **21**, 407.

Majewski, S. (1983) A thin multiwire chamber operating in the high multiplication mode. *Nucl. Instrum. Methods Phys. Res.*, **217**, 265.

Parkhomchuk, V.V. *et al.* (1971) A spark counter with large area. *Nucl. Instrum. Methods*, **93**, 269–270.

Pestov, Y.N. (1982) Status and future developments of spark counters with a localized discharge. *Nucl. Instrum. Methods Phys. Res.*, **196** (1), 45–47.

Raether, H. (1964) *Electron Avalanches and Breakdowns in Gases*, Butterworths, London.

Schmidt, H.R. (1999) Pestov spark counters: work principle and applications. *Nucl. Phys. B (Proc. Suppl.)*, **78** (1–3), 372–380.

第 3 章
阻性板室基础理论

3.1 引言

本章详细介绍了最早版本的阻性板室（RPC）——单气隙 RPC 探测器。正如在物理研究中人们通常做的那样，从最简单的实验情景开始有助于理解更复杂的情形。同样这里我们将借助这个结构最简单的 RPC 探测器来研究其中发生的基础现象，例如工作模式和雪崩到流光的转换。在这个简单的例子中，有关主要过程的公式以及其主要参数，如信号发展、感应电荷、时间分辨率等，都能够以解析解的形式表达出来，这对于深入理解探测器是如何运行的有很大帮助。本章所介绍的不同材料也为认识理解更为复杂的 RPC 设计打下了基础，如双气隙或多气隙 RPC、定时 RPC、高计数率和高位置分辨 RPC，这些将在以后的章节中进行详细的介绍。

3.2 Santonico 和 Cardarelli 设计的 RPC

20 世纪 80 年代初，意大利罗马的 Rinaldo Santonico 和 Roberto Cardarelli 使用高压压缩酚醛层压板研制了现代 RPC 探测器的第一个原型机；它可以在标准大气压强下工作，并且不需要像 Pestov 计数器那样冗长复杂的制备电极的过程（Santonico et al. , 1981）。

他们创造性地将现代 RPC 的基本概念整合在了一起：

- 具有平面几何结构（使其具有好的时间分辨能力）；
- 电极使用阻性材料（使探测器可以自猝熄，在带电粒子通过灵敏区产生放电后不需要移除高压（HV），因此不需要工作在脉冲模式下）；
- 高压加在对信号透明的阻性层上；
- 生产过程简便，适合覆盖大面积区域。

用于电极板的新材料——电木，是由苯酚与甲醛经缩合反应形成的酚醛树脂。电木通常被用于制造酚醛片材料。酚醛片是通过对浸渍有酚醛树脂的纸或玻璃布加热并加压获得的坚硬致密材料，纤维素纸、棉织物、合成纱织物和玻璃织物都是可以被用来层压的原材料。进行加热和加压后原材料层将聚合成具有热固性的工业层压塑料。可以使用不同的添加剂生产这些电木酚醛片，以适应各种机械、电气和温度要求。Santonico 和 Cardarelli 用了其中一种高压（强）电木板（HPL）来设计 RPC 的第一个原型机。

需要注意的是，尽管不完全贴切，在现代 RPC 的术语中，用于建造这些 RPC 的材料简称为"电木"，而这些探测器也相应地被称为"电木 RPC"。为了描述简便起见，本书也接受并使用"电木"这一说法。

最初的 RPC 原型机的结构如图 3.1 所示,图 3.2 给出了其原理图。两个 2mm 厚的电木电极板平行放置,其体电阻率在 $10^{10} \sim 10^{12} \Omega \cdot cm$ 之间,在其间施加 $7 \sim 10 kV$ 的电势差(具体取决于所使用的混合气体种类),这将在两电极之间的区域(通常称为气隙,在此原型机中宽度为 2mm)产生一个均匀分布的电场。

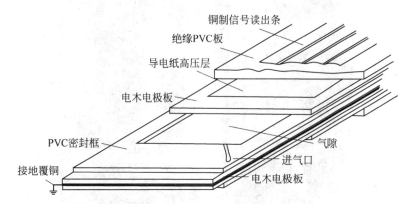

图 3.1 Santonico 和 Cardarelli 最初设计的 RPC 原型机结构图(Santonico et al.,1981;经 Elsevier 许可转载)

这个原型机由两个相同的计数器堆叠而成,它们共用一个铜箔作为公共地;从这个意义上说,它与第 4 章将要详细描述的双气隙设计非常接近。

图 3.2 Santonico 和 Cardarelli 研制的 RPC 的原理图

1—电木电极(2mm 厚);2—气隙(2mm 宽);3—高压电极(200μm 石墨涂层);4—聚酯薄膜(Mylar)绝缘层(50μm 厚);5—读出条;6—保护电阻;7—读出电子学

两个电木电极之间的气隙由聚氯乙烯(PVC)框架进行密封,聚氯乙烯是一种良好的绝缘体。两电极之间的距离是固定的,即使在最内部的区域,利用粘在电极表面阵列布置的按钮式垫片(每平方米 100 个),气隙宽度的精度也能保持在 0.01mm 以内。探测器的结构具有足够的刚性,工作混合气体将从 PVC 框架上相对两个侧面的四个孔流入、流出气隙。图 3.3 展示了单气隙 RPC 的爆炸视图。

图 3.3 阻性板室的爆炸视图

不可避免的是,电木朝向气隙一侧的表面在微观层面上具有局部不均匀性,而电极表面上任何一个小小的突出点都会引起该点场强的激增,增加了局部放电的可能性。为了获得更好的电极表面光滑度,必须在电极内表面涂覆一层由戊烷稀释过的亚麻籽油制成的涂料;涂层的方式很简单,先用涂料灌满组装好的探测器,然后将探测器垂直放置以清空多余的涂料(见图3.4)。该工艺流程可以显著降低探测器的"暗"计数率(详见3.8节),即当没有外部辐射照射到探测器上时它的计数率(Abbrescia et al.,1997a)。

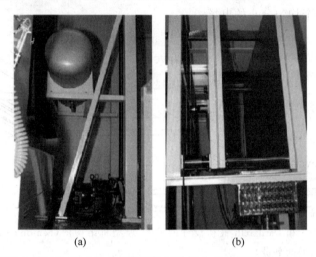

(a)   (b)

图 3.4　CMS实验在韩国的RPC生产车间所使用的部分亚麻籽油涂层设施(Ahn et al.,2005;经 Elsevier 许可转载)

(a) 亚麻籽油容器升降装置;(b) 在清空涂料过程中保持探测器气隙处于垂直放置的框架

最初使用的工作气体是由氩气、丁烷和某种氯氟烃(通常简称为"氟利昂",这实际上是用于表示一整类气体的商品名)组成,工作在大气压下。混合气体的比例一般为氩气占60%~70%(体积),丁烷占30%~40%,CF_3Br占比较低,只有3%~5%。在这种情况下,具有较高气体电离能(约26.4eV/电子离子对)的氩气成为混合气体中的"活性部分"。若改变气体的组分意味着探测器的工作高压也要做出相应的调整。

在第一个原型机中,通过在两个电木电极中的一个的外侧贴$50\mu m$厚的铜箔接地,另外一个电极通过一层导电纸连接到高压,在气隙中产生电场。后来人们不再使用铜箔和导电纸,取而代之的是在电木板表面喷涂导电材料(通常含有石墨)薄层作为电极,其面电阻率在$200\sim300k\Omega/\square$之间,同样其中一个电极要连接至高压而另外一个接地。目前的设计中,一般将电极放置垫片位置的狭小区域内的石墨涂层去除,使得垫片的绝缘性得以保证。同样为了保证高压电极和读出条之间的绝缘,需要在石墨涂层上放置一张$0.2\sim0.3mm$厚的 Mylar 膜或聚乙烯膜将电极和读出条隔开。

第一种RPC原型机的性能非常出色,如图3.5所示,在宇宙射线实验中(置于被测RPC上方和下方的闪烁体探测器作为触发器),RPC的效率几乎达到了100%,时间分辨率在1ns左右。

需要注意的是,这些探测器第一次加高压到工作点时具有很高的暗电流和噪声;让探测器保持在工作状态几天到几周,这些值通常就会减少一到两个数量级。这一环节被称为"锻炼"(类似的锻炼步骤对于第2章介绍的Pestov探测器也是必要的)。有时在进行锻炼过程时通入气隙的气体是纯氩气,有研究结果表明:相比于通入普通工作气体能更加快速有效地使探测器降低暗电流和噪声。最初的高暗电流和噪声极有可能来自于组装过程中在

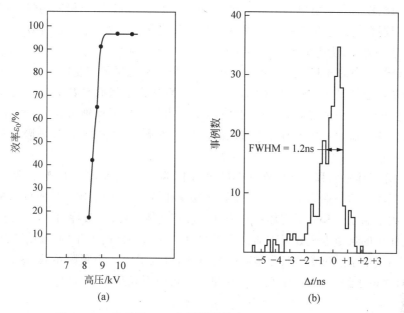

图 3.5　一种早期 RPC 探测器的效率(a)和时间分辨率(b)

两个测试结果中的宇宙射线触发均来自置于被测 RPC 上方和下方的一组闪烁体探测器；图中给出的时间分辨率包括闪烁体探测器带来的时间晃动影响。

气隙内留下的灰尘和小颗粒，它们引起了探测器内部的局部放电。随着放电过程的进行，这些灰尘逐步被烧蚀掉，探测器的暗电流和噪声也恢复了正常。另外，本章中将要介绍的玻璃 RPC 也具有类似的现象，因此同样需要进行锻炼。

探测器的感应信号既可以从单电极读出也可以从双极性电极读出。由于读出电极与高压是独立的，因此可以做成任何想要的形状和尺寸，通常的信号读出方法是在其中一个电极使用铝制或铜制的条(宽度一般为几厘米)读出信号，另外一个电极为接地铝箔。也可以在两个电极使用互相垂直的两组铜条，这样就可以构成一个笛卡儿坐标系对入射粒子的二维位置坐标进行测量。另外一种读出电极设计中使用网格排列的矩形单元(通常称为"读出块")，每个单元的尺寸通常为几厘米。

为了保证结构强度，有时会用额外的保护层将整个探测器包裹起来，其材料可以是铝箔包覆的丙烯或 PVC 板。理论上可以生产出任意尺寸的电木材料，因此 RPC 探测器的尺寸也可以制成任意大小。第一个 RPC 探测器原型所使用的电木板尺寸为 $103cm \times 22cm \times 0.3cm$，有效探测面积为 $85cm \times 13cm$。对于当今的 RPC，使用尺寸为 $1 \sim 2m^2$ 的电木板已经是非常普遍的事情了，其探测区域大小基本和电木板面积一样。人们通常会把单个或者多个探测器封装到金属框架中，这样既加强了探测器的结构稳定性，也便于整个组件的运输。

如第 1 章所述，当带电粒子穿过 RPC 气隙中的工作气体时，将会发生初级电离产生若干电子离子对，只要在气隙两侧电极施加的电场足够强，这些电子离子对将会在电极间引起放电。正如前文已经指出的，产生的放电现象被限制于紧邻初级电离发生的区域内，并不会延伸至探测器的整个灵敏体积，这主要归功于电极的高电阻率和工作混合气体的特殊性质。有研究人员(Cardarelli et al.，1988)专门给出了放电受到限制的三个原因：

（1）因为电极的高电阻率和电荷中和导致的放电区域附近的电极间场强减弱；

（2）由于混合气体中含有的异丁烷具有高紫外光子吸收系数,可以有效吸收在流光模式下产生的紫外光子,防止由光电子导致的二次放电的发生；

（3）混合气体中的氟利昂是电负性气体,可以俘获放电区域产生的电子(详见下文)。

这里需要注意的是第(2)点和第(3)点,具备高紫外光子吸收系数的分子气体或混合气体(如前所述的异丁烷)拥有淬灭光子的特性,是因为其降低了反馈过程(详见第 1 章)的可能性。在气体探测器中使用带有淬灭特性的混合气体有利于将放电的发展限制在有限的空间中。

此外,工作气体中漂移的电子在强电场作用下,除了会引发雪崩电离(详见第 1 章)外,还可能会和气体中的一些原子和分子,如氧气或氟利昂,发生相互作用形成负离子。这类很容易形成负离子的原子和分子气体统称为"电负性"气体,该过程被称为"吸附"过程,其结果是减少了气体中的自由电子数量。通常吸附与电子倍增是同时发生的,吸附作用会降低净增益。为了给出电子经过单位长度被吸附的概率,可以引入一个吸附系数,这里用 η 表示,这样 n_e 个自由电子经过距离 $\mathrm{d}x$ 后的变化量 $\mathrm{d}n_e$ 可由下式简便地写出：

$$\mathrm{d}n_e = (\alpha - \eta)n_e \mathrm{d}x \tag{3.1}$$

其中 α 已经在第 1 章中介绍过,是第一汤森系数。

$$\alpha^* = \alpha - \eta \tag{3.2}$$

α^* 也被称作有效第一汤森系数。

很明显,混合气体的选择对于 RPC 的正常工作是至关重要的。鉴于一般的混合气体中含有相当一部分氩气,而且施加的高压可达 10kV 或者更高,使探测器产生的信号幅度足够大,无须经过任何前置放大即可直接输入到标准甄别器中。信号的持续时间通常为几十纳秒,幅度为几百毫伏(相对于读出阻抗 50Ω),对应于 100pC 量级的积分电荷。满足这些特征的 RPC 被称为工作在"流光"模式下。

需要注意的是,在当前所使用的 RPC 术语中,流光这个说法不仅被用于指代第 1 章中所描述的过程(Kanal 机制),还更普遍地被用来描述紧随流光发生后的轻度的放电过程(若电场强度足够大,在流光产生后会在阳极和阴极之间产生带正电的通道这一复杂过程)。

当我们说 RPC 工作在流光模式下时,也就意味着其在高电压下工作,产生了非常大的信号,这不再仅仅与气体中发生的雪崩相关。在本书中,我们遵循广泛使用的原则,当我们需要区分流光的这两种含义时(尽管我们在极为少数的情况下需要作出这种区分),我们会在上下文中作出清楚的说明,或者使用"放电"或者"轻微的火花"等类似术语来严格表达后者。有关 RPC 中这些过程更详细的描述请参见 3.4 节。

每次雪崩产生的电荷量决定了探测器不显著损失粒子探测效率下的最大计数率,事实上,电荷量必定是由流经两个阻性电极的电流决定,电流的大小必须受到限制,而使雪崩电荷量较小就可以减小电流从而提高效率。相关内容将在稍后 RPC 计数能力的部分详细讨论。

探测器信号读出的原理是基于气隙中移动的电荷在读出电极上产生了感应信号,正是因为阻性电极和石墨涂层自身的高电阻率,对大部分快速信号都是透明的,才让信号感应成为可能。如果用金属电极取代石墨涂层,信号将被屏蔽在电极内部,也就不能利用外部读出条进行位置测量。对于 6mm 宽金属条上感应电荷的系统研究表明其感应电荷仅存在于放电点周围约 $1\mathrm{cm}^2$ 的区域内。

读出条的尺寸可以根据实验的具体要求自由选择。有时,读出条被设计成特定的宽度是为了使得 RPC 的标称输出阻抗为 50Ω。铝制或铜制长金属条可视为传输线,这意味着感应信号实际上没有被积分,因此读出条两端的电压变化与气体中的放电电荷量实时成正比。

作为另外一种读出形式,读出块可以被近似看作一个电容。例如,对于一个面积 30cm×30cm 的读出块(连接至输入阻抗为 100Ω 的电路),其时间常数约为 100ns,比信号的上升时间大一个数量级,这导致了信号的积分现象从而降低了其时间特性。因此 RPC 被用于定时或触发时,这些读出块的最大尺寸将受到限制。此外,探测器可达到的空间分辨率通常也由读出电极尺寸决定。

大部分的 RPC 探测器采用了厘米量级的较宽读出条,通过识别出被击中的读出条就可以实现适度的雪崩位置定位能力,然而在另外一些 RPC 探测器的应用中,主要是 μ 子断层成像或生物医学(分别将在第 7 章和第 9 章中详细介绍),在横纵两个坐标上均要求具备更高的位置分辨率,相关问题会在 3.5.5 节中做进一步阐述。

3.3 玻璃电极 RPC

从最初的设计到 20 世纪 80 年代初,RPC 探测器经历了许多发展,进行了许多改进,所以本节会进一步介绍后来发展的一些单气隙 RPC,它们由全新的材料制成并具有新的设计特征。

其中的一个例子是人们对电极材料为蜜胺膜和纤维素的 RPC 探测器进行了测试,但是其性能并没有得到显著改善(Crotty et al.,1993)。这个想法来自于电木板大多在表面覆有一层薄薄的蜜胺膜,目的是让表面更平整。这些尝试表明,原则上很多阻性材料都可以用于 RPC 的设计和建造。

由普通玻璃(就是通常的窗玻璃)制成的电极实现了更大的成功(Bencivenni et al.,1994)。这些玻璃电极 RPC 具有更好的结构强度。此外,因为其表面在微观层面上比电木板更光滑,所以不再需要亚麻籽油涂层。这在当时是很重要的突破,因为亚麻籽油处于长时间工作状态后的效应并不为人们所知。直到今天,关于玻璃电极 RPC 的研究仍然十分活跃,并在高能物理实验中得到了广泛的应用。

最新玻璃电极 RPC 的一个例子来自于意大利研究小组为 MONOLITH 项目开发的探测器(Gustavino et al.,2001a)。它使用了具有高质量表面的商用玻璃材料,采用了简单的组装程序,以低成本实现了大面积的探测区域。该玻璃 RPC 有一对 243mm 宽、1.85mm 厚、长达 2m 的商用浮法玻璃电极,在室温下的体电阻率约为 $10^{12}\Omega \cdot cm$,适用于在低粒子计数率的环境下工作在流光模式。在大批量生产中,所有探测器的时间分辨率都稳定在 1ns 左右,在组装过程中使用的气隙垫片(见图 3.6)可以保证间隙精度小于 0.5%,稍逊于电木 RPC。此外,为了确保气体可以在气隙中均匀稳定地流动,这些垫片以特殊的方式设计和布置,气体的流动通常是大型气体探测器在设计过程中需要考虑的问题。该探测器的一些设计特征可以参见图 3.7 和图 3.8。

图 3.8 为放置在玻璃电极之间特殊形状的气隙隔离物实物照片。如图 3.6 所示,这些隔离物在气隙内构成了回廊形的流气通道,使得气体可以流经探测器内部的整个区域。每个间隔物都由长度分别为 2mm 和 150mm 的两个杆组成,它们被垂直固定在 200mm 长的支撑结构上。

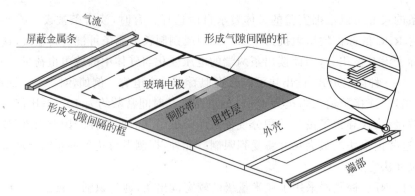

图 3.6　MONOLITH 项目玻璃 RPC 的示意图

图 3.7　MONOLITH 项目玻璃 RPC 的实物照片

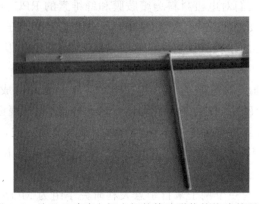

图 3.8　放置于玻璃电极之间的特殊形状的垫片的照片

该垫片为气体在探测器的整个区域来回流动提供了通道，如图 3.6 所示，每个这样的垫片由两个分别长 2mm 和 150mm 的杆组成，与 200mm 长的支撑结构垂直。

图 3.8 展示的是通过注塑成型的气隙隔离物，这些隔离物被夹在两个电极玻璃之间（如图 3.7 和图 3.8 所示），并没有使用任何胶水来固定，这大大简化了探测器的组装过程。隔离物的表面采用了打磨工艺以防止电极之间放电的发生。

将 $140\mu m$ 厚的碳-聚乙烯形成的碳膜粘在玻璃的表面上来制成高压电极（需要注意在图 3.7 中，为了显示气隙中的隔离物，上部电极上的部分碳膜被"去除"了）。碳膜的面电阻率约为 $10M\Omega/\square$。在探测器组装完成后，两玻璃电极连带其间的隔离物会被封装至一个外壳中，外壳壁厚 1.5mm，外部横截面面积为 250mm×9mm。图 3.9 展示了在一个读出平面上的 4 个封装在一起的玻璃 RPC 探测器。

信号的收集由粘在印制电路板（PCB）玻璃纤维表面上的扁平电缆完成，每个读出条的

图 3.9 4 个封装好的玻璃 RPC 实物照片(通过扁平电缆将它们耦合到同一读出平面上)

宽度约为 1cm,需要根据实验要求的读出密度决定。在该探测器中,八根扁平电缆连接在一起并连接到每个通道上。

与电木 RPC 探测器相比,玻璃 RPC 因其简单的制作工艺而更适合大规模生产,同时建造过程中所需要的人力也大大减少了。例如,在近些年进行的极端能量事件实验(extreme energy events experiment)中,所需的 150 个玻璃 RPC 的生产工作就是由高中老师和学生完成的(Abbrescia et al.,2013)。

玻璃 RPC 的生产工艺确实要比电木 RPC 简单很多,其电极内表面不需要用亚麻籽油进行处理,石墨涂层通常由黏性碳膜代替,气隙隔离物不用胶水固定而是直接夹在电极之间,并且高压的连接在不需要焊接的情况下就可以实现。另外一个优点在于玻璃 RPC 封装在一个容纳气体的外壳中,不再像电木 RPC 那样在电极之间粘接一个框架,这减少了漏气的可能性。

玻璃 RPC 由于具有相对较高的电阻率,计数率能力有限,基本上都用于宇宙射线实验,例如 OPERA 实验(Candela et al.,2007),同时也在对计数率要求不那么高的加速器实验中得到了一些应用,例如 BELLE 实验(Abashian et al.,2000)。

3.4 流光模式与雪崩模式

3.4.1 流光模式

在第 1 章中,我们定性描述了从雪崩到流光的过渡过程。许多作者都对这一过程进行了详细研究,基本结果都在 Raether 的著作中阐明(1964)。正如已经指出的那样,主要结论之一是当雪崩中的总电荷量接近或超过 10^8 个电子(被称作 Raether 极限)时就会出现火花。工作在甲缩醛气体中的金属电极平行板探测器在雪崩-流光过程中的信号波形图可见于图 3.10,取自 Raether 的书。

在图 3.10 中,可以清楚看到由初级雪崩形成的第一个脉冲(被称为"前峰"),经过一段延时 τ_b 后,会出现一个极强的信号,这是由流光立刻转换为火花放电引起的快速增长的电流。在一些工作在其他混合气体下的非脉冲气体探测器(如平行板雪崩探测器(PPAC))中均观测到了类似的现象;Fonte 等人(1991a)的研究中对此有详细的描述,并且表明这是一个普遍的现象。随着高压的增加,延迟时间 τ_b 会随之减小(在图 3.10 中,对应从下到上),直到高压增大到某一值时,雪崩脉冲几乎不能与流光信号的上升沿分开(图 3.10 中最上方的曲线)。

后来的研究表明,从流光到火花放电的过程中要经历若干个快速放电阶段:从最初的辉光放电到密集等离子体通道的形成,如图 3.11(a)(Haydon,1973)所示。正如已经在第 1 章讨论过的,当过电压足够大时,流光将同时向阳极和阴极两个方向传播。

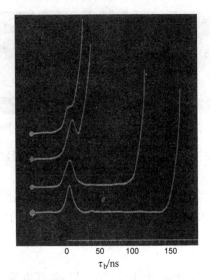

图 3.10　当一金属电极平行板探测器工作在甲缩醛气体中,在不同高压时(从下到上高压增大)信号从雪崩到流光的波形图

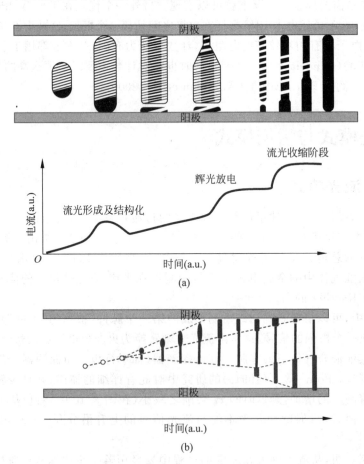

图 3.11　流光发展示意图(改编自文献(Fonte,1996))

　　(a) 从流光至火花放电过程的各个发展阶段和电流随时间的变化；(b) 随着过电压增高会出现流光缩减现象

很多研究人员都具体计算过流光-火花过程的动力学(Fonte,1996；及其引用的参考文献),这是一个简单模型描述不了的复杂过程。

作为被普遍接受的术语,这里的"过电压"指的是超过能让气隙保持在稳定工作状态的最高直流工作高压的电压。类似的现象也会发生在淬灭不良的混合气体中(紫外光子吸收不充分),由于反馈机制(如第 1 章所述)带来的二次雪崩,同样会导致电极击穿。

现在我们来讨论在 RPC 中由雪崩到放电的过程,几项与此相关的研究工作都取得了结果,例如 Cardarelli 等人(1996)的发现,如图 3.12 所示。与图 3.10 类似,可以观察到有两个信号:第一个由初级雪崩产生,第二个会在一定延时后出现(增加工作电压后延时减小),整个过程类似于流光触发的放电。可以看出,在施加较大的工作电压时,雪崩几乎和随后的流光合并在一起,彼此无法区分开来(见图 3.12(c))。

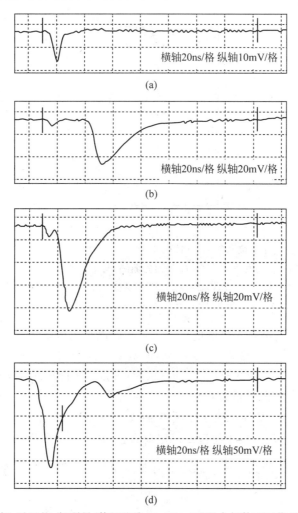

图 3.12 在氩气、异丁烷、氟利昂(体积比为 10∶7∶83)混合气体下工作的 RPC 逐渐增加
工作高压时记录的信号波形

(a) 9.4kV;(b) 9.6kV;(c) 10.2kV;(d) 14.0kV
在图(d)中可以看到在初级雪崩和放电后 50ns 发生的二次放电,这是在 RPC 中首次观察到该现象。

Cardarelli 等人将此 RPC 的工作模式称作"流光模式",这成为 RPC 领域中被普遍应用的术语。正如前文所指出的,这个术语并不是完全准确的:抵达阻性阴极的流光并不会自发淬灭,相反它会引起轻微的电流放电。瑞典的 XCounter AB 小组(本书的作者之一

Vladimir Peskov 是其中一员）对 RPC 的各种阻性阴极进行的系统测试表明，大多数情况下放电电流的大小会受到阴极材料电阻率的影响，这证明了流光会引发短暂的轻微电流放电。放电的规模还与混合气体的种类有关，例如带有电负性气体（易于吸附自由电子的气体）的混合物相比于其他的气体会有更小的放电电流。

　　RPC 和金属电极平行板探测器一样，当雪崩发展规模达到（或超过）Raether 极限时，雪崩就会过渡为流光。这已经在 Cardarelli 等人的研究中（1996）得到证实，相关的研究结果如图 3.13 所示。

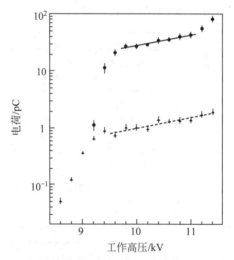

图 3.13　工作在氩气、异丁烷和氟利昂（体积比为 10∶7∶83）混合气体下、气隙宽度 2mm 的
　　　　　RPC 的信号前沿积分电荷（图中下面的曲线）与工作高压的关系
信号幅度随高压呈指数增长直到 9.2kV，之后出现了明显的信号饱和，是由空间电荷效应引起的（参见 4.4
节）。与此同时出现了流光和与之相伴的放电现象（图中上部曲线）。

　　对于所记录的波形，研究人员通过对一定时间内流过电极的电流进行积分得到在该读出电极上感应的电荷量。从图 3.13 中可见，9.2kV 的工作电压对应了雪崩过程中的 1pC 感应电荷（大致相当于 10^7 个电子），前沿电荷积分曲线（图中下部曲线）在该点发生了明显的转折，这之后的斜率变得很低。在超过该临界电荷后会出现流光信号（图中上部曲线）。从雪崩到流光的临界电荷具体取决于多项参数，如气隙宽度、混合气体组成等。另外这里的电荷量 1pC 指的是在读出电极上感应出的电荷，这通常是抵达阳极的总电荷量（与 Raether 极限的 10^8 个电子接近）的 $\frac{1}{20}\sim\frac{1}{5}$。感应电荷与雪崩产生电荷间的详细关系将在 3.5 节中具体介绍。

　　现在来阐明积分快信号的含义，RPC 产生的典型电荷信号随时间的变化如图 3.14 所示，它包括两个部分：快速部分（对于 0.3～2mm 的气隙来说该部分宽度为 3～20ns）与雪崩电子的感应有关；慢速部分持续时间可长达几微秒，由雪崩产生的正离子向阴极运动感应产生。为了发挥 RPC 出色的定时特性，通常使用合适的电流放大器记录其信号的快速部分。从图 3.14 中可以看出，在雪崩过渡至流光的瞬间，快速电子信号的积分电荷约为 10^7 个电子。此外，该图中还表明快速部分通常占总信号电荷量的 5%～20%。向流光过渡的拐点处于 10^8 个电子的总电荷量处，这接近于 Raether 极限。

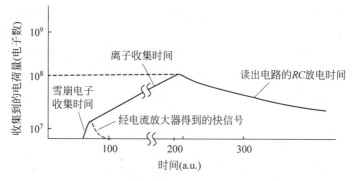

图 3.14 RPC 产生的电荷信号随时间变化的示意图

可以清楚看到信号的快和慢两部分,电流放大器通常记录的是其中的快速部分。快速部分的积分电荷量仅占总信号电荷量的 5%～20%。该图只是定性画出了各个部分的时间关系,实际的读出电路 RC 时间常数要远远大于正离子的收集时间。

需要注意的是,原则上雪崩过程中形成的负离子也会在读出电极上产生感应信号,然而这在实际过程中很难被发现。有研究人员(Cerron Zeballos et al.,1997)推测,在一定条件下,在慢信号部分中可以区分出负离子运动所产生的信号,见图 3.15。

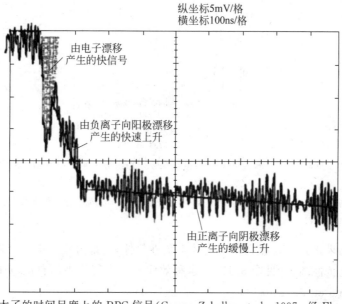

图 3.15 在放大了的时间尺度上的 RPC 信号(Cerron Zeballos et al.,1997;经 Elsevier 许可转载)

该项工作的研究者将第一个快速信号归因为电子的运动,将信号的快速上升归因为负离子的漂移,将信号的缓慢上升(在图中的时间尺度上表现为几乎平坦)归因为正离子的漂移。需要注意的是图中所示信号波形的 RPC 工作在雪崩模式,其原理将在 3.4.2 节中做更详细的说明。

3.4.2 雪崩模式

随着 RPC 被发明出来并得到应用,人们设想了让其工作在雪崩模式的可能性,这样可以提高这种探测器的计数率能力,以用于当时还处于设计阶段的 LHC(大型强子对撞机)实验中。工作在雪崩模式的 RPC 之所以可以提高计数率,是因为气隙内部的总漂移电荷量减少了,但这同时也造成了信号较小的缺点,需要在进行后续处理前进行前置放大(因此需要更为复杂的前端电路)。

对于该方向的几项研究几乎同时出现,我们按照它们发表的顺序逐一进行介绍。首先是 Cardarelli 等人(1993)发现电负性气体组分,例如氟利昂,在混合气体中占有很大比例时,就可以有效减小读出条上感应信号的大小(见图 3.16)。

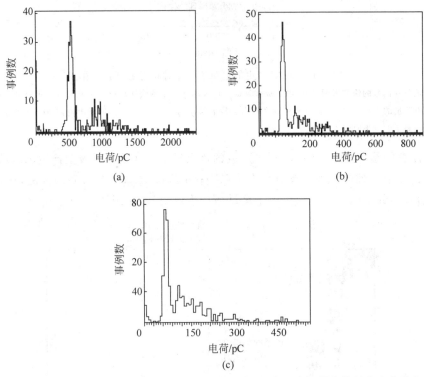

图 3.16　在不同 CF$_3$Br(商业上称为氟利昂 13B1)组分下宇宙射线信号的电荷分布
(a) 0%；(b) 4%,(c) 8%

以上不同比例的氟利昂添加到氩气和异丁烷混合物中(组分比为 60:40)。这些结果对应的工作高压分别是 7.2kV、7.2kV 和 7.8kV。

出现这种结果正是因为氟利昂是一种电负性气体,一部分雪崩电子会被氟利昂吸附,形成缓慢漂移的电负性离子(见图 3.17)。这种效应减少了气体中的自由电子数量(详细描述可见文献(Doroud et al.,2009))。

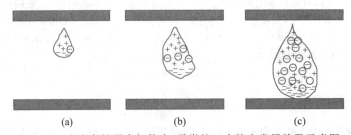

图 3.17　在电负性混合气体中,雪崩的三个特定发展阶段示意图
(a) 雪崩刚刚形成并开始发展,一些电子被吸附形成电负性分子(图中带有负号的圆圈)；(b) 雪崩发展至中等大小；(c) 雪崩的前端已经抵达阳极,信号的快速部分由电子的漂移决定,负离子只对信号的慢成分有作用

在 Cerron Zeballos 等人(1995)的研究中,通过实验证明了电子吸附效应的存在如何影响快信号的幅度。图 3.18 展示了在含有不同组分电负性混合气体中工作的 RPC 经电荷灵敏放大器的输出信号,在上图中混合气体中没有添加氟利昂,如前所述(见图 3.14),信号的第一部分(图中显示为一个台阶式的上升)是由雪崩电子的漂移产生的,而其后缓慢的上升则是源自于正离子云的漂移。中间的图中,气体中添加了 CF_4,它也具有电负性但不像氟利昂那样强烈,可以看到代表快信号的上升沿变短了。下图中的工作气体添加了 10%的氟利昂(CCl_2F_2),代表快信号的台阶消失了。由此可以证明混合气体中是否含有氟利昂会给信号快慢成分的比例带来显著的不同,该比例取决于多方面的因素(Cerron Zeballos et al.,1997;Doroud et al.,2009)。

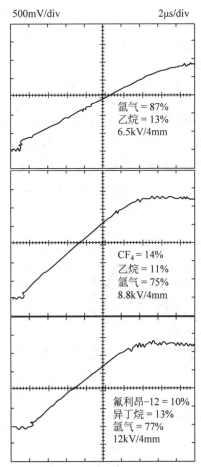

500mV/div　　　　　　　　2μs/div

氩气 = 87%
乙烷 = 13%
6.5kV/4mm

CF_4 = 14%
乙烷 = 11%
氩气 = 75%
8.8kV/4mm

氟利昂-12 = 10%
异丁烷 = 13%
氩气 = 77%
12kV/4mm

图 3.18　在不同电负性气体组分下单气隙(4mm 间隙宽度)RPC 经电荷灵敏放大器后的信号波形图
(Cerron Zeballos,1995;经 Elsevier 许可转载)
所用氟利昂的具体数量和类型已在图中标出。

在后来的一些研究成果中(Cardarelli et al.,2012),Cardarelli 等人引用了图 3.16 并将其称作对雪崩模式的第一次观测结果,然而严格来说,在图 3.16 所在的文章中并没有明确提及这个说法。

关于工作在纯雪崩模式下 RPC 研究,最早可见于三篇在 1993 年 9 月投稿的文章(Anderson et al.,1994;Crotty et al.,1994;Duerdoth et al.,1994)。例如图 3.19 中展示了 RPC 在"纯"雪崩模式下工作的典型信号,可以看出信号后并没有尾随放电部分。

当然,随着工作电压不断增加,会在雪崩信号后面发现放电的出现,这也意味着纯雪崩模式的结束(见图 3.20)。

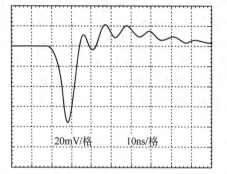

图 3.19 工作在纯雪崩模式下 RPC 经 Ortec 快前置放大器后的典型信号

工作气体为 1atm 的氩气和异丁烷(比例为 90∶10)

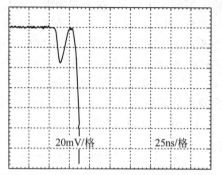

图 3.20 当电压升高后观测到的信号波形图

可以看到在雪崩信号后出现了轻微放电(通常称为"流光")

与此类似的结果同样出现在其他两项独立进行的工作中(Duerdoth et al.,1994; Crotty et al.,1994),分别来源于工作在不同气体中且具有不同设计的 RPC。

纯雪崩模式和流光模式的脉冲幅度如图 3.21 所示。雪崩脉冲所能达到的最大电荷与

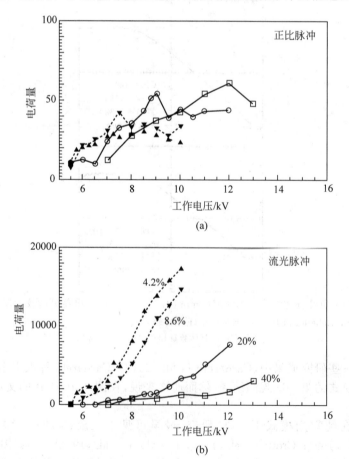

图 3.21 两种模式下的总电荷(任意单位)与 RPC 工作电压的关系

(a) 纯雪崩模式(在图中标记为"正比脉冲"); (b) 流光模式(在图中标记为"流光脉冲")

混合气体为氩气、异丁烷(比例为 60∶40),同时在其中添加含量 4%～40%的氟利昂。

过渡到流光所需的电荷是相当的。同时也注意到,流光脉冲的电荷与雪崩脉冲的有所不同,前者在给定工作高压的情况下与混合气体中氟利昂的比例有着紧密的联系。在各个氟利昂浓度下,流光总电荷量均随工作电压的升高而增长。此文的作者(Duerdoth et al.,1994)将其归因于后脉冲(即二次放电)的增加量。

如前所述,雪崩模式的一个主要优点在于其更高的计数率能力,也就是说工作于此模式的 RPC 可以在相对高粒子通量的环境下有效探测带电粒子,从图 3.22 中可以清楚看到这一点。因此现今大多数的 RPC 都工作在雪崩模式下,这个问题将在本书的后续章节中进行更为详细的讨论。

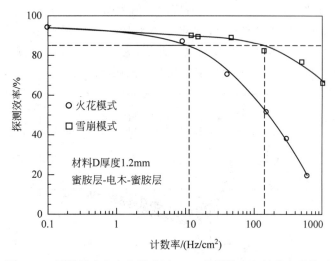

图 3.22　雪崩模式和火花模式下,RPC 探测效率与计数率的关系
混合气体是 81% 的氩气、13% 的异丁烷和 6% 的氟利昂-12。

3.5　信号的发展

3.5.1　信号的形成

在以下的讨论中,会通过引入一些简化过的分析计算,以便从更为基础的层面理解 RPC 内部的原理,包括信号从产生到在读出电极上感应等一系列发展过程。这些计算原理上很简单,也非常重要,事实上在 RPC 发明 10 年后,人们才得到了这些基本公式和最初结论。其中最简便通用的研究方法之一来自 Abbrescia 等人(1999)的研究,它从气体中发生的基本过程出发,最终完成对 RPC 性能及对其造成影响的结构参数的建模。另外一项采用了类似方法的出色研究来自于 Riegler 等人(2003)。我们相信遵循这种研究方法可以让我们获得更多有关 RPC 工作的认知并在更深的层次上理解它们。

让我们像往常一样从考虑单气隙 RPC 的情形开始,当带电粒子穿过气隙时,在路径上电离出了 n_{cl} 个电子离子簇。这里的"簇"包括由带电粒子产生的初级电子离子对,以及因初级电子具有足以进一步电离混合气体中原子和分子的动能而产生的新的电子离子对。对于每个带电粒子,其产生的簇数量 n_{cl} 当然不是固定的,但是在不同的入射时间中它会服从一个概率分布。我们说 n_{cl} 是一个随机变量,它与带粒子穿过的气隙宽度 g 线性相关。

在很多文献中可以检索在不同气体下实验测量得到的单位长度簇数的平均值(这里用 λ 表示)。对于混合气体的情况,λ 应按混合气体的组分取加权平均值(权重为各组分的体积比例)。有专门的软件可以对簇数和其他相关的气体参数进行计算和检索,例如 HEED (Smirnov,1994)。

λ 的值很大程度上取决于 RPC 所用的混合气体。例如在氩气和异丁烷中,被广泛接受的 λ 值分别为 2.5 个簇/mm 和 9 个簇/mm。对于 LHC 的两个实验,ATLAS(a toroidal LHC apparatus)和 CMS(compact muon solenoid),它们所用的气体均为 $C_2H_2F_4$、i-C_4H_{10}、SF_6 组成的混合气体,组分比为 95：4.7：0.3,对应的 λ 值为 5.5 个簇/mm,对应它们所使用 RPC 的 2mm 宽气隙,意味着将平均产生 11 个电子离子对,该值已经使用了很长时间(现在仍被使用),后来进行的 HEED 模拟结果要略高于此值,为 7 个簇/mm(见图 3.23),这解释了一些观察到的特殊现象,但是到目前为止基于此的讨论还在进行中。

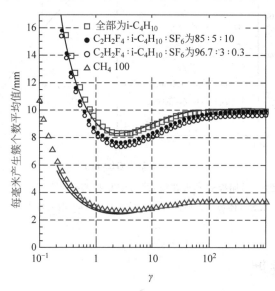

图 3.23　HEED 模拟结果,不同气体中每毫米产生簇个数平均值与入射粒子能量的关系

λ 的值通常也与入射粒子的能量有关。这里为了简便起见,我们假设粒子穿过气隙损失的能量(通常在数百电子伏特数量级)相对于其自身动能是可忽略不计的。这种假设是一种很普遍的做法,例如在宇宙射线实验或 LHC 实验的 μ 子探测系统中,这种假设都是没有问题的。这样我们就可以认为在粒子穿过气隙的过程中,其动量和总能量,以及初级电子离子对密度 λ(即单位长度初级电子离子簇数量的平均值)是恒定的。

如果粒子不是垂直穿过 RPC,我们定义有效簇数 $\lambda_{eff} = \dfrac{\lambda}{\cos\varphi}$,$\varphi$ 为入射粒子的方位角 ($0 \leqslant \varphi < \pi/2$),这个参数将会在后面用到。

在以上假设下,通过简单的二项式统计就可以计算出带电粒子在气隙中(宽度为 g)产生 k 个电子离子簇的概率 P_{cl}(泊松分布):

$$P_{cl}(n_{cl} = k) = \frac{(g\lambda_{eff})^k}{k!} e^{-g\lambda_{eff}} \tag{3.3}$$

正如预期的一样,该概率分布的平均值为 $g\lambda_{eff}$,也即单位长度的平均簇个数乘以径迹长度。

此外,通过令 $n_{cl}=0$,可以根据上式轻易地计算出带电粒子穿过气隙但不产生任何簇的概率 $P_{cl}(n_{cl}=0)$:

$$P_{cl}(n_{cl}=0)=e^{-g\lambda_{eff}} \tag{3.4}$$

该式十分重要,因为它表征了气体探测器的本征效率,如果想要建造具有一定效率的探测器,通过该式可以看到必须达到一定的气隙厚度才行。举个例子,假设 $\lambda=5.5$ 个簇/mm,气隙厚度 $g=0.2mm$,通过式(3.4)可以算得本征无响应概率约为 11%。可见通过这些简洁的公式我们可以立即了解到应该如何设计这一类型的粒子探测器,以及为什么使用某些值作为典型尺寸值(例如,气隙厚度通常为 1~2mm)。

现在我们根据每个簇中包含的电子离子对个数来判断簇的空间尺度。每个簇中的自由电子数量(离子数量也是同理)的概率分布可以通过实验测得,目前只有在一些气体中(氩气、二氧化碳、某些碳氢化合物等)得到了结果(Fischle et al.,1991)(见图 3.24)。当然,簇的大小取决于在相互作用过程中沉积的平均能量,以及平均值的涨落大小。通常簇中的二次电子在空间上与初级电子非常接近,当初级电子动能很高时(通常被称作"δ 射线"),尽管这种情况很少见但还是会发生,簇中的电子数量相对会很高,甚至可以达到 100 个以上,这些电子会在不断的散射中传播很远的距离。

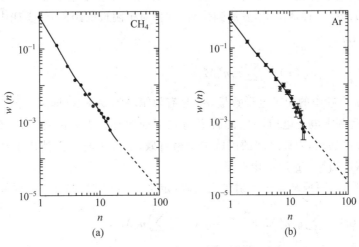

图 3.24　实验测得的簇的大小
(a) 在甲烷中;(b) 在氩气中

我们发现通过使用合理近似的 $1/n^2$ 定律,就可以对实验中观测到的簇大小分布(也包括在原子或分子层面由沉积能量建立的复杂模型的模拟计算结果)做出合理的近似。此外,还有很多关于簇大小的重要理论研究工作,比如 Lapique 和 Piuz(1980)研究了在氩气中的相关情况。

现在我们继续考虑当带电粒子穿过气隙时,初级簇是如何在空间上分布的。我们用 x_0^j 来表示第 j 个簇的初始位置,用概率 $P_{cl}(x_0^j)$ 来表示在距离阴极 x 的位置产生第 j 个簇的概率(在这里我们会遵循惯例,定义第一个簇($j=1$)为最靠近阴极的簇,同时 $x=0$ 对应了阴极在气隙一侧的表面)。可以使用泊松分布计算此概率,由下式表示:

$$P_{\mathrm{cl}}^{j}(x_0^j = x) = \frac{j\lambda_{\mathrm{eff}}}{(j-1)!}(x\lambda_{\mathrm{eff}})^{j-1}\mathrm{e}^{-x\lambda_{\mathrm{eff}}}, \quad 0 < x < g \tag{3.5}$$

尽管这个公式看上去很复杂，但要得到簇的初始位置分布是十分简单直观的。例如在式(3.5)中令 $j=1$ 就可以得到第一个簇的初始位置，满足如下的指数衰减分布：

$$P_{\mathrm{cl}}^{1}(x_0^1 = x) = \lambda_{\mathrm{eff}}\mathrm{e}^{-x\lambda_{\mathrm{eff}}}, \quad 0 < x < g \tag{3.6}$$

同时也可以由此得到第一个簇与阴极间的平均距离为 $\langle x_0^1 \rangle = 1/\lambda_{\mathrm{eff}}$。

第二个簇的位置分布满足下式：

$$P_{\mathrm{cl}}^{2}(x_0^2 = x) = x\lambda_{\mathrm{eff}}^{2}\mathrm{e}^{-x\lambda_{\mathrm{eff}}}, \quad 0 < x < g \tag{3.7}$$

该分布具有一个展宽的峰(类高斯)，其相对阴极距离的平均值为 $\langle x_0^2 \rangle = 2/\lambda_{\mathrm{eff}}$，以此类推可以得到每个簇的位置信息。

现在我们来考虑气隙中由外加高压而形成的均匀电场的影响：电场的存在将会使得自由电子向阳极漂移，同时离子向阴极漂移。由于气体中离子的迁移率要比电子低约 3 个数量级，导致气体中离子的平均漂移速度是电子的 $\dfrac{1}{1000}$，因此我们暂时只关注因电子漂移而感应出的信号。

正如已经指出的那样，如果电场强度足够强，簇中的电子将会获得足够的动能并开始雪崩。最简单的雪崩模型是一个单纯的指数发展(需假设在整个电子漂移路径中产生二次电离的概率恒定)。在这种情况下，发展到位置 x (相对于阴极的距离)的雪崩中包含的总电荷量可由下式给出：

$$q(x) = \sum_{j=1}^{n_{\mathrm{cl}}} q_e n_0^j M_j \mathrm{e}^{\alpha^*(x-x_0^j)}, \quad x_0^{n_{\mathrm{cl}}} < x \leqslant g \tag{3.8}$$

其中，n_0^j 是第 j 个簇中的初级电子数量，α^* 是有效第一汤森系数(即第一汤森系数 α 减去吸附系数 η)，q_e 是基本电子电荷，M_j 的含义将在下面解释。需要注意的是该公式仅在最后一个簇(离阴极最远)和阳极之间的区域中严格有效，实际上它通常被用于计算雪崩抵达阳极时的电荷量，即当 $x=g$ 时的电荷量。

式(3.8)也可以写成从粒子入射进入气隙(定义为 $t=0$ 时刻)经过的时间的函数：

$$q(t) = \sum_{j=1}^{n_{\mathrm{cl}}} q_e n_0^j M_j \mathrm{e}^{\alpha^* v_{\mathrm{d}} t} = q_e \mathrm{e}^{\alpha^* v_{\mathrm{d}} t} \sum_{j=1}^{n_{\mathrm{cl}}} n_0^j M_j, \quad 0 < t \leqslant \frac{g - x_0^{n_{\mathrm{cl}}}}{v_{\mathrm{d}}} \tag{3.9}$$

其中我们利用了在 $t=0$ 之后气隙中电子的漂移距离与电子漂移速度大小 v_{d} 成比例的事实。如果 $t > \dfrac{g - x_0^{n_{\mathrm{cl}}}}{v_{\mathrm{d}}}$ (表示最靠近阳极的簇到达其表面的时间)，则一个或多个簇已经到达阳极上，这时仅应该考虑仍在气隙中漂移的电子簇的贡献。式(3.8)和式(3.9)是进一步研究的基础，特别是它们有助于理解 RPC 中的电荷谱和效率，将在之后广泛使用。

当考察与空间电荷和雪崩饱和有关的效应时，这个简单定律引起的偏差将不容忽视，这也将在后续加以研究。许多气体的汤森系数已经通过实验测量，包括 RPC 使用的气体(Colucci et al.，1994)(见图 3.25)，这些系数也可以通过专用软件计算得到(Biagi，1994)(见图 3.26)。

雪崩是一个统计过程，电子倍增存在不确定性，式(3.8)和式(3.9)中引入的 M_j 即是用

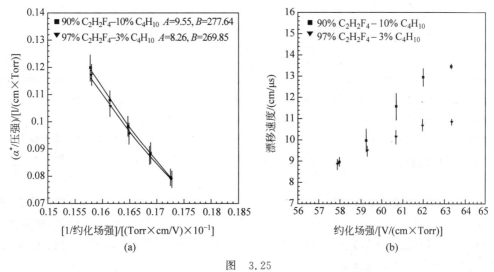

图　3.25

（a）有效第一汤森系数；（b）含有 $C_2H_2F_4$ 的气体混合物的漂移速度

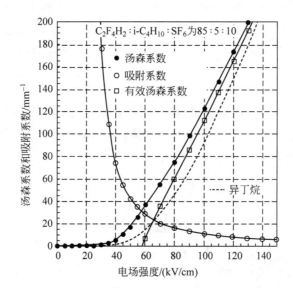

图 3.26　由 IMONTE(Biagi,1994)程序计算的一个大气压时的汤森系数、吸附系数和有效汤森系数

以考虑雪崩过程中的随机波动。当约化场强 E/p（其中 p 是气体压强）较小时,考虑简化模型,经过路程 $l=g-x_0$ 之后,雪崩中包含 n_e 个电子的概率由 Furry 定律给出:

$$P_F(n_e)=\frac{1}{N}\exp\left(-\frac{n_e}{N}\right) \tag{3.10}$$

其中,$N=e^{\alpha^*(g-x_0)}$。此结果很早以前即已提出,初看是令人惊讶的,因为根据这种分布,无论平均增益如何,最可几雪崩电子数仅为 1。但是由于指数分布呈递减规律,且在数值较大处有相当长的拖尾,雪崩中重要的参数——平均雪崩电子数仍然是 N。

　　Furry 定律广泛地用于描述漂移管或多丝正比室（MWPCs）中发生的雪崩。然而,对于 2mm 气隙厚度的 RPC 探测器,其典型工作电压约为 10kV（实际值取决于所使用的气体混合物）,这导致 RPC 中的电场远高于 MWPCs 远离阳极丝的区域。

已经证明，在较高 E/p 的情况下，必须使用 Polya 分布来代替 Furry 定律。通常表示为

$$P_P(n_e) = \left[\frac{n_e}{N}(1+\theta)\right]^\theta \exp\left[-\frac{n_e}{N}(1+\theta)\right] \tag{3.11}$$

其中符号与式(3.10)中的含义相同。θ 是一个不容易通过理论分析或实验测量来确定的参数，通常假设其为 0.5 左右。对于 Polya 分布，最可几电子数不再是 1，且取决于 θ 所选的值。Genz(1973)总结了不同理论模型的简要概述以及与实验数据的比较。

式(3.6)或式(3.7)中的因子 M_j 是从 Polya 分布中抽样得到的随机数，因为它的平均值为 N，所以通过将它们除以 N 来重新归一化。在此过程中，我们假设雪崩彼此独立地发展。

此时，与 RPC 气隙中雪崩发展有关的所有基本信息已叙述完毕。然而，我们真正感兴趣的不是雪崩倍增本身，而是雪崩电子在读出电极上感应的信号。要注意的是，实际上，在 RPC(以及许多其他探测器)中，信号不是来自于真实电子撞击在阳极或读出电极上，而是来自电子在气隙中漂移时的运动。

读出电极(条或块)上的感应信号通常使用 Shockley-Ramo 定理(Shockley, 1938; Ramo, 1939)计算，借助于"权重电场"E_w 的概念表达。为了计算这个 E_w，读出电极必须(理想地)置于"权重电势"$V_w=1$，而所有其他电极置于 0(见图 3.27)。在这些特定条件下计算得到的静电场即为权重电场 E_w(相对于加权势 V_w)。根据该定理，电荷 q 在读出电极上感应的电流为

$$i_{ind} = q\boldsymbol{v}_d \cdot \boldsymbol{E}_w \tag{3.12}$$

其中，$\boldsymbol{v}_d$ 是漂移速度。注意，严格地说，$\boldsymbol{E}_w$ 的量纲为长度的倒数，而 V_w 的量纲为 1，以使式(3.12)量纲正确；式中黑体符号用于表示向量。Shockley-Ramo 定理可以从格林的互易定理推导出来，这在静电学中是众所周知的。

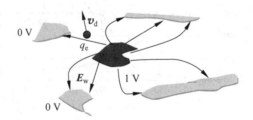

图 3.27　计算 Shockley-Ramo 定理权重电场的概念草图

深灰色电极是读出(电势设为 1)，浅灰色是其他所有电极(电势设为 0)。使用这些条件计算得到的标准电场即为权重电场，在计算感应信号时，其需与电荷漂移速度做标量积。

在 RPC 中，$\boldsymbol{v}_d$ 的概念很简单，为电子漂移速度，基本上垂直于电极板，并且其数值大小近似恒定。如果我们认为读出条或块的尺寸(厘米级)比典型气隙尺寸(毫米或更小)大得多，则 E_w 也可以简化。在这种情况下，对于气隙中的大部分体积，可以忽略两个相邻条或块之间 E_w 的边缘效应，认为 E_w 均匀并且垂直于电极(参见图 3.28)。

在这种情况下，权重电场的大小可以表示为

$$E_w = \frac{\varepsilon_r}{\varepsilon_r g + 2d} = \frac{1}{g + 2d/\varepsilon_r} \tag{3.13}$$

相应地，从阴极到阳极的压降 ΔV_w 为

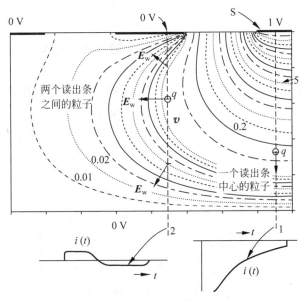

图 3.28 条形读出平行板探测器的权重电场的等势线

在读出条中心正下方的电子向电极漂移(图中的情况 1),速度方向与权重电场方向平行,均垂直于电极板,因此读出条 S 上的感应信号在电子漂移的过程中不改变符号。但对于在两个读出条之间漂移的电荷(图中的情况 2),其在漂移的过程中,漂移速度将在一些区域与权重电场成锐角,在另一些区域成钝角,这将导致读出条 S 上的感应信号的极性改变。

$$\Delta V_{\text{w}} = \frac{\varepsilon_{\text{r}} g}{\varepsilon_{\text{r}} g + 2d} = \frac{g}{g + 2d/\varepsilon_{\text{r}}} \tag{3.14}$$

其中,d 是电极板厚度,ε_{r} 是电极相对介电常数。这里认为电极板表现为纯电介质,该假设在纳秒的时间尺度内是对的,这也是 RPC 中信号发展的特征。在考虑更长时间尺度,如放电发生后电极的充电过程(毫秒量级)时,该假设不再正确。

在这些简化假设的前提下,气隙中的雪崩在外部读出电极上感应的电流 $i_{\text{ind}}(t)$ 可以写为

$$i_{\text{ind}}(t) = \boldsymbol{v}_{\text{d}} \cdot \boldsymbol{E}_{\text{w}} q_{\text{e}} \mathrm{e}^{\alpha^{*} v_{\text{d}} t} \sum_{j=1}^{n_{\text{cl}}} n_0^j M_j \tag{3.15}$$

这个公式非常有用,因为 $i_{\text{ind}}(t)$ 基本上包含了来自 RPC 的大部分信息。在外部读出电极上感应的电荷 q_{ind} 可以通过对前面的式(3.15)直接积分计算,并由下式给出:

$$q_{\text{ind}} = \frac{\varepsilon_{\text{r}} g}{\varepsilon_{\text{r}} g + 2d} \frac{q_{\text{e}}}{\alpha^{*} g} \sum_{j=1}^{n_{\text{cl}}} n_0^j M_j \left[\mathrm{e}^{\alpha^{*} (g - x_0^j)} - 1 \right] \tag{3.16}$$

在接下来的章节中,我们将重点研究从式(3.15)和式(3.16)开始可以推导出的其他内容,如 RPC 性能的三个基本要素——电荷分布、效率和时间分辨率。

3.5.2　电荷分布

按照之前的描述,可以计算得到电荷分布,即穿过 RPC 气隙的电离粒子最终在外部读出电极上感应出的电荷,这是非常重要的变量之一。使用式(3.16)并进行复杂的计算,理论

上可以得到这一分布，但是，由于式(3.16)中的随机变量过多，在很多情况下需要使用蒙特卡罗方法。

图 3.29 所示为气隙宽度分别为 2mm 和 9mm 的单气隙 RPC 的电荷分布，该结果是由式(3.16)进行蒙特卡罗模拟得出(Abbrescia et al.，1999a)。选择这两种气隙厚度是出于历史原因，在 20 世纪 90 年代初，单气隙 RPC 最佳气隙厚度的选择存在争议，在当时，2mm 被认为是"窄气隙"RPC，而 9mm 为"宽气隙"(在第 4 章中将详细讨论)。在对这两种厚度的模拟中，λ 为 5.5 个簇/mm，乘积 $\alpha^* g = 9$，该乘积与气隙的增益大致相关。

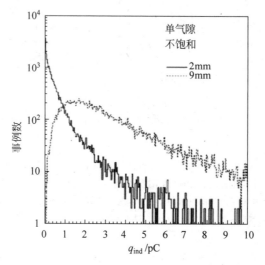

图 3.29 对 2mm 和 9mm 单气隙 RPC 模拟的感应电荷分布

两组分布差别很大：在窄气隙情况下，曲线往往在 $q_{ind} \to 0$ 时发散；在宽气隙的情况下，曲线在 $q_{ind} \to 0$ 时也会趋于 0。换句话说，即使平均感应电荷大致相同，相对于宽气隙 RPC，窄气隙 RPC 中小电荷量的事件发生得更多，在分布的右边也有较长的拖尾，但相比 9mm 的情况，感应电荷中心部分的事件较少。相反，对于接近零的电荷，宽气隙情况的曲线趋于零。

基本上，电荷小于一定电路阈值的事件会与"电路"噪声(即放大器输出电压基线附近的波动，此波动由多种原因造成)混淆，而不能被探测到。这意味着，在零附近的电荷分布形状对于预计在该条件下探测器所能达到的效率非常重要。

正如已经指出的，在　定的简化假设下，可以通过理论分析获得关于 RPC 电荷分布的基本特征的一些信息。

若加以简化处理，忽略每个电子束团中包含的电子数量 n_0^j 和气体增益的波动，假设它们都是常数并且等于它们的平均值，在这种情况下，由第 j 个束团漂移到阳极而感应的电荷 q_{ind} 是初始束团位置 x_0^j 的函数，而 x_0^j 服从它的概率密度函数 $p_{q_{ind}}^j$，因此求解感应电荷的分布可以简化为，计算一个依赖于某随机变量的函数的概率密度分布。这可以直接应用概率论的结论(Abbrescia et al.，1999a)，最终结果是

$$p_{q_{ind}}^j(y) = R_j \left| \log\left(\frac{q_{ind}}{B_j}\right)^{j-1} q_{ind}^{\left(\frac{\lambda}{\alpha^*}-1\right)} \right| \tag{3.17}$$

其中，$B_j = \dfrac{q_e n_0^j M_j \Delta V_w}{\alpha^* g} e^{\alpha^* g}$，$R_j$ 是一个归一化常数，y 是用于计算概率分布的虚拟变量

(Abbrescia et al.,1999a)。

在 $j=1$ 的情况下(即最靠近阴极的电子束团,该束团感应的电荷最多,因为它具有较长的漂移路径),上述公式简化为

$$p(q_{ind}=q)=S_n q^{(\frac{\lambda}{\alpha^*}-1)} \tag{3.18}$$

在式(3.18)中,新的重归一化常数 S_n 吸收了所有不重要的因素,这些因素对于给定的工作电压和使用的气体是恒定的。值得注意的是,电荷分布仅取决于 λ/α^* 值,因此有三种感兴趣的情况:

(1) $\lambda/\alpha^*<1$。在这种情况下,得到的分布严格递减,并且 $q_{ind} \to 0$ 时发散,这是窄气隙 RPC 的典型情况。

(2) $\lambda/\alpha^* \approx 1$。在这种特殊情况下,$p(q)$ 是常数。

(3) $\lambda/\alpha^*>1$。在这种情况下,得到的分布严格递增,$q_{ind}=0$ 时发生的概率为 0,这是典型的宽气隙 RPC 的特征,因为气隙厚度 g 很大,α^* 可以设得很低。

比率 λ/α^* 决定电荷分布形状的事实并不令人惊讶:在气隙中互相竞争的有两个过程,即束团产生(对于第一个簇,由 $e^{-\lambda x}$ 决定)和雪崩倍增(由 $e^{\alpha^*(g-x_0^j)}$ 决定)。宽气隙中灵敏气体的宽度更大,这使得效率更高。例如,对于给定的阈值,在 2mm 的气隙中,产生可探测信号需要气体厚度大约是 1.8mm(取决于 α^*),因此只有发生在距离阴极 $200\mu m$(或者更小,如果 α^* 很小)以内的束团才能发展为有效电离。在宽气隙中,产生可探测信号所需的气体厚度更大,因为即使在 α^* 较小的情况下,产生可探测信号的气隙厚度仍有几毫米。有关宽气隙 RPC 的更多细节,参见第 4 章。

最后请注意,考虑式(3.16)中所示的感应电荷总和的分布还应考虑 n_{cl} 和 x_0^j 的分布,单个电离粒子产生的雪崩电荷的分布近似为伽马分布(Fonte,2013)。

当气隙中的增益足够大时,真实情况与电荷的简单指数增长之间将会存在偏差。原因主要为空间电荷效应,即雪崩本身的离子和电子产生的电场会导致雪崩中电子所处的电场失真。本书稍后将对此进行详细介绍。

然而,即使所有展示的结果都未考虑空间电荷效应,但值得注意的是,一些实验证据表明存在空间电荷效应时的电荷分布仍遵循伽马分布,只是方差较小(Kornakov,2013;Fonte,2013),其原因目前还未知。

3.5.3　效率

RPC 探测器的效率可以利用电荷分布接近零的部分来计算,即计算低于特定电子学阈值的事件比例。

作为一个开始,为了简单起见,我们从式(3.16)出发仅考虑来自一个电子束团的贡献,即最接近阴极的束团。在这种情况下,外部收集电极上感应的电荷由简单的表达式给出

$$q_{ind}^1 = \frac{q_e}{\alpha^* g} \Delta V_w n_0^1 M_1 \left[e^{\alpha^*(g-x_0)} - 1 \right] \tag{3.19}$$

为了从系统固有噪声中识别出有效事件,其感应电荷 q_{ind}^1 必须大于某个电子学阈值 q_{thr},该阈值是读出电子学的本征值(高于系统电子学噪声)。这类事件的比例才是探测器的效率。由式(3.19),要成为有效探测事件,束团产生时与阴极的距离 x_0^1 需满足下式:

$$x_0^1 < g - \frac{1}{\alpha^*}\ln\left(\frac{q_{thr}}{A_1}+1\right) \tag{3.20}$$

其中

$$A_1 = \frac{q_e \Delta V_w n_0^1 M_1}{\alpha^* g} \tag{3.21}$$

第一个束团的位置 x_0^1 服从指数分布,满足上述条件的概率由 $p(x_0^1)$ 从 0 和 $g - \frac{1}{\alpha^*}\ln\left(\frac{q_{thr}}{A_1}+1\right)$ 之间的积分给出。通过这些近似,探测器的效率为

$$\varepsilon_c = 1 - e^{-\lambda\left[g - \frac{1}{\alpha^*}\ln\left(\frac{q_{thr}}{A_1}+1\right)\right]} \tag{3.22}$$

这个公式(首先由 Abbrescia 等(1999b)提出)还可以进行一定的改进。例如,考虑到束团分布的统计性,第一个束团是在距离阴极 $1/\lambda$ 处产生,第二个在 $2/\lambda$ 处等,这意味着每个束团感应的电荷是前一个束团的 $e^{-\alpha^*/\lambda}$。一个 2mm 的单气隙 RPC 通常工作在 $\alpha^* \sim 9\text{mm}^{-1}$,因此比率 $q_{ind}^{2nd}/q_{ind}^{1st}=0.2$,$q_{ind}^{3rd}/q_{ind}^{1st}=0.04$,等等。考虑到不仅是第一个束团对效率有贡献,若做一个简单的近似,总感应电荷大致是式(3.19)得到的结果的 1.25 倍(即通过表达式(3.21)计算出的因子 A_1 必须再乘以 1.25),如图 3.30 所示。

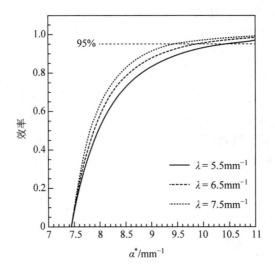

图 3.30　对于三个 λ(电离粒子穿过探测器产生的平均束团数)值,单气隙 RPC 的效率与有效第一汤森系数关系的模拟结果

Riegler 等人(2003)也报告了类似的方法,其基本思想是,如果第一个束团产生超过阈值的雪崩,或者第一个束团被吸附但第二个束团超过阈值,或第一个和第二个簇被吸附,第三个簇超过阈值,以此类推,则认为 RPC 是有效的。另外,假设簇仅包含一个电子而忽略了雪崩涨落。在这种情况下,可以计算效率的表达式,结果为

$$\varepsilon_c = 1 - e^{-(1-\eta/\alpha)g\lambda}\left[1 + \Delta V_w \frac{\alpha-\eta}{q_e}q_{thr}\right]^{\lambda/\alpha} \tag{3.23}$$

其中各个符号的含义已在前面解释过。

3.5.4 时间分辨率

时间分辨率也可以使用这些公式计算。Riegler 等人(2003)报告了一种有用的简化方法。其想法是考虑 RPC 气隙中某处的单个初级电子的信号即感应电流:

$$i_{ind}(t) = I_s e^{\alpha^* v_d t} \tag{3.24}$$

其中,I_s 是信号电流幅度,因事例不同而不同,以指数方式分布在一些平均幅度附近。然后给出信号超过某个阈值 I_{thr} 的时间 t,

$$t = \frac{1}{\alpha^* v_d} \ln \frac{I_{thr}}{I_s} \tag{3.25}$$

通过该表达式并进行相应的计算,可以得到时间 t 的涨落,即 RPC 的时间分辨率,由简单的公式给出:

$$\sigma_t = \frac{1.28}{\alpha^* v_d} \tag{3.26}$$

因此,我们认为本征时间分辨率的第一近似值仅取决于漂移速度和有效汤森系数,而与电子学阈值无关。图 3.31 所示的结果表明蒙特卡罗模拟证实了这一点。对于 2mm 的 RPC,上述公式给出 $\sigma_t \approx 1ns$,而对于第 4 章所述的窄气隙定时 RPC,它给出 $\sigma_t \approx 50ps$,与实验数据很好地吻合。因此,RPC 的本征时间分辨率由有效汤森系数和漂移速度的大小决定,并且与初始电离参数无关。

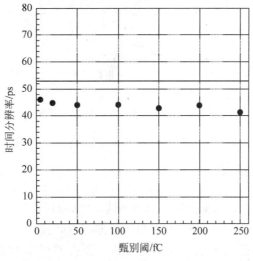

图 3.31 对于在 3kV 下工作的 $300\mu m$ 气隙的 RPC,完整蒙特卡罗模拟的时间分辨率与电子学甄别阈值的关系(Riegler et al., 2003;经 Elsevier 许可转载)
实线表示由式(3.26)计算的时间分辨率的值。

后来,几位作者提出了更为精确的方法,最终由 Riegler(2009)进行了非常全面的总结。理论的时间分布是在简化但有用的条件下得出的,包括除空间电荷效应之外的所有内在物理效应(在第 4 章中详细讨论)。虽然上述时间分辨率的量级是对的,但时间方差被证明是平均雪崩个数 $n_{av} = \frac{\alpha^*}{\alpha} \lambda g = \frac{\alpha^*}{\alpha} n_{cl}$ 这一变量的递减函数,与 n_{cl} 不同的是它对初级电子被电负性气体俘获的概率进行了校正。因此，本征时间分辨率对其他参数（例如λ）的依赖性也成立。所提到的值 1.28 在 $n_{av} \to 0$ 时成立（即雪崩开始于单个电子，且存在第二个电子的可能性忽略不计）。时间标准差倾向于 $1/\sqrt{n_{av}}$。最后注意，若存在多个气隙，即多气隙 RPC（第 4 章中详细介绍和描述），平均而言，N_g 气隙中的每个气隙将存在 λg 次雪崩。由于最终读出电极上的信号是每个气隙信号的叠加，所以多气隙 RPC 相当于按气隙数量成比例地缩放 λ。

这里所述的公式，无论是效率还是时间分辨率，都被广泛用于计算给定构造参数的 RPC 的预期性能，且它们给出的结果与实验数据相当（例如，参见图 3.32），还提供了一个理解 RPC 探测器物理性能和预测其性能的有用工具。

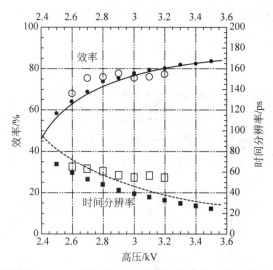

图 3.32　工作在 3kV 高压下的 $300\mu m$ 单气隙 RPC 的模拟效率和时间分辨率（Riegler et al.，2003；经
　　　　Elsevier 许可转载）

实点是实验数据，空心方框是基于前面章节中所述原理，通过完整蒙特卡罗模拟得到的。此外，式（3.23）和式（3.26）的结果是重叠的。

3.5.5　位置分辨率

大多数 RPC 是通过宽为厘米量级的读出条读出的，通过识别具体产生信号的读出条位置，RPC 可以提供一定的雪崩定位能力（这里为了方便，称为位置分辨率）。但是，在 μ 子断层成像或生物医学中（也是大多数情况下），往往需要探测器能够有更好的二维位置探测能力。

基于毫米量级宽的条状读出电极上引起的电荷信息，利用其在不同条上的电荷分布来重建雪崩发生的位置，这是气体探测器计算位置的著名方法。可以将每个腔室两侧的读出条垂直放置，原则上，这样的结构可以使（单个）腔室在其平面上的二维方向都达到相同的分辨率。这种对称性是 RPC/PPC 的特点，是任何其他气体探测器都无法比拟的。

虽然任何形状的电极上的感应电荷分布都可以通过较容易的计算得出（见第 4 章），但也有专门的电荷分布测量方法（Narita，2010，2012；Qite Li，2012）来解决相应的位置分辨率。

使用电荷插值方法计算具有毫米量级读出条的 RPC 探测器,可以在一维方向得到约 $100\mu m$ 的位置分辨率(Aielli et al.,2014)。另一种方法是用数字读出条间隔非常细的探测器,使用准直 X 射线照射该小型原型机,得到了 $50\mu m$ 的分辨率(Crotty et al.,2003)。

专门用于 μ 子断层成像的探测器(见第 9 章)在整个 $1.06m^2$ 有效面积内得到了优于 0.5mm 的二维分辨率,在识别重核物质上很有效(Baesso et al.,2014)。另一个有效面积为 $1.15m^2$ 的原型机在单点准直 X 射线照射下得到了 0.272mm 的分辨率。

精确定时(见 4.6 节)和二维位置分辨率的结合也正在研究。

对于用于飞行时间(time-of-flight,TOF)的条状读出型(小型块状也可选择,例如 HARP 和 ALICE TOF)定时 RPC 来说,得到二维位置分辨是其固有特性,横向位置由读出条宽度确定,纵向通过测量探测器读出条两端信号传输的时间差决定。这一时间差是测量探测器产生的特定信号波形的读出电子器件的定时精度的函数,与粒子的飞行时间无关。这已用于 FOPI(Kis et al.,2011)和 HADES(参见 5.6 节)。对于 FOPI,2.5mm 的条间距产生的横向分辨率优于 1.7mm,纵向分辨率为 1.53cm。

一种更专业的方法试图在相互垂直的方向上使用更细的读出条,同时保持良好定时所需的信号传输质量,并使用电荷中心法计算位置。在小面积($64cm^2$)探测器的测试中,通过使用大部分灵敏体积来探测宇宙射线的径迹,证明了该探测器的二维位置分辨率可以同时低于 $100\mu m$,定时分辨率约为 80ps(Blanco et al.,2012)(参见 7.7 节的进一步说明)。之后的一个相关工作使用面积在平方米量级的探测器的全部灵敏体积测量宇宙射线径迹,其位置分辨率为 1.33mm,时间分辨率为 150ps(Assis et al.,2016)。对于有效面积 $0.65m^2$ 的多气隙电阻板室,局部的位置、时间分辨率可以达到 $250\mu m$ 和 65ps(Shi et al.,2014)。

3.6　混合气体的选择

3.6.1　RPC 混合气体的主要要求

通常,选择 RPC 的气体混合物是一项艰巨的任务。这并不奇怪,因为在某种意义上,气体是气体探测器的"核心",RPC 也是如此。特别是,RPC 需要工作在一定探测效率之下,使用的气体混合物需要同时具有以下特性:

A. 高密度的初级离子-电子簇,以确保高探测效率。这取决于粒子能量沉积(可以使用 Bethe-Bloch 公式计算),所用气体混合物的平均原子序数、密度和比电离能。

B. 相关的"淬灭"特性,即具有低光子发射和/或透射能力,以减少光子反馈现象。

C. 具有电负性,减少放电的横向发展并改善定位能力。

D. 如有可能,它对人类健康不应该是有害的。

此外,理想的特征包括:

(1)电子倍增过程中发生的化学过程应对下列物质的产生有合理的限制:

a. 腐蚀性化学物质,如氢氟酸,可能会腐蚀腔室和气体系统部件;

b. 聚合材料,其可在阻性板上形成外来物质的沉积。

(2)这种气体混合物应该是环保的。这意味着它流入大气中具有可忽略不计的臭氧消耗潜值(ODP)和较低的全球变暖潜能值(GWP),以便减少对臭氧层的破坏和温室效应,因为欧洲共同体和其他国家的一些条例规定,实验需要遵循"京都议定书"。

为了实现这些目标,过去的实验测试过不同的气体和气体混合物。当使用以雪崩模式工作的 RPC 时,四氟乙烷($C_2H_2F_4$)、六氟化硫(SF_6),有时添加异丁烷(C_4H_{10})的混合物能够满足条件 A~C。四氟乙烷是一种广泛用于制冷设备的气体,商业上称为 R_{134a},密度为 $4.25 kg/m^3$。六氟化硫(SF_6)是一种强电负性气体,用于工业电气绝缘。这一混合物的主要成分通常是四氟乙烷(甚至高达 90%以上),其他成分占几个体积百分比。

长期观察还表明,电木 RPC 工作气体中需要有一定量水蒸气(通常相对湿度为 30%~50%),从而保持电木极板电导率的稳定性。这是由于在实际中,近些年生产的电木含有一定比例的水分,保持其一个表面与理想无水气体接触会使其干燥,结果导致电木极板电阻率随时间增加(Carboni et al. ,2004)。玻璃 RPC 则不需要有此担心,这通常被认为是一个优点。更多细节将在第 6 章中有所阐述。

条件(1)涉及的问题通常称为"老化",即探测器性能随时间的逐渐恶化,特别是效率降低和暗电流增加。这有时与雪崩过程中氢氟酸的产生有关,通常会在 RPC 中发生流光现象时产生。这种现象将在第 6 章中进行讨论。

前人对电木 RPC 中氢氟酸(HF,也称为氟化酸)产生的研究认为,这是一种侵蚀剂,必须尽量减小其产生量。事实上,HF 会腐蚀电极本身或系统的其他部件,例如气管和连接器。减小 HF 危害最实用的方法是尽可能减少 RPC 工作时流光的产生,并通过保持高气流来排出产生的 HF。在大型实验中,由于使用量巨大,气体不能任意排放而是必须再循环,这意味着必须对其进行过滤以去除产生的污染物,特别是 HF(Band et al. ,2008；Abbrescia et al. ,2006)。一些作者还观察到当工作气体为含有氟利昂和水蒸气的混合物时,玻璃 RPC 也会有所损坏(Kubo et al. ,2003)。

特征(1)b 也被研究过,有迹象表明电极上有类似特氟龙的材料沉积(Gramacho et al. ,2009)。前人观察到对于工作于流光模式的玻璃 RPC,其暗电流会严重上升,探测效率也有所降低(Kubo et al. ,2003)。另外,对于工作于雪崩模式下的玻璃 RPC,即使其中产生了 HF,也未观察到老化效应。

关于特征(2),RPC 中使用的第一种氟利昂,即 CF_3Br,对臭氧层具有很大的危害,并在 20 世纪 90 年代与其他具有相同特性的气体一起很快被禁止。其替代品四氟乙烷在 RPC 工作气体中占比增加,以便探测器工作在雪崩模式。$C_2H_2F_4$ 虽然不会破坏臭氧层,但其 GWP 值大约为 1430(参考值为 GWP(CO_2)=1)。源于"京都议定书"的欧洲共同体的法规条例,对于很多场景都禁止使用 GWP>150 的气体混合物。应注意的是科学实验室明确被排除在此禁令之外,但尽管如此,许多实验室,特别是欧洲核子研究中心,正在推动其各个实验合作组寻找可能的替代品。

寻找能够在不久的将来就可以使用的新型 RPC 气体混合物是非常复杂的,并且仍在进行中,这是因为原则上有许多可能的候选者,许多可能的气体混合物和不同气体比例可供采用。本书作者之一(Marcello Abbrescia)提出的一个可能的想法是,寻找尽可能与 $C_2H_2F_4$ 类似但具有可接受的 GWP 的气体分子式。当然,这不足以确保新气体适合于 RPC,因此还需要相应的测试以确保填充有该气体混合物的 RPC 可以有足够的效率、时间分辨率、计数率能力和抗老化能力。另外,要在大量的候选者中寻找替代物,这一标准还是非常合理的(Abbrescia et al. ,2016)。

在使用该方法发现的可能候选者中,有四氟丙烷($C_3H_4F_4$);两个分子基本上相差一个碳原子和一个氢原子。四氟丙烷有两种同素异形体,商业上表示为 HFO-1234yf 和 HFO-1234ze,它们都满足其 GWP 要求,即 GWP(HFO-1234yf)=4,GWP(HFO-1234ze)=6。

然而,其中一种 HFO-1234yf 被指出是轻度易燃的,不能用于大规模实验。目前这两种气体都非常昂贵(大约是 R-134a 成本的 10 倍),但必须强调的是,一旦 R-134a 逐步淘汰,HFO-1234ze 是最有吸引力的替代候选者之一,可能会在未来几年内降价。对替换四氟乙烷的混合物的测试正在逐步进行中,并且显示了有前景的结果(Benussi et al.,2014;Cardarelli et al.,2014)。

3.6.2 淬灭气体混合物

3.6.2.1 简介

二次过程被完全或强烈抑制(γ_{ph} 和 γ_+ 非常小)的气体混合物被称为"淬灭剂"。这种气体混合物的基本特点是在电极及气体本身中避免光电离。如果 $F_{av}(\nu)$ 是雪崩光子发射光谱,则在一个简单的情况下(例如,忽略任何角度依赖性等),到达阴极的光子数量将与下式成正比:

$$N_{phc} \alpha \int F_{av}(\nu) \exp\{-\sigma(\nu)N_{mol}g\}\mathrm{d}\nu \tag{3.27}$$

在这个公式中,最后一项描述了光吸收:$\sigma(\nu)$ 是光子吸收截面,其为频率 ν 的函数;N_{mol} 是每单位体积中的分子数(也称为数密度);g 是光子产生处到阴极的距离。在某些情况下,例如单丝计数器,这个公式非常准确。对于 RPC,严格地说应该在阴极的表面上对 $\mathrm{d}s$ 积分,并且要考虑从雪崩到 $\mathrm{d}s$ 的立体角。对于这种几何形状,次级电子主要由靠近雪崩的阴极表面产生。从阴极产生的光电子数量将与下式成正比:

$$N_{ec} \propto \int F_{av}(\nu) \exp\{-\sigma(\nu)N_{mol}g\}Q_c(\nu)\mathrm{d}\nu \tag{3.28}$$

其中,$Q_c(\nu)$ 是阴极的量子效率。量子效率通常定义为单位入射光子产生的光电子数。注意:对于金属电极 $Q_c(\nu)$ 随时间非常稳定,但是在电介质阴极的情况下,$Q_c(\nu)$ 有强烈的波动,这可能来源于充电效应。

然而,在金属和半导体电极(例如 CsI,GaAs 等)的情况下,量子效率随频率 ν 增加而急剧增加,因此光电子主要由紫外(UV)和真空紫外(VUV)光子(按照定义是波长在 50～300nm 之间的光子)产生。对于玻璃和其他介电材料来说,也可能发生类似的情况,这仍然需要进行一些确定性的测量。

由雪崩发射的 VUV 光子原则上也可以使周围的气体电离。被吸收的光子数量 N_{phg} 与下式成正比:

$$N_{phg} \propto \int F_{av}(\nu)[1-\exp\{-\sigma(\nu)N_{mol}g\}]\mathrm{d}\nu \tag{3.29}$$

该式与式(3.27)和式(3.28)中使用的符号相同。相应地,在气体中产生的光电子数 N_{eg} 为

$$N_{eg} \propto \int F_{av}(\nu)[1-\exp\{-\sigma(\nu)N_{mol}g\}]Q_g(\nu)\mathrm{d}\nu \tag{3.30}$$

其中，$Q_g(\nu)$ 是光电离过程的气体量子效率。

如上所述，原则上可以优化气体混合物，使得雪崩 UV 的发射大大减少。一些气体，例如异丁烷，不仅是强紫外吸收剂，而且实际上也不会发射 VUV 光子。此外，使用电负性气体，例如某种氟利昂，具有捕获部分光电子的效果，从而降低了触发随后的次级雪崩的概率（γ_{ph} 和 γ_+）。

还应注意，光电发射的退激过程与碰撞退激等的非辐射过程相互竞争。具有较宽旋转/振动能带的大分子特别适合用来光发射淬灭。Fonte 等（1991b）已经非常直接地证明了小部分复杂分子可以有效地抑制氩二聚体的发射。

因此，存在几种减少光子反馈的方法，并且可以假设，除了适合于光电探测器的气体混合物（其本身必须是 UV 透明的）之外，在大多数情况下充分地抑制光子反馈是可以实现的。并且也证实了，对于许多工作在雪崩模式的探测器而言，后续雪崩是罕见的。

然而，在流光的情况下，特别是如果继而发生放电的现象，则会发生剧烈变化。它们都是等离子体细丝，并且光子发射由温度、电子密度等等离子体条件决定。通常，任何等离子体在 UV 和 VUV 光谱区域都有强烈的发射。因此，添加 UV 吸附性气体和电负性组分、增加气体压力或气隙宽度能够减少引发光子反馈的光子数量。

现在我们讨论离子反馈。这种效应在用金属材料做阴极的情况下很好理解（Nappi，Peskov，2013）：如第 1 章所述，它包含的事实是，如果离子的电离势 $E_i > 2\varphi$（其中 φ 是阴极的逸出能量），则由于离子复合，自由电子可以以概率 γ_+ 从阴极发射出来。Peskov（1976，1977）在论文中报道了气体探测器（特别是单丝计数器）中 $\gamma_+ = \gamma_+(E_i, E)$ 的实验研究。结果表明，在研究的所有气体中，γ_+ 的值随 E_i 线性增加，并且还取决于气体成分和 E/p 的值。

$$\gamma_+ = k_{gas}(E/p)(E_i - 2\varphi) \tag{3.31}$$

其中，E 是靠近阴极的电场强度，p 是气体压强，k_{gas} 是取决于 E/p 比值的系数（另外 $k_{gas}(E/p) \ll k_{vac}$）。因此，具有较小电离能的气体有很强的吸附能力。

遗憾的是，当阴极为电介质时，我们对离子与电极表面的相互作用原理还知之甚少。

3.6.2.2　用于抑制光子反馈的气体混合物的历史回顾

现在让我们回顾在 RPC 的发展过程中，哪些气体混合物最适合 RPC。

Novosibirsk 组研制出第一个金属阴极的 RPC 原型机，其开创性工作的重点是寻找具有高原子序数和强烈吸收 VUV 以抑制光子反馈的气体。例如，在 1mm 气隙的 RPC（Parkhomchuk et al.，1971）中，填充有 55% Ar｜30% 醚＋10% 空气＋5% 二乙烯基的气体混合物，总压强为 1atm。之后为了提高时间分辨率，该实验组减小了 RPC 的气隙厚度，并使其工作在 12 个大气压下。在该情况下，该实验组还仔细优化了气体混合物，以在尽可能宽的光谱带范围内吸收雪崩产生的紫外线辐射（见图 3.33）。

Pestov（1988）评估了各种金属阴极对光效应的贡献。对放电的定位被选作一个定性的标准。放电位置可以根据窄气隙高气压 RPC 电荷的平均脉冲高度进行估算。

假设当光子反馈出现时，次级脉冲和流光在时间上无法分辨（由于探测器有很快的时间响应），因此与主脉冲叠加，从而使其幅度人为地增大。图 3.34 显示了平均电荷与过电压的依赖性，其中过电压是工作电压与阈值电压之比。这些曲线在探测器组装完成之后很快测得，反映了在相同标准气体混合物中火花发射的阴极量子效率。可以看出，不同阴极材料的有效量子效率按以下顺序降低：Cu，Ni，Al 等。

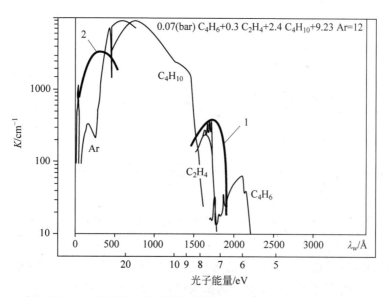

图 3.33　高气压 Pestov 计数器中使用的气体混合物组分的线性吸收系数（相对其数量）
加粗曲线 1 和曲线 2 分别对应于丙烯（C_3H_6）和氙。

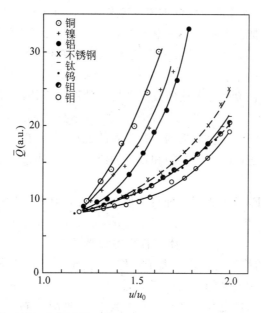

图 3.34　对不同阴极材料，在探测器组装之后测得的窄气隙高气压 RPC 信号的平均电
荷与过电压的函数关系

　　回顾一下，Pestov 计数器在工作之前通常用 γ 射线源照射引起连续放电，通过这种所谓的"老化处理"使其能够稳定地工作。在老化期间，沉积在阴极表面上的聚合物膜会改变其特性。结果，在这样处理之后，用不同阴极材料制成的计数器将具有相同的平均脉冲电荷（参见图 3.35）。

　　至于 Santonico 和 Cardarelli 的第一个 RPC 原型机，使用的气体是 50％氩＋50％丁烷。它的选择与 Pestov 计数器的想法相同，即抑制紫外辐射。Santonico 和 Cardarelli 认为，在电

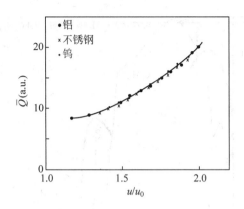

图 3.35　燃烧处理后，对于分别由铝、不锈钢和钨等材料组成的阴极，Pestov RPC 信号的平均电荷与过电压的函数关系

离辐射引起放电后，受放电影响区域的效率显著下降。另外，由于气体中含有的吸收 UV 的成分，放电产生的光子不会在气体中传播太远，因此降低了在探测器其他地方产生二次放电的可能性。

在他们的一项持续工作中（Cardarelli et al.，1988），Santonico 团队研究了使用不同比例混合的氩气和异丁烷气体混合物的 RPC，气体中也含有少量氟利昂，最初是 CF_3Br，由于其电子亲和性，它具有捕获人量无雪崩电子的效果。正如已经提到的，氟利昂是一个通用的商业名称，实际上涵盖了许多不同的氟化气体；RPC 在不同时期中使用了不同种类的氟利昂。

实际上，电子亲和性改变了雪崩的发展和流光的形成，原因如下：

（1）电负性气体基本上会降低有效的汤森系数（参见式（3.1）和式（3.2）），对于相同的感应信号需要更高的电压。此外，根据一些学者的说法，它具有展宽有效工作电压区间的效果，具有可接受的效率值（90％～95％）和较低的流光污染（通常小于 10％）的电压区间通常被称为"效率坪"。

后来，人们发现 SF_6 有助于很好地将雪崩和流光过程分开，也就是说，它使得 RPC 能以雪崩模式工作，同时有较低的流光污染（Camarri et al.，1998；见图 3.36）。事实上，目前 SF_6 是实验中使用的 RPC 的标准气体混合物的必要组分。

（2）电负性离了的移动速度与正离子一样慢，由于它们的漂移速度比电子的漂移速度小几个数量级，在雪崩和流光的时间尺度上，离子实际上是不动的。因此，正离子和负离子在空间中位于同一位置，净电荷密度是其密度数之差（见图 3.17）。

注意，若使用的气体分子较为复杂（包括但不限于一些负电性气体），往往当流光到达阴极时，其后等离子体放电将伴随着如分子离解、分子碎片产生、吸附和分离等复杂的过程。

正如前面提到的，雪崩模式提供了更高的计数率能力，因此在 Cardarelli 等人（1988）的工作之后，添加电负性气体的混合气体变得非常流行。例如，LHC 实验中的 RPC 使用由 94.7％ $C_2H_2F_4$，5％ iC_4H_{10} 和 0.3％ SF_6 组成的气体混合物。

本书的一位作者（Abbrescia et al.，2012）及其团队对一种新的气体混合物进行了研究，他们研究了将氦气作为"空间占有"气体（用作者的话来说）添加到气体混合物中的可能性，其表现大致类似于真空，因此有效地降低了气体密度和必要的工作场强（从纯技术层面上看

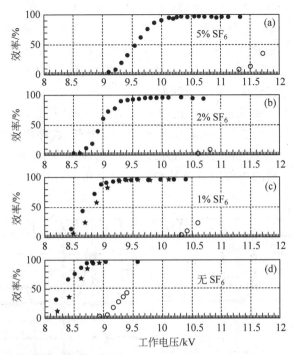

图 3.36　使用(a)5％SF$_6$,(b)2％SF$_6$,(c)1％SF$_6$ 浓度和(d)无 SF$_6$ 的工作气体的探测效率和流光比例与工作电压的关系
　　　　如文中所定义的"效率坪"随着 SF$_6$ 成分的增加而明显增加,这意味着雪崩和流光阶段能很好地分离。其余的混合
　　　　物是相对分数 97/3 的 C$_2$H$_2$F$_4$/C$_4$H$_{10}$。

非常有利)。这种效果非常类似于让 RPC 工作在较低的气压下。前人就温度和压强对 RPC 的影响做过大量的研究,本书后面也对其进行了概述。此种气体混合物的其余部分仍然使用标准组分。

　　Lopes 等人(2012)比较了含有氟利昂的气体混合物和纯异丁烯气体,并显示了一些变差的结果,比如效率坪的减小、流光的增加以及时间分辨率降低。但是也证明了在不含 SF$_6$ 的气体混合物条件下,探测效率可达 90％～95％且时间分辨率在 90～110ps 范围内。

　　当然,任何旨在取代现有气体混合物的气体都需要新一轮系统性研究来证明其老化等性能。新气体应该确保较低的老化率,以期望在将来的实验中,探测器在使用寿命期间能够进行高达 1～3C/cm^2 的电荷输运(Zhu,2012；Wang et al.,2010,2012)。

3.6.2.3　关于延迟的后脉冲的一些考虑

　　在早期,我们主要从光子过程的角度来考虑气体。可以从 Inoue(1997)和 Pestov(1988)提出的研究中看出,主要是光子过程造成了二次流光。然而,许多作者观察到一些相对于主脉冲延迟了几个数量级的电子漂移时间的后脉冲。Iacobaeus 等人的工作(2002)试图揭示这一现象。

　　Gustavino 等人(2001b)使用玻璃 RPC 进行宇宙射线探测对这一问题进行了研究。气体混合物是氩、异丁烷、氟利昂(R$_{134}$),比例为 48∶4∶48。

图 3.37 显示了几个 RPC 的叠加信号波形。波形图中上方曲线为与闪烁体连接的光电倍增管的脉冲(与另一个闪烁体的符合 μ 子信号作为触发)。下面的曲线显示了 μ 子经过 RPC 产生的脉冲信号(直接用示波器的 50Ω 输入端读出),可以看出随着电压的增加,图中出现了一些后续脉冲。这些后续脉冲的幅度分布非常随机,可能比 μ 子脉冲大得多。值得注意的是,许多研究者都观察到这种后脉冲(Abe et al.,2000)。产生这种后脉冲的原因常常被认为是探测器内的初级雪崩或流光引起的光效应(Abe et al.,2000)。然而,观察结果表明,这种成组的杂散脉冲会有不定时延迟,有时可能非常长,这种现象排除光效应这一解释。通过比较杂散脉冲的脉冲幅度谱与单个光电子产生的脉冲幅度谱(用正比工作模式的探测器测量),可以看出,在不同的条件下杂散脉冲可能包含几个到几千个电子(Gustavino et al.,2001b)。

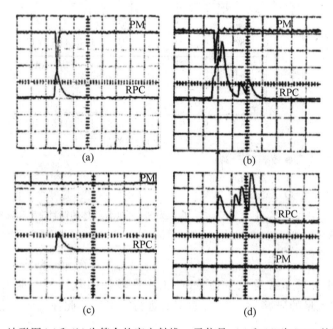

图 3.37　波形图(a)和(b)为符合的宇宙射线 μ 子信号,(c)和(d)为 RPC 的噪声信号
在不同的测量中对 RPC 加不同的电压,(a)和(c)电压为 $V=7.6\text{kV}$,(b)和(d)电压为 $V=8.75\text{kV}$。对于光电倍增管(PM)信号,示波器灵敏度设置为 5mV/格,对于 RPC,示波器灵敏度设置为 100mV/格。水平刻度设定为 0.2s/格。工作气体为由氩、异丁烷、氟利昂(R_{134a})制成的气体混合物,比例为 48:4:48。

由于这些脉冲的幅度与可能产生在阴极表面的(在短时间间隔内)大量电子有关,因此可以推测,它们可能来源于阴极表面的电子喷射。实际上,对马尔特效应(Malter effect)普遍接受的解释是正离子会对金属阴极表面上的电介质膜充电。如果电介质膜足够薄,则产生的电场可能足够强以引起场致发射。经典的场致发射以单电子形式发射。

然而,最近对高真空中击穿机制的研究(Latham,1995)表明,场致发射可能导致爆炸式电子发射,即所谓的爆炸场发射。这些发射源自金属阴极上的某些点,这些点有尖锐的尖端,或者更重要的是微观嵌入的电介质。这种效应理论上是因为:嵌入的电介质不是理想的电介质,并且由于杂质、晶体缺陷等原因会含有低能电子态系统。在高电场中,来自阴极的电子能够隧穿到电介质嵌入处并累积。在一定临界浓度后,它们突然以电子射流的形式发射到真空。这看起来与气体探测器中发生的现象非常类似。

3.7 RPC 中的电流

RPC 中的电流通常被认为由两个部分组成。当施加的电压使得气隙中的电场相对较低时,气体中的倍增过程可以忽略不计。在这种条件下,气体电阻非常高,两个 RPC 电极上测得的电流为流过阻性电极、隔块、环绕探测器的密闭盒以及任何阻性阳极和阴极之间接触点的电流。它显示出近似线性的欧姆机制,原则上,所施加的电压 ΔV_{app} 与所测量的电流 I 之间的关系应由下式给出:

$$\Delta V_{app} = IR \tag{3.32}$$

其中 R 是器件的总电阻(即阻性电极、隔块、密闭盒等电阻的组合)。

原则上,通过绘制 ΔV_{app} 不同值处测量的 I 值,可以通过拟合数据得到直线的斜率推断式(3.32)中的 R 值。但是请注意,通过此方法难以辨别腔室的哪部分是所测 RPC 电阻的主要贡献。使用第二欧姆定律,可以证明大部分贡献来自隔块和密闭盒,来自阻性电极的贡献仅占总数的 $10\%\sim20\%$,这是因为电极有很大的表面积(是隔块等的 100 倍)。

然而,人们通常对 R 不感兴趣,而是对电极电阻率感兴趣,正如我们在下文中所看到的那样,它对 RPC 的计数率能力影响重大,也可通过电阻率检测探测器老化的早期迹象。

广泛采用的测量电极电阻率的方案为使用纯氩气填充这些探测器,这样即使施加的电场相对较低(例如在 2mm 气隙上施加 $1\sim2kV$ 的电压),也可以保证足够高的汤森系数。在这种条件下,气体导电率不可忽略,探测器内出现放电现象,阻性阳极和阴极之间发生短路,流过隔块和密封材料的电流对流光都有贡献。因此,通过测量 I 随 ΔV_{app} 的变化,可以得到仅由电极产生的电阻,并可以计算出它们的电阻率。此外,该方法测得的是整个电极面积的电阻率,测量结果对引起早期放电和尖端电流的局部缺陷表现敏感。

在第一欧姆阶段之后,使用一些气体混合物作为工作气体的探测器电流 I 不再与 ΔV_{app} 呈线性正比例关系。倍增过程变得重要,它可近似认为是指数增长,无论如何都比欧姆区域的线性关系增长得更快。工作在稳定条件下的 RPC 的电流状态是其外加电压的函数,有时会用一个等效电路图来描述,如图 3.38 所示,其中二极管模拟了气体的作用,在足够低的电压下,它是一种几乎完美的绝缘体。

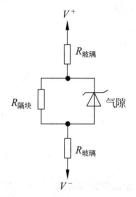

图 3.38 通常用于描述稳定工作条件下 RPC 中电流的等效电路图

在这种特殊情况下,只考虑使用玻璃电极的情况。当电压较低时,气体中的倍增过程可以忽略不计,因此,$R_{gap} \approx \infty$,$dV/dI = 2R_{玻璃} + R_{隔块}$。当电压较高时,$R_{gap} = 0$ 且 $dV/dI = 2R_{玻璃}$。

　　许多因素都对电流大小有所贡献,例如,所使用的气体混合物以及其工作模式(雪崩或是流光模式)。它还取决于环境条件,如温度和压力,本章最后一节会有所描述。图 3.39 中展示了对于在不同温度下以流光模式工作的 2mm 单气隙电木 RPC(Abbrescia et al.,1995),以及在雪崩模式下工作的不同电极厚度的 2mm 单气隙玻璃 RPC(Sadiq et al.,2016)电流的变化情况,图中展示了欧姆区域与后续区域之间的过渡。Manisha 等人(2016)测量了以不同气体混合物作为工作气体的 RPC 的电流,见表 3.1 和图 3.40。

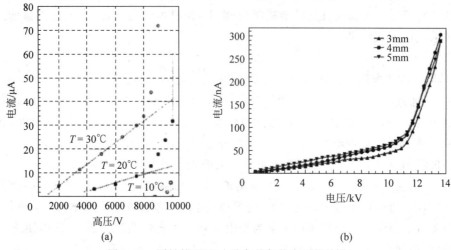

(a) (b)

图 3.39　测量的 RPC 电流与施加的电压的关系

(a) 在不同温度下以流光模式工作的 2mm 单气隙电木 RPC；(b) 不同电极厚度的以雪崩模式工作的 2mm 单气隙玻璃 RPC

表 3.1　用于描述图 3.40 中 RPC 特性的不同气体混合物(使用 R134A,SF$_6$,Ar,C$_4$H$_{10}$)组分

编　　号	氟利昂(R134A)/%	异丁烷(C$_4$H$_{10}$)/%	六氟化硫(SF$_6$)/%	氩(Ar)/%
第一种组分	95.2	4.5	0.3	—
第二种组分	95.5	4.5	—	—
第三种组分	100	—	—	—
第四种组分	—	—	—	100
第五种组分	62	8	—	30

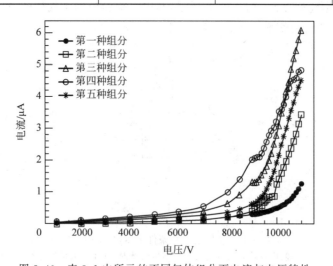

图 3.40　表 3.1 中所示的不同气体组分下电流与电压特性

　　图 3.39 和图 3.40 所示的是宇宙射线的测量结果。一般而言,在给定电压下,只有宇宙射线和天然放射性本底存在时,RPC 电极上所测的电流被称为"暗"电流。

　　当雪崩过程不可忽略时,在稳定的工作条件下,流过 RPC 的电流值也取决于射入其中的粒子通量。在这种情况下,我们不再说"暗"电流了。如果假设在每个雪崩过程中产生的平均电荷恒定,则测量的电流可以用作粒子通量的估计值。然而,为了获得准确的结果,应该注意从总电流中减去欧姆分量,通常将在较低电压下测量的值外推到实际探测器工作电压下。这也是一个经常用于大型实验的方法(见图 3.41)。

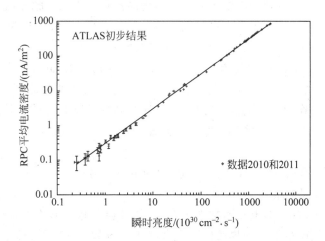

图 3.41　ATLAS μ 子系统中 RPC 平均电流密度(减去基线)与束流瞬时亮度的函数关系

测量值包括 2010 年和 2011 年的数据。

　　注意,在高计数率条件下,施加的电压 ΔV_{app} 可能不再与气隙上的电压降 ΔV_{gap} 相符。这是因为随着电流增加,电极板上的电压降 ΔV_{el}(与它们的总电阻相关)不可再忽略不计。当然,它应该总是为

$$\Delta V_{app} = \Delta V_{el} + \Delta V_{gap} \tag{3.33}$$

　　这一点初看起来并不重要,却有重要的影响。让我们考虑在接近零计数率下具有完全效率的 RPC,这时探测器将受到粒子通量增加的影响。保持 ΔV_{app} 恒定,随着计数率的增加,由于阻性电极上的电压降变得越来越重要,ΔV_{gap} 减小。而气隙中的雪崩过程取决于 ΔV_{gap},因此探测器的增益也将逐渐减小,直到产生的在电路阈值以下的信号数不可忽略,即探测器损失了效率。这导致在较高粒子流强时 RPC 的最大效率被限制,这通常称为计数率能力的限制。从定性到定量,还必须考虑脉冲信号的涨落。本书稍后将有更完整的介绍和相关计算来加以说明。

　　在大型实验中,由于实际原因,例如探测器和读出电子学设备的升温,将整体功耗(与RPC 中电流消耗有关)保持在合理水平也很重要。例如,CMS 的限制大约为 $3W/m^2$。

　　一般来说,由气隙中雪崩和流光所产生的侵蚀性化合物会引起 RPC 的老化,科学家们发现老化过程大致与在探测器寿命期间的积分电流量即总电荷量成比例。这并不奇怪,因为总电荷是发生电离次数的直接量度,而电离次数与产生的气体污染物分子数目有关。因此,总趋势是将 RPC 中的电流保持尽可能低(合理效率下)以限制老化过程。但是,在恒定

的积分电流(或电荷)下,RPC 的损坏还可能取决于探测器和供气系统所用的材料、具体的气体混合物(特别地,是否含有水蒸气),以及一些其他因素。

最后,当然,对 RPC 电流的基本理论还有更为深入的研究。例如,Ammosov 等人(1997)提出一个漂亮而详细的模型,不仅考虑电极内部流动的电流,还考虑表面的电流。

3.8　暗计数率

众所周知,实际上所有处于高电压下的气体探测器都会出现假脉冲,它们与宇宙辐射或天然放射性没有直接关联(或者至少在时间上不一致)。这些通常被称为暗(因为它们在没有任何辐射入射的情况下也可能产生)或"噪声"脉冲。

通常,"噪声"脉冲的计数率随电压迅速增加。可以找到 Iacobaeus 等人(2002)最近的一些研究结果。这些脉冲的来源尚不清楚,并且不同的探测器可能也不一样。对于单丝计数器或以雪崩模式工作的金属电极平行板室,对这些脉冲可能的解释如下:

(1) 探测器电"弱"区域中的各种电流泄漏,主要在支撑阳极-阴极电极的电介质结构中;

(2) 阴极上电介质嵌入物(氧化层,灰尘等)的电子发射;

(3) 以上两种效果的结合。

在第一种情况下,泄漏的电流通常零星发生,并且会以脉冲形式表现出来,可以通过精心设计阳极丝和阴极圆柱之间的界面使之大大减少。例如,电介质表面上的矩形凹槽可以有效地防止电流沿电介质表面泄漏(Iacobaeus et al.,2002)。

第二种现象是马尔特效应,之前已经提到过。然而,更详细的研究表明(例如,Fonte et al.,1999;Ivaniouchenkov et al.,1998),除了单电子发射之外,在正离子大量产生期间或者产生之后不久,金属表面不仅会发射单个电子,还有不定时的电子爆发(使用的另一个名称是"爆炸场发射"(Iacobaeus et al.,2002))。注意,实际上,金属表面上有电介微表层,它们是氧化膜、表面处理后的电介质嵌入及各种微粒等。因此,在探测器中有如天然辐射等引起的雪崩发展之后,阴极可能会有这种发射,且在某些情况下可能持续长达 $10\sim20\mathrm{min}$,这是杂散脉冲在时间上与初级雪崩不重合的原因。

RPC 还会有噪声脉冲,如图 3.42 所示。本书的一位作者(Paulo Fonte,未发表的结果)使用位置敏感 RPC 测得的噪声位置分布显示,在第一近似下,它们沿着阴极表面均匀分布,但通常不会在隔块表面附近出现。值得注意的是,RPC 对宇宙射线 μ 子的探测也表明,隔块附近的灵敏度远小于其他地方,这说明电场在这些区域中有所下降,和预期一致。因此,这可以排除噪声脉冲来源于沿着隔块的电流泄漏。

那么噪声脉冲的来源是什么? Iacobaeus 等人(2002)推测它们的出现是由于马尔特型效应:来自阴极的电子发射(和电子射流),因为阴极表面被正离子充电。当然,电极上存在的微点或不规整度有较大影响。值得注意的是,噪声脉冲的计数率还取决于外部辐射的强度。在 Iacobaeus 等人的工作中(2002),用强 X 射线照射 RPC 和对照组的金属电极平行板雪崩计数器(PPAC),局部产生高达 $10^5\,\mathrm{Hz/mm^2}$ 的计数率。图 3.43 显示了束流被阻挡后的杂散脉冲计数率。可以看出,在长达 6min 时间跨度内两个探测器的噪声脉冲计数率随时间一直在明显减少。

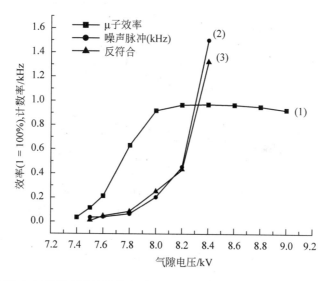

图 3.42 (1)效率、(2)(3)噪声脉冲计数率,与 RPC 上所加电压的关系(Gustavino et al.,2001b)
(2)和(3)分别对应于与闪烁体的信号符合和反符合的结果。

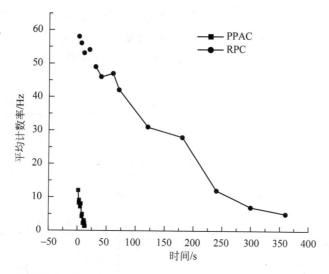

图 3.43 在雪崩模式工作下的(Cu 电极)平行板室和 RPC(由未掺杂的 Si 玻璃制成)
在被强 X 射线源照射后的脉冲计数(在 0 时刻关闭 X 射线源)

Manisha 等人(2016)试图研究噪声脉冲的计数率是否取决于气体混合物的成分。他们测试了包括纯氩气在内的 4 种不同的气体混合物(见表 3.1),但是没有观察到计数率和气体之间的明确联系。

最后,必须注意的是,当射入 RPC 的粒子通量不可忽略时,总计数率是噪声和粒子计数率的总和。因此,在例如 μ 子触发(或排除 μ 子)等的一些应用中,噪声远小于粒子计数率这一点非常重要,以免引起意外的触发。相反,如果噪声计数率相对于粒子计数率可以忽略不计,这原则上可以用来直接估计入射粒子通量(见图 3.44)。

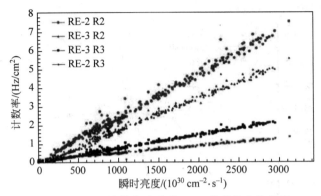

图 3.44　RPC 计数率随瞬时 LHC 亮度的变化关系

对于 CMS 实验 μ 子系统的端盖位置 2 和 3,可以看出入射粒子的通量(与加速器瞬时亮度成正比)与探测器计数率之间有非常明确的关系。

3.9　温度和压强的影响

有大量实验数据表明温度和压强对 RPC 的工作有重要影响。首先,温度直接影响电极材料的电阻率。对于电木和玻璃,通常认为温度的升高会降低其电阻率。例如,对于电木来说,Arnaldi 等人(2000)对这种趋势给出了很好的直接验证(图 3.45):当温度升高约 20℃,电木电阻率会降低一个数量级;当然,如果电极电阻率发生变化,这会对电流的欧姆分量产生影响,如图 3.39 所示。

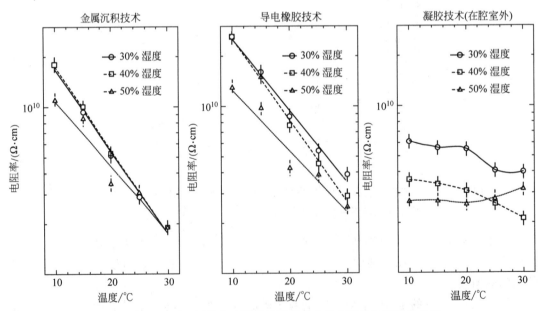

图 3.45　用 3 种不同的方法测量的酚醛电木的电阻率与温度的关系

对于三聚氰胺电木,作者报告了类似的结果。

对于浮法玻璃,Gustavino 等人(2004)测量了温度升高 25℃时电阻率降低一个量级的指数效应,并且证明了其对腔室计数率能力的直接影响。这种现象很常见,且对于这种类型的玻璃有相同的量级大小（González-DíazD et al., 2005），这也是一个调整玻璃 RPC 计数率能力的实用方法。

而且，腔室内气体的温度 T 和压力 p 都直接影响气体密度 ρ_g。一般而言，气体参数（特别是漂移和倍增参数）取决于 E/ρ_g 值，因此影响 ρ_g 的 T 或 p 的任何变化也将影响气体参数。保持比率 E/ρ_g 尽可能恒定是保持 RPC 性能不受环境条件变化影响的重要方法。这一点在大型实验的运行中是很重要的，我们将在下文中看到。

通常，当 RPC 在不同温度下工作时，可以观察到电流、噪声脉冲的计数率、效率和时间分辨率的变化。在这种情况下，电极电阻率和气体密度都在变化，因此，必须考虑所有这些现象的共同作用，其效果有时不容易区分开。

图 3.46 报告了在 ARGO-YBJ 实验中开发的电木 RPC 在不同温度下的暗电流和噪声与工作电压的关系。通常，即使在恒定的工作电压下，温度的升高也会增大电流和计数率。使用玻璃电极的多气隙 RPC 也有类似的结果（在第 4 章中详细描述），如图 3.47 所示。随着温度升高，电木或玻璃电阻率降低，这导致欧姆电流增加。此外，假设压力大致稳定在大气压水平，温度的升高会降低气体密度，从而增加 E/ρ_g 值。因此，RPC 的有效第一汤森系数（已经指出，其取决于 E/ρ_g 值）增加，带来工作点的移动，与提高外加电压的效果一致。

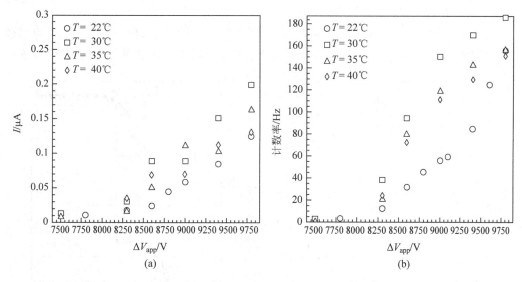

(a)　　　　　　　　　　　　　　　(b)

图 3.46　在 ARGO-YBJ 实验的研制阶段中测试的单气隙电木 RPC 在不同温度下的暗电流（a）和计数率（b）与 ΔV_{app} 的关系

要比较同一个 RPC 在不同 T 和 P 下的数据，通常引入"有效电压"ΔV_{eff} 的概念，定义为

$$\Delta V_{eff} = \Delta V_{app} \frac{T}{T_0} \frac{p_0}{p} \qquad (3.34)$$

其中，T 和 p 是温度和压强的实际值（随时间变化），T_0 和 p_0 作为参考的温度和压强（通常但不总是，$p_0 = 1013\,\mathrm{mbar}$，$T_0 = 273\mathrm{K}$），$\Delta V_{app}$ 是在 RPC 上施加的高压（Abbrescia et al., 1995）。

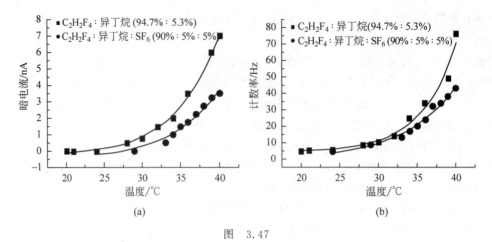

(a)　　　　　　　　　　　　　(b)

图　3.47

（a）暗电流（即腔室仅暴露于天然本底环境中，没有任何特定辐射条件下所测量的电流）；（b）工作在两种不同的气体混合物中的多气隙 RPC 的噪声计数率与温度的关系，在第 4 章中将进一步描述

原则上，如果气体密度 ρ_g 恒定可以保持气体参数稳定，则在不同的 T 和 p 值处采集的数据相对于 ΔV_{eff}（而不是 ΔV_{app}）得到的 E/ρ_g 值应相同。图 3.48 显示了温度变化的结果，图 3.49 为在不同压强的结果；在不同条件下得到的效率与 ΔV_{eff} 的关系曲线重合，这都是对上述观点的很好验证。

我们注意到如果 T 和 p 的变化不太剧烈，则此规律是有效的。例如，从图 3.49 可以清楚看出，当压强为 400 mbar 时，得到的结果与其他的相差较大。在这种特殊情况下，效率低

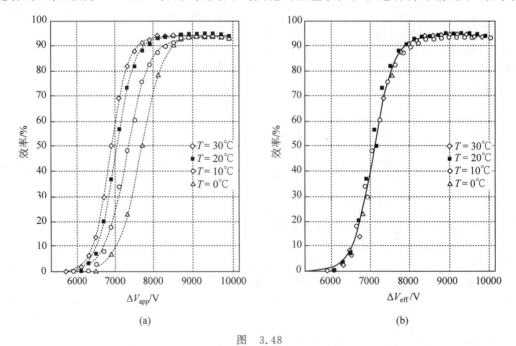

(a)　　　　　　　　　　　　　(b)

图　3.48

（a）在不同温度下以流光模式工作的单气隙 RPC 的效率与 ΔV_{app} 的关系；图（b）与图（a）相同，但为效率与 ΔV_{eff} 的关系图，在这种情况下曲线大致重合

$$\Delta V_{eff} = \Delta V_{app} = T/T_0$$

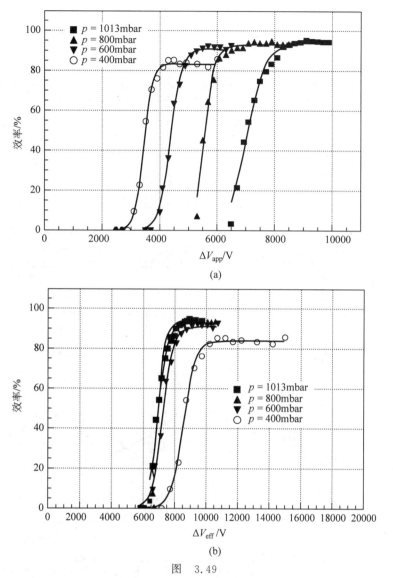

图　3.49

(a)不同气压下,工作于流光模式的单气隙 RPC 效率随外加高压 ΔV_{app} 的变化;图(b)与图(a)表示相同的 RPC 的
效率随有效高压的变化,当压强超过 600mbar 时,三条曲线重合成一条

的主要原因是初始电子-离子对数目少,相对于高气压情形,坪区的效率也低些。然而,特别是在大型实验中,使 ΔV_{eff} 尽量保持恒定已经成了标准步骤。对于大型强子对撞机的实验,安装探测器的地下通道基本上是恒温的,最重要的校正是与环境压力变化相关的校正,环境压强反映了探测器内的压强。事实证明这是至关重要的。在 1 年的时间跨度内,压力变化为 40~50mbar 是常见的,这些对 ΔV_{eff} 有 4％~5％ 的影响,这意味着绝对值有几百伏的变化(鉴于 ATLAS 和 CMS 的 RPC 运行高压为 10kV),这根本不可忽略。图 3.50 显示了压力修正重要性的一个例子。可以注意到,本例对式(3.34)中的简单规则进行一些改进(Aielli et al.,2013)并且效果显著(Abbrescia,2013)。

还应注意其他环境参数可能会影响 RPC 性能。例如,有一段时间,无水气体混合物用于 RPC,由于酚醛树脂在生产过程中含有一定量的水,因此将其与完全无水的气体混合物

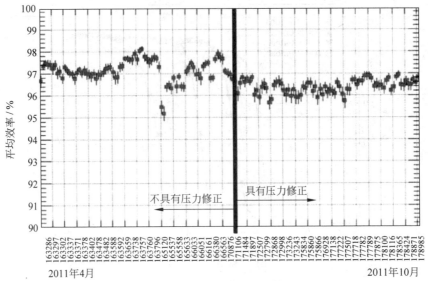

图 3.50　CMS μ 子系统中 RPC 的平均效率随时间的变化
图中显示了具有和不具有根据大气压自动校正 HV 工作点的两个时期。

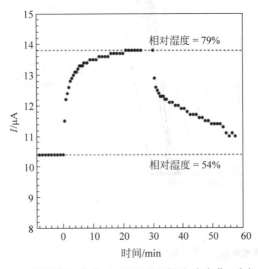

图 3.51　温度条件变化时，RPC 的"暗"电流变化，反之亦然
电流高说明电极电阻降低了。

接触会产生干燥酚醛树脂板的效果。反过来，这通常被认为会增加其电阻率。图 3.51 很好地验证了这一点，同时也表明该过程似乎至少是部分可逆的。Crotty 等人(1995)和图 3.52 显示了对酚醛树脂以及其他许多材料的研究结果。

　　当然，电木电阻率的显著变化可能意味着该探测器的工作点和计数率能力的变化(如后面描述)，这就是现在用于电木 RPC 的气体混合物通常添加水蒸气以达到 30％～50％范围内的相对湿度的原因。气体混合物加湿，能使电木电阻率保持稳定，但也有一个重要的缺点：通常认为水蒸气与氢氟酸的产生相关，氢氟酸有时可以在气隙中的雪崩和流光过程中产生，而且在随后的探测器老化过程中也会产生。即使有一些证据证明这一事实，关于这个问题的争论仍在继续，并且有待得出明确的结论。

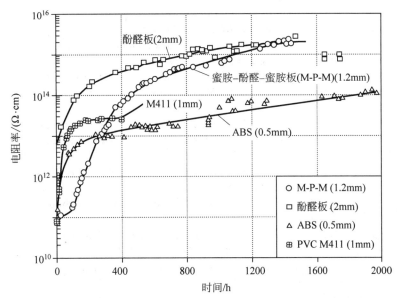

图 3.52　当在干燥的环境中放置时，用于制作 RPC 的各种塑料材料的电阻率随时间的变化

当然，玻璃 RPC 不需要使用水蒸气。

参考文献

Abashian, A. *et al.* (2000) The K_L/μ detector subsystem for the BELLE experiment at the KEK B-factory. *Nucl. Instrum. Methods Phys. Res., Sect. A*, **449**, 112–124.

Abbrescia, M. (2013) Operation, performance and upgrade of the CMS resistive plate chamber system at LHC. *Nucl. Instrum. Methods Phys. Res., Sect. A*, **732**, 195–198.

Abbrescia, M. *et al.* (1995) Resistive plate chambers performances at cosmic ray fluxes. *Nucl. Instrum. Methods Phys. Res., Sect. A*, **359**, 603–609.

Abbrescia, M. *et al.* (1997a) Effect of the linseed oil surface treatment on the performance of resistive plate chambers. *Nucl. Instrum. Methods Phys. Res., Sect. A*, **394**, 13–20.

Abbrescia, M. *et al.* (1997b) Resistive plate chambers performances at low pressure. *Nucl. Instrum. Methods Phys. Res., Sect. A*, **394**, 341–348.

Abbrescia, M. *et al.* (1999a) The simulation of resistive plate chambers in avalanche mode: charge spectra and efficiency. *Nucl. Instrum. Methods Phys. Res., Sect. A*, **431**, 413–427.

Abbrescia, M. *et al.* (1999b) Progresses in the simulation of resistive plate chambers in avalanche mode. *Nucl. Phys. B (Proc. Suppl.)*, **78**, 459–464.

Abbrescia, M. *et al.* (2001) The resistive plate chambers for CMS and their simulation. *Nucl. Instrum. Methods Phys. Res., Sect. A*, **471**, 55–59.

Abbrescia, M. *et al.* (2006) HF production in CMS-resistive plate chambers. *Nucl. Phys. B (Proc. Suppl.)*, **158**, 30–34.

Abbrescia, M. *et al.* (2012) New gas mixtures for resistive plate chambers operated in avalanche mode. *Nucl. Instrum. Methods Phys. Res., Sect. A*, **661**, 190.

Abbrescia, M. *et al.* (2013) The EEE experiment project: status and first physics results. *Eur. Phys. J. Plus*, **128**, 62.

Abbrescia, M. *et al.* (2016) Eco-friendly gas mixtures for Resistive Plate Chambers based on tetrafluoropropene and Helium, *JINST*, **11**, P08019.

Abe, K. *et al.* (2000) Performance of glass RPC operated in streamer mode with SF_6 gas mixture. *Nucl. Instrum. Methods*, **455** (2), 397–404.

Ahn, S.H. *et al.* (2000) Temperature and humidity dependence of bulk resistivity of Bakelite for resistive plate chambers in CMS. *Nucl. Instrum. Methods Phys. Res., Sect. A*, **451**, 582–587.

Ahn, S.H. *et al.* (2005) Effects of linseed oil treatment on the forward resistive plate chamber for compact muon solenoid in the high-eta region. *J. Korean Phys. Soc.*, **46**, 1325–1335.

Aielli, G. *et al.* (2013) Performance, operation and detector studies with the ATLAS resistive plate chambers. *JINST*, **8**, P02020.

Aielli, G. *et al.* (2014) The RPC space resolution with the charge centroid method. *JINST*, **9**, C09030.

Ammosov, V. *et al.* (1997) Electric field and currents in resistive plate chambers. *Nucl. Instrum. Methods Phys. Res., Sect. A*, **401**, 217–228.

Anderson, B.E. *et al.* (1994) High counting rate resistive plate chamber. *Nucl. Instrum. Methods Phys. Res., Sect. A*, **348**, 324–328.

Arnaldi, R. *et al.* (2000) Influence of temperature and humidity on Bakelite resistivity. *Nucl. Instrum. Methods Phys. Res., Sect. A*, **456**, 140–142.

Assis, P. *et al.* (2016) A large area TOF-tracker device based on multi-gap resistive plate chambers. *JINST*, **11**, C10002.

Baesso, P., Cussans, D., Thomay, C., and Velthuis, J. (2014) Toward a RPC-based muon tomography system for cargo containers. *JINST*, **9**, C10041.

Band, H. *et al.* (2008) Study of HF Production in BaBar Resistive Plate Chambers. *Nucl. Instrum. Meth.*, **A594**, 33–38, SLAC-PUB-12854.

Bencivenni, G. *et al.* (1994) A modular design for glass spark counter. *Nucl. Instrum. Methods Phys. Res., Sect. A*, **345**, 456–460.

Benussi, L. *et al.* (2014) A Study of HFO-1234ze (1,3,3,3-Tetrafluoropropene) as an Eco-Friendly Replacement in RPC Detectors. INFN report INFN-14-14/LNF, SIDS–Pubblicazioni, Laboratori Nazionali di Frascati, Frascati (RM), Italy.

Biagi, S. (1994) IMONTE program to compute gas transport parameters.

Blanco, A. *et al.* (2012) TOFtracker: gaseous detector with bidimensional tracking and time-of-flight capabilities. *JINST*, **7**, P11012.

Camarri, P. *et al.* (1998) Streamer suppression with SF_6 in RPCs operated in avalanche mode. *Nucl. Instrum. Methods Phys. Res., Sect. A*, **414**, 317–324.

Candela, A. *et al.* (2007) Glass resistive plate chambers in the OPERA experiment. *Nucl. Instrum. Methods Phys. Res., Sect. A*, **581**, 206–208.

Carboni, G. *et al.* (2004) Final results from an extensive aging test of Bakelite resistive plate chambers. *Nucl. Instrum. Methods Phys. Res., Sect. A*, **533**, 107–111.

Cardarelli, R. *et al.* (1988) Progress in resistive plate counters. *Nucl. Instrum. Methods Phys. Res., Sect. A*, **263**, 20–25.

Cardarelli, R. *et al.* (1993) Performance of a resistive plate chamber operated with pure CF_3Br. *Nucl. Instrum. Methods Phys. Res., Sect. A*, **333**, 399–403.

Cardarelli, R. *et al.* (1996) Avalanche and streamer mode operation of resistive plate chambers. *Nucl. Instrum. Methods Phys. Res., Sect. A*, **382**, 470–474.

Cardarelli, R. *et al.* (2012) RPC performance vs. front-end electronics. *Nucl. Instrum. Methods Phys. Res., Sect. A*, **661**, S198–S200.

Cardarelli, R. *et al.* (2014) New RPC gas mixtures for large area apparatuses. *JINST*, **9**, C11003.

Cerron Zeballos, E. *et al*. (1995) High rate resistive plate chambers. *Nucl. Instrum. Methods Phys. Res., Sect. A*, **367**, 388–393.

Cerron Zeballos, E. *et al*. (1997) Pure avalanche mode operation of a 2 mm gap resistive plate chamber. *Nucl. Instrum. Methods Phys. Res., Sect. A*, **396**, 93–102.

Colucci, A. *et al*. (1994) Measurement of drift velocity and amplification coefficient in $C_2H_2F_4$-isobutane mixtures for avalanche-operated resistive plate counters. *Nucl. Instrum. Methods Phys. Res., Sect. A*, **425**, 84–91.

Crotty, I. *et al*. (1993) Investigation of resistive parallel plate chambers. *Nucl. Instrum. Methods Phys. Res., Sect. A*, **329**, 133–139.

Crotty, I. *et al*. (1994) The non-spark mode and high rate operation of resistive parallel plate chambers. *Nucl. Instrum. Methods Phys. Res., Sect. A*, **337**, 370–381.

Crotty, I. *et al*. (1995) The wide gap resistive plate chamber. *Nucl. Instrum. Methods Phys. Res., Sect. A*, **360**, 512–520.

Crotty, I. *et al*. (2003) High-rate, high-position resolution microgap RPCs for X-ray imaging applications. *Nucl. Instrum. Methods Phys. Res., Sect. A*, **505**, 203.

De Vincenzi, M. *et al*. (2003) Study of the performance of standard RPC chambers as a function of Bakelite temperature. *Nucl. Instrum. Methods Phys. Res., Sect. A*, **508**, 94–97.

Doroud, K. *et al*. (2009) Recombination: an important effect in multigap resistive plate chambers. *Nucl. Instrum. Methods Phys. Res., Sect. A*, **610**, 649.

Duerdoth, I. *et al*. (1994) The transition from proportional to streamer mode in a resistive plate chamber. *Nucl. Instrum. Methods Phys. Res., Sect. A*, **348**, 303–306.

Fischle, H. *et al*. (1991) Experimental determination of ionization cluster size distribution in counting gases. *Nucl. Instrum. Methods Phys. Res., Sect. A*, **301**, 202–214.

Fonte, P. (1996) A model of breakdown in parallel-plate detectors. *IEEE Trans. Nucl. Sci.*, **43**, 2135–2140.

Fonte, P. (2013) Analytical calculation of the charge spectrum generated by ionizing particles in resistive plate chambers at low gas *gain. JINST*, **8**, P04017. doi: 10.1088/1748-0221/8/04/P04017.

Fonte, P. *et al*. (1991a) Feedback and break-down in parallel plate chambers. *Nucl. Instrum. Methods Phys. Res., Sect. A*, **305**, 91–110.

Fonte, P. *et al*. (1991b) VUV emission and breakdown in parallel-plate chambers. *Nucl. Instrum. Methods Phys. Res., Sect. A*, **310**, 143–145.

Fonte, P. *et al*. (1999) The fundamental limitations of high-rate gaseous detectors. *IEEE Trans. Nucl. Sci*, **46**, 321–325.

Genz, H. (1973) Single electron detection in proportional gas counters. *Nucl. Instrum. Methods*, **112**, 83–90.

González-Díaz, D. *et al*. (2005) The effect of temperature on the rate capability of glass timing RPCs, *Nucl. Instrum. Methods Phys. Res., Sect. A*, **555**, 72–79.

Gramacho, S. *et al*. (2009) A long-run study of aging in glass timing RPCs with analysis of the deposited material. *Nucl. Instrum. Methods Phys. Res., Sect. A*, **602**, 775–779.

Gustavino, C. *et al*. (2001a) A glass resistive plate chamber for large experiments. *Nucl. Instrum. Methods Phys. Res., Sect. A*, **457**, 558–563.

Gustavino, C. *et al*. (2001b) Some studies of MONOLITH RPCs, MONOLITH Internal Rep., June 2001.

Gustavino C. *et al*. (2004) Performance of glass RPC operated in avalanche mode, *Nucl. Instrum. Methods Phys. Res., Sect A*, **527**, 471–477.

Haydon, S.C. (1973) in *Electrical Breakdown of Gases* (ed. J.A. Rees), MacMillan, London.

Iacobaeus, C. *et al.* (2002) Sporadic electron jets from cathodes–the main breakdown-triggering mechanism in gaseous detectors. *IEEE Trans. Nucl. Sci.*, **49**, 1622.

Inoue, Y. (1997) Observation of light from resistive plate chambers. *Nucl. Instrum. Methods Phys. Res., Sect. A*, **A394**, 65–73.

Ivaniouchenkov, I. *et al.* (1998) The high-rate behaviour of parallel mesh chambers. *Trans. Nucl. Sci.*, **45**, 258.

Kiš, M. *et al.* (2011) A multi-strip multi-gap RPC barrel for time-of-flight measurements. *Nucl. Instrum. Methods Phys. Res., Sect. A*, **646**, 27–34.

Kornakov, G. (2013) New advances and developments on the RPC TOF Wall of the HADES experiment at GSI. PhD thesis, http://hdl.handle.net/10347/7281 (accessed 25 October 2017).

Kubo, T. *et al.* (2003) Study of the effect of water vapor on a glass RPC with and without freon. *Nucl. Instrum. Methods Phys. Res., Sect. A*, **509**, 50–55.

Lapique, F. and Piuz, F. (1980) Simulation of the measurement by primary cluster counting of the energy lost by a relativistic ionizing particle in argon. *Nucl. Instrum. Methods*, **175**, 297–318.

Latham, R. (1995) *High Voltage Vacuum Insulation*, Academic Press, New York.

Lopes, L. *et al.* (2012) Systematic study of gas mixtures for timing RPC. *Nucl. Instrum. Methods Phys. Res., Sect. A*, **661**, S194–S197.

Manisha *et al.* (2016) Development and Characterization of Single Gap Glass RPC, https://arxiv.org/ftp/arxiv/papers/1603/1603.01719.pdf (accessed 25 October 2017).

Nappi, E. and Peskov, V. (2013) *Imaging Gaseous Detectors and their Applications*, Wiley-VCH Verlag GmbH. ISBN: 978-3-527-40898-6.

Narita, S. *et al.* (2010) Measurements of induced charge profile in RPC with Submilli-strips. *IEEE Trans. Nucl. Sci.*, **57**, 2210–2214.

Narita, S., Hoshi, Y., Neichi, K., and Yamaguchi, A. (2012) Induced charge profile in glass RPC operated in avalanche mode. *Nuclear Science Symposium and Medical Imaging Conference (NSS/MIC)*. IEEE. doi: 10.1109/NSSMIC.2012.6551287.

Paolucci, P. *et al.* (2013) CMS resistive plate chambers overview, from the present system to the upgrade phase I. *JINST*, **8**, P04005.

Parkhomchuk, V.V. *et al.* (1971) A spark counter with large area. *Nucl. Instrum. Methods*, **93** (2), 269–270.

Peskov, V. (1976) Secondary processes in a gas counter I. *Sov. Phys. Tech. Phys.*, **20** (6), 791.

Peskov, V. (1977) Secondary processes in gas-filled counters II. *Sov. Phys. Tech. Phys.*, **22** (3), 335.

Pestov, Y. (1988) The status of spark counters with a localized discharge. *Nucl. Instrum. Methods Phys. Res., Sect. A*, **265**, 150–156.

Pestov, Y. *et al.* (2000) Timing performance of spark counters and photon feedback. *Nucl. Instrum. Methods Phys. Res., Sect. A*, **456**, 11–15.

Qite Li *et al.* (2012) Study of spatial resolution properties of a glass RPC. *Nucl. Instrum. Methods Phys. Res., Sect A*, **663**, 22–25.

Raether, H. (1964) *Electron Avalanches and Breakdown in Gases*, Butterworths, London.

Ramo, S. (1939) Currents induced by electron motion. *Proc. IRE*, **27** (9), 584–585. doi: 10.1109/JRPROC.1939.228757.

Riegler, W. (2009) Time response functions and avalanche fluctuations in resistive plate chambers. *Nucl. Instrum. Methods Phys. Res., Sect. A*, **602**, 377.

Riegler, W. *et al*. (2003) Detector physics and simulation of resistive plate chambers. *Nucl. Instrum. Methods Phys. Res., Sect. A*, **500**, 144–152.

Riegler, W. *et al*. (2004) The physics of resistive plate chambers. *Nucl. Instrum. Methods Phys. Res., Sect. A*, **518**, 86–90.

Sadiq, J. *et al*. (2016) Effect of glass thickness variations on the performance of RPC detectors. *JINST*, **11**, C10003.

Santonico, R. *et al*. (1981) Development of resistive plate counters. *Nucl. Instrum. Methods Phys. Res.*, **187**, 377.

Shi, L. *et al*. (2014) A high time and spatial resolution MRPC designed for muon tomography. *JINST*, **9**, C12038.

Shockley, W. (1938) Currents to conductors induced by a moving point charge. *J. Appl. Phys.*, **9** (10), 635. doi: 10.1063/1.1710367.

Smirnov, I. (1994) HEED, Program to Compute Energy Loss of Fast Particles in Gases, Version 1.01, CERN.

Wang, J. *et al*. (2010) Development of multi-gap resistive plate chambers with low-resistive silicate glass electrodes for operation at high particle fluxes and large transported charges. *Nucl. Instrum. Methods Phys. Res., Sect. A*, **621**, 151.

Wang, Y. *et al*. (2012) PoS(RPC2012)014]

Zhao, Y.E. *et al*. (2005) Effects of temperature on the multi-gap resistive plate chamber operation. *Nucl. Instrum. Methods Phys. Res., Sect. A*, **547**, 334–341.

Zhu, J. (2012) PoS(RPC2012)062.

第 4 章
阻性板室的进一步发展

4.1 双气隙电阻板室

正如 Santonico 和 Cardarelli(1981)在论文中所描述的那样,单气隙电阻板室(RPC)引起了该领域的进一步发展。无论是使用该模型作为基础还是改变其几何参数或者模块使用的数量,我们都能得到这样的结论。

例如,显而易见,我们可以通过使用两个单气隙电阻板室模块(使用同一组电极来感应两个室的信号)来提高其性能,这被称为"双气隙电阻板室"配置,通常通过在两个室体之间嵌入读出条来实现,如图 4.1 所示。穿过该装置的电离粒子通常会在两个室体中产生电子－离子对;并且如果合理设置电场,由两个室体中的雪崩引发的信号实际上将同时产生并叠加在中央读出电极上。这当然会提高探测器的效率,即使考虑到两个单独的室体有"或"的逻辑关系(例如,如果在两个室体的任何一个中由雪崩引起的漂移产生了信号,我们都将在中央读出条上检测到一个信号),它的效率 ε_{tot} 由下式给出:

$$\varepsilon_{tot} = \varepsilon_1 + \varepsilon_2 - \varepsilon_1\varepsilon_2 \tag{4.1}$$

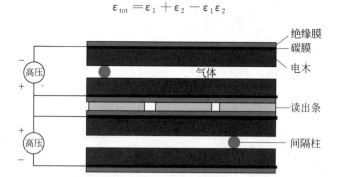

图 4.1 双气隙电阻板室的示意图

注意外加电压的方向使得两个电离室中产生的电子向中央读出条漂移;在这些条件下,两个室体的感应信号具有相同的极性。还要注意的是,气隙间隔片通常在两个室体中交错排列,因此对应于间隔片的区域将具有较低的效率(因为在那里只有一个气隙有效),但不会完全是死区。

请注意,事实上,式(4.1)只是 ε_{tot} 的最简单近似值,整体效率总体上高于由该公式给出的效率。原因是中央读出电极上的信号不是来自两个室体的模拟信号的数字和,而是模拟叠加,即两个信号瞬时值的叠加。即使来自两个室体的信号都低于阈值,读出信号总幅度也可以超过阈值,并导致该信号被检测到。

我们可以得到在几何形状、使用气体和电场等方面具有相同配置的情况下,双气隙电阻板室的时间分辨率能够达到单气隙电阻板室的时间分辨率的 $1/\sqrt{2}$。这是由于对同一个入射粒子会有两个独立的信号产生,最快的信号决定了探测器测量的过阈时间。同样,总信号是模拟和,而不是两个信号的"或"逻辑关系,实际的总体时间分辨率通常比这个值要好一些。正如所期望的那样,在基本探测器模块具有相同的条件和性能时,双气隙电阻板室在高计数率时比单气隙电阻板室的表现也会更好(文献(Adinolfi et al.,2000)和图 4.2)。

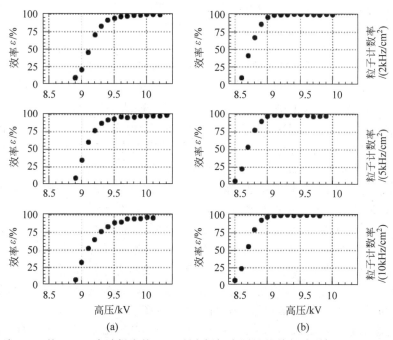

图 4.2　在为 LHC 的 LHCb 实验提出的 RPC 研发框架中测量的单气隙电阻板室(a)和双气隙电阻
　　　板室(b)在不同束流强度下的效率曲线

　　　相对于单气隙电阻板室,双气隙电阻板室可以在较低电压下达到较高效率。

　　由于这些卓越的特征和固有的可靠性(如果其中一个室体由于某种原因不能产生符合预期的信号,另一个室体仍然可以提供可接受的性能),所以在 20 世纪 90 年代中期的几个高能物理实验中,选择了双气隙电阻板室结构进行实验,一个著名的例子是 LEP 的 L3 实验(Aloisio et al.,1996)。后来,在 CERN(欧洲核子中心,参见图 4.3)的大型强子对撞机(LHC)的 CMS 实验的 μ 子系统上也应用了此种方法。在该系统上,约 $2000\,m^2$ 的面积上安装着双气隙电阻板室,共有约 150000 个读出通道。该系统(以及用 RPC 实现的其他系统)在第 5 章中有更详细的描述。

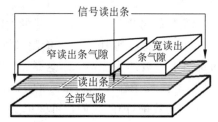

图 4.3　为 CMS 实验的端盖 μ 子系统建造的双气隙电阻板室的结构

顶层被分成两个气隙(通常在 CMS 实验中称为"窄"和"宽"),以允许从放置在两层之间的分段读出条读出信号。

4.2　宽气隙 RPC

在 20 世纪 90 年代初期,人们对 RPC 开展了很多有趣的研究,试图找到其最佳配置。这些研究的原因与这样一个事实有关：在 20 世纪 90 年代初,RPC 在宇宙射线实验中已经得到了很好的应用,但人们普遍认为这些探测器(在当时是非常前沿的设计)需要进行额外的研发工作以确认其适合应用在高亮度加速器上的实验。事实上,就是在这时,被认为需要很长一段时间才能完成的 LHC 实验的探测器设计正式开始。主要问题与 RPC 计数率能力有关,也就是说,即使在高通量入射粒子的情况下,探测器仍然保持高效率的能力,这将在本书后面详细讨论。

最先想到可以优化的参数是气隙宽度,其最初在 Santonico 和 Cardarelli 的 RPC 中设定为 2mm。正如第 3 章所述,RPC 最初被认为是以流光模式运行,此时在气隙内产生的漂移电荷通常比工作在雪崩模式下的高 10～20 倍。大脉冲具有不需要设置前端放大器的优点,但是其缺点是在电极中流动的大电流显著降低了施加到气体中的有效电压,导致计数率能力受到限制。此外,时间游移的增加、除了主要信号之外频繁的后续脉冲以及普遍存在的加速老化过程,都是该种工作模式的缺点。

另外,当 RPC 工作在雪崩模式(降低所加电压和降低气体增益,并在前端电路中使用放大器)时,必须注意通常称为“流光比例”的性质,也就是说,雪崩中的电子数量达到 Raether 极限并且雪崩转化为流光的时间百分比不能太高。这是因为,当在前端使用放大器时,流光是特别有害的,因为其较大的信号幅度通常会触发靠近入射粒子位置的读出道,从而导致相邻读出条被同时触发并且最终影响探测器的空间分辨率。

对这个问题的第一次尝试是由 CERN 的 M. C. S. William 领导的小组(Crotty et al.,1995)完成的,他们提出了“宽气隙”RPC 的设计。第 3 章描述了 RPC 气隙中电子产生的统计性以及雪崩和感应过程如何建模。这些计算可以用来严格理解下面概述的推论过程。在这里,为了理解为什么增加气隙大小可以被认为是一个优势,我们只需要记住,在 RPC 中,雪崩的最终电荷量很大程度上取决于相应的初始产生的电子-离子对与阳极的距离。如果一个初始电子-离子对产生地点太靠近阳极,则可能没有足够的空间使雪崩发展到足够大从而在读出电极上感应出可检测信号。用 A 表示电子横穿整个气隙的平均增益则其值由下式给出：

$$A = e^{\alpha^* g} \tag{4.2}$$

其中,α^* 为有效第一汤森系数,g 是气隙宽度,在距离阳极 x 处产生的电子将具有平均增益 A'：

$$A(x)' = e^{\alpha^* x} = e^{\alpha^* g \frac{x}{g}} = A^{\frac{x}{g}} \tag{4.3}$$

为了验证我们的想法,现在让我们考虑一个 2mm 气隙的 RPC,充有某种混合气体,接有一个读出放大器,其特征在于只有雪崩达到 10^5 时,才能超过阈值输出信号。使用泊松统计,并假设由电离粒子产生的每毫米簇数约为 $3mm^{-1}$,这是当时使用的典型的氩基混合气体的参数,人们发现有 5% 的入射电离粒子在离阴极最近的 1mm 内不会产生任何离子对。由于我们希望使探测器接近 100% 的效率,因此我们很可能想要获得高于 95% 的效率,即应该检测到在气隙的剩余部分中产生的所有初始电子-离子对。这意味着剩余 1mm 空间内产生的增益应该接近前面提到的 10^5。

　　在这些条件下,如果一个入射粒子产生刚好靠近阴极的初始电子,这个电子将穿过整个 2mm 的间隙且其增益 A 约为 10^{10},产生比 Raether 极限大得多的雪崩,并很可能形成流光。因此,如果探测器需要满足高的粒子探测效率,则有时会产生很小的信号,但有时又是很大的信号。这通常表示 RPC 中的感应信号的动态范围很大(范围在几个数量级),这是与中心丝探测器的一个重要区别。

　　这是一个在实际应用中必须克服的问题。正如已经指出的那样,在雪崩模式下工作的 RPC 的一个问题是,我们希望探测器能够以全效率方式工作,但同时要降低"流光比例"(如之前所定义的)。在这方面,经常使用"效率坪"的概念,通常将其定义为效率与所加电压的关系曲线,其中效率高于 95%,流光比例低于 10%。在实践中,流光通常通过查看同时触发一定数量的相邻读出条的事例来检测。为了安全操作,效率坪必须至少有几百伏宽。在某些条件下,效率坪狭窄甚至不存在。一般来说,探测器结构、混合气体和读出电路的选择在这里起着至关重要的作用(见图 4.4)。

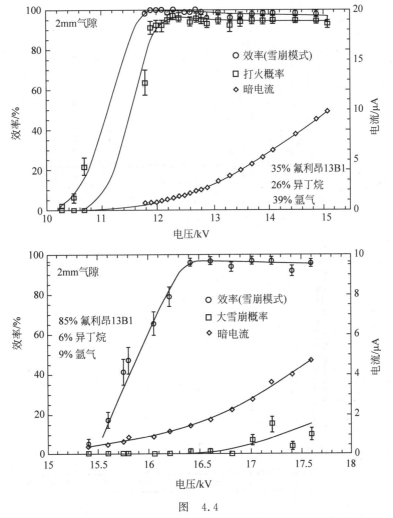

图　4.4

单气隙,气隙宽度为 2mm RPC 的效率坪,充有两种不同的混合气体,并增加氟利昂 13B1 的百分比。此外,还显示了发生打火或大雪崩的概率和电流值。显而易见,正确的混合气体的选择对于获得高效率同时将流光概率保持在可接受的水平至关重要。

现在让我们考虑一下将气隙宽度增加到 8mm 时会发生什么。在这种情况下,为了保证至少 95% 的效率,仍然需要 1mm 的气隙来产生必要的初始电子-离子对,而气隙中剩余的 7mm 仍然可以发生雪崩效应。如果在 $x=7mm$ 上设置增益 $A'=10^5$,从式(4.3)可以推断出这意味着电子穿越整个间隙的增益 $A=5.2\times10^5$。换句话说,最大信号和最小信号之间的比率大大降低。在这种特殊情况下,将气隙从 2mm 增加到 8mm 可以保证动态范围从 10^5 减少到 5 左右,并且在相同的效率值下同时降低了流光概率。

以上推论得到了很好的实验证实。例如,在图 4.5 中,报道了 2mm 和 8mm 气隙宽度 RPC 的读出电极上感应的电荷(Cerron Zeballos et al.,1996a)。对于 2mm 气隙 RPC 的电荷分

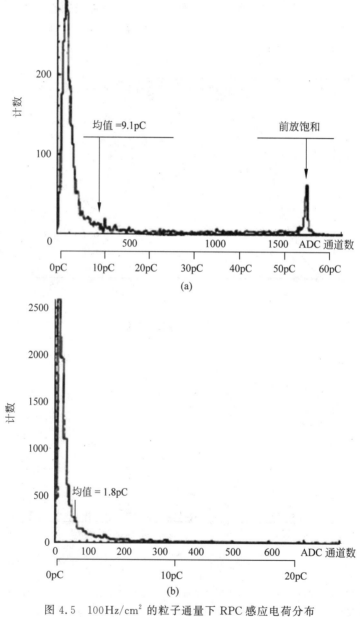

图 4.5　100Hz/cm² 的粒子通量下 RPC 感应电荷分布
(a) 2mm 气隙；(b) 8mm 气隙

布,其特征在于向右有更长的尾部,并且有一个突出的"流光"脉冲峰,至少从定性的角度证实了早前的推论。

正如预期的那样,宽气隙 RPC 更易于使用,其特点是具有更宽的效率坪(见图 4.6),并具有优异的计数率能力(见图 4.7)。但是,它们有一个重要的缺点,即相对于窄气隙 RPC,宽气隙 RPC 时间分辨率差些。在 RPC 中,时间分辨率取决于电子漂移速度 v_d 和有效第一汤森系数 α^*(见式(3.26))。事实上,窄气隙和宽气隙 RPC 中的总增益 A 必须大致相同(受到与增益相关的流光比例的限制),这导致宽气隙 RPC 在较低电场下工作,并且相应地有效第一汤森系数 α^* 降低(同时电子漂移速度 v_d 也降低),而且时间分辨率变差(见图 4.8)。换句话说(Cerron Zeballos et al.,1996a),在宽气隙 RPC 中,雪崩必须漂移几毫米的空间,这导致信号上升时间的增加,于是一些不同于宽气隙 RPC 的思路产生了,例如多气隙电阻板室。

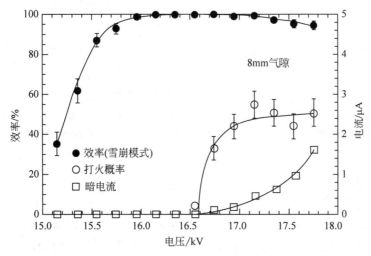

图 4.6　单气隙电阻板室 RPC 效率坪曲线与图 4.4 中展示的测量结果非常相似,但其具有 8mm 的气隙,并充有 Ar、CO_2、DME($42:39:19$)混合气体。此外,还显示了流光比例和电流值。

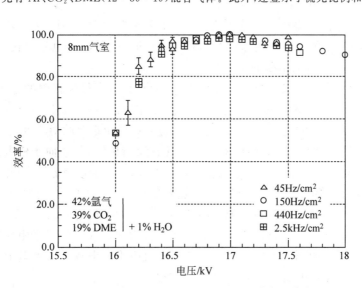

图 4.7　在 4 种粒子通量下 8mm RPC 的效率坪曲线

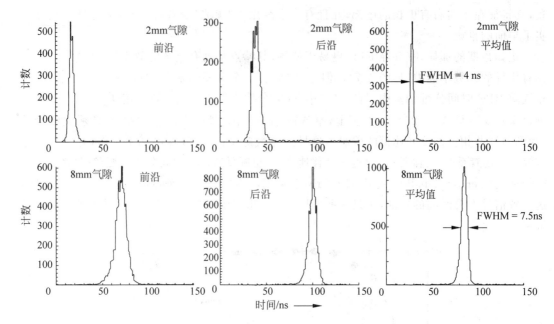

图 4.8　两个 RPC 的时间分布对应于信号前沿、后沿以及前沿和后沿的平均值

其中一个(上图)具有 2mm 气隙，另一个(下图)具有 8mm 气隙。在这两种情况下，数据都是在 100Hz/cm² 的粒子通量下获得，在效率坪曲线的"拐点"处测得。2mm RPC 的时间分布要窄得多，而且峰值出现也要早得多。

4.3　多气隙 RPC

在 1996 年由 M. C. S. Williams(Cerron Zeballos et al. ,1996b)领导的小组首次提出了多气隙 RPC(通常表示为 MRPC)，并且从某种意义上说，它们是双气隙概念的进一步发展，包含该组先前研究过的宽气隙 RPC 的优势(例如，在计数率能力和较小的电荷动态范围方面)，并有可能获得更好的时间分辨率。

本质上，这个想法是将气隙切分而使初始电离发生在非常小的区域。实际上，这不仅仅是使用一个或两个间隙，而是一整堆阻性电极，只有两个最外层的电极连接到高压，而内层电极则为悬浮电极(见图 4.9 和图 4.10)。

需要注意的是，即使内部电极板是悬浮的，它们自身也会得到正确的电压(如图 4.9 所示对于 10kV 的外加电压的情况)，并且不需要在结构中增加任何连接以向这些内部阻性板施加电压。在静态条件下，考虑到阻性板处于强电场中以及系统的对称性，我们很容易根据静电作用得到上述结果。此外，在动态条件下，存在反馈机制，其倾向于使电极保持在正确的电势并且在所有气隙中产生相同的电流。基本上，如果出于任何原因，一个阻性板上的电压偏离了标称值，这将导致一个子气隙中的电场增加并且另一个子气隙中的电场减小；在电压较高的气隙中，将产生比其他气隙大的雪崩。较大的雪崩意味着在一个气隙中电子和正离子的流量增加(即在一个气隙中电流的增加)，将为相邻气隙的一个阻性电极上带来更多电荷。这将改变两个电极的电位，并最终使两个气隙中的电场以及增益值恢复到正确值(Cerron Zeballos et al. ,1996b)。

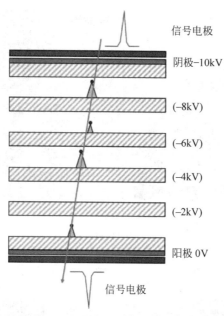

信号电极

阴极-10kV

(-8kV)

(-6kV)

(-4kV)

(-2kV)

阳极 0V

信号电极

图 4.9 多气隙电阻板室(有时表示为 MRPC)的概念性结构图
探测器由一堆阻性电极组成,入射粒子可以在任何气隙中产生初始电子-离子对。

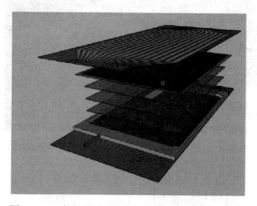

图 4.10 多气隙电阻板室的概念性结构分解图
可以看到内层电极(浅灰色)、连接高压的最外层电极(深灰色)、读出条(位于外部电极上)和气体入口。

MRPC 中的气隙间隔通常比标准 RPC 小得多,每个间隙大约几百微米。例如,在 ALICE 实验的飞行时间(TOF)系统中,间隔宽度是 $250\mu m$(见图 4.11),而用于 EEE(Extreme Energy Events)项目的 MRPC 的气隙宽度则为 $320\mu m$。通常,使用 5 个或更多个气隙,这样可以确保电离粒子穿过探测器时能够产生适当数量的初始电子-离子对。

大多数 MRPC 使用由浮法玻璃制成的电极来生产,玻璃在市场上容易获得,并且通常也用于其他目的,如用于窗户的普通玻璃,其典型电阻率为 $10^{12}\Omega \cdot cm$ 量级,显著高于用电木($10^{10} \sim 10^{11}\Omega \cdot cm$)制成的 RPC 的特征电阻率。玻璃板通常使用适当直径的绝缘线布置在板之间(通常使用钓鱼线,见图 4.12)来保持平行,两个最外面的玻璃板涂有石墨涂层以使其外表面导电并且方便与高压电源连接。

即使绝大多数 MRPC 都是用玻璃电极制造的,但也应当要注意到,最近少部分的使用

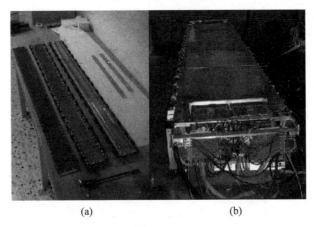

图 4.11

（a）为 ALICE 实验的飞行时间系统研发的 MRPC 在装配阶段的照片；（b）为同系统的组装完成的一个超级模块（来自 ALICE-TOFBologna 实验组网站的照片：http://www.bo.infn.it/alice-tof-hw/public/TOFphotos/TOFphotos_INDEX.html）

图 4.12　在玻璃板之间布置钓鱼线使 MRPC 上的电极保持正确的间距（Garritano et al.,2015）

酚醛树脂材料制造的 MRPC 也显示出相当令人鼓舞的结果（Lee et al.,2012）。

　　基本上,MRPC 的工作原理与标准 RPC 类似。当电离粒子入射到探测器时,它会在气隙(通常不止一个)中产生初始电子-离子对；当适当的电压加到阻性电极上时,在气隙中产生的电子向阳极漂移,并且如果电场足够强,则产生相应的雪崩。它们的移动在外部拾取电极上产生信号,这些拾取电极是靠近最外层玻璃板放置的读出块或条,并且通常用绝缘层与导电石墨涂层隔开。由于各个雪崩实际上是同时产生的,所以它们的信号在读出电极上叠加到一起。因此,即使与单次雪崩相关的信号较小(即低于电子阈值),它们的总和也可能超过阈值。

　　注意,在通常情况下,漂移电荷在读出电极上感应的信号取决于电荷移动的距离。应用第 3 章中引用的拉莫定理可以清楚地看到这一点。因此,在相同雪崩大小条件下,相对于宽气隙 RPC,窄气隙 RPC 中每个气隙所引起的信号将会小一些。

　　事实上,对于多气隙的结构,用于计算感应电荷的权重场因子必须考虑不同的几何结构予以修正,它可以使用前述相同的过程计算得到：

$$\Delta V_{\mathrm{w}} = \frac{\varepsilon_{\mathrm{r}} g}{N_{\mathrm{g}} \varepsilon_{\mathrm{r}} g + (N_{\mathrm{g}} + 1) d} \tag{4.4}$$

其中，N_{g} 是气隙的数量，其他符号含义和之前相同，即 g 是气隙宽度，d 是电极厚度，ε_{r} 是其相对介电常数。

请注意，在多气隙结构中，读出电极位于气隙堆的一侧，而在双气隙 RPC 中，读出电极位于中间，这会对不同情况下的感应电荷量产生影响，如图 4.13 所示。

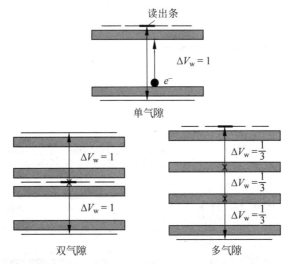

图 4.13　单、双和多气隙 RPC 的概念结构图以及对应的 ΔV_{w} 值

例如，如果我们在 3 种情况下考虑在每个气隙中漂移 1pC 的电荷，在无限薄的阻性电极的极限（即我们在式(4.4)中代入 $d=0$），感应电荷 q_{ind} 在单气隙情况下将为 1pC，双气隙情况下为 2pC，多气隙情况下为 1pC（在此近似中与 N_{g} 无关）。这通常表达为，在 MRPC 中，每个气隙中的电荷漂移对感应电荷的贡献为 $1/N_{\mathrm{g}}$。而且，实际上，还必须考虑阻性电极厚度 d 的影响，由此进一步减小了感应电荷。

MRPC 的第一个原型机（Cerron Zeballos et al.，1996b）具有三个气隙，每个气隙宽度为 3mm，其性能基本上与由相同材料制成的 9mm"宽"气隙 RPC 相当。

正如本章前面已经指出的那样，并不是 RPC 的整个气隙都是"有效"的，因为至少有一个初始电子-离子对必须足够靠近阴极产生，以便相应的雪崩能够发展到足以产生可检测的信号。通常需要有距离阴极 $1\sim1.5\mathrm{mm}$ 的区域，以确保产生必要数量的初始电子-离子对，准确的距离值还取决于所使用的气体混合物。在一个 MRPC 中，这个区域实际上被分到各个气隙中（见图 4.14），并且按照与已经发表的宽气隙 RPC 非常相似的指导思路，两种情况（宽气隙和多气隙）信号的动态范围基本相同，在 $10\sim20$ 的范围内。

然而，在多气隙中，相对于具有相同总气隙厚度的单气隙 RPC，可用于雪崩发生并在读出电极上产生信号的距离更小（在图 4.14 的特定情况下，多气隙是单气隙的 1/3）。最后一点也可以从式(4.4)推导出来，其中气隙的数量 N_{g} 出现在分母处。这意味着，为了使 MRPC 的一个气隙中的雪崩产生高于阈值的信号，必须使第一汤森系数的值增大。在这种特殊情况下，作者计算了需要达到一个约 2 倍因子的第一汤森系数值，并且当时作者关心是否可以找到提供宽效率坪的气体。好在如果使用四元混合气体，我们可以得到令人鼓舞的结果（见图 4.15）。

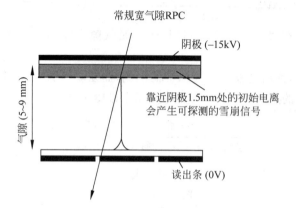

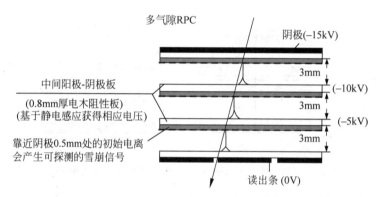

图 4.14　与传统的 9mm RPC 相比,多气隙 RPC 的结构及工作原理
图中明确标明两种情形下发生初始电离的区域。

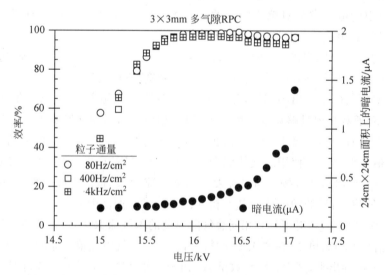

图 4.15　在不同的通量条件下,第一个多气隙 RPC 的效率和电流与工作电压的关系
使用的气体混合物是 Ar、CO_2、C_4F_{10}、DME,其比例为 86：8.5：0.5：5。

后来,人们设计了更多的 MRPC 原型机。例如,在 Cerron Zeballos 等人(1997a)的实验中,作者描述了 3 个 24cm×24cm 的 MRPC,其中一个由两个 4mm 的气隙组成,一个由 3 个 3mm 的气隙制成,一个由 4 个 2mm 的气隙制成,内悬浮电极使用 0.8mm 的三聚氰胺-酚醛树脂-三聚氰胺薄膜,外电极使用三聚氰胺-酚醛树脂合成薄膜,其中三聚氰胺朝向气体一侧。如图 4.16 所示,当使用多个厚度减小的气隙时,性能尤其是时间分辨率的性能从一开始就出现了很大的改进。

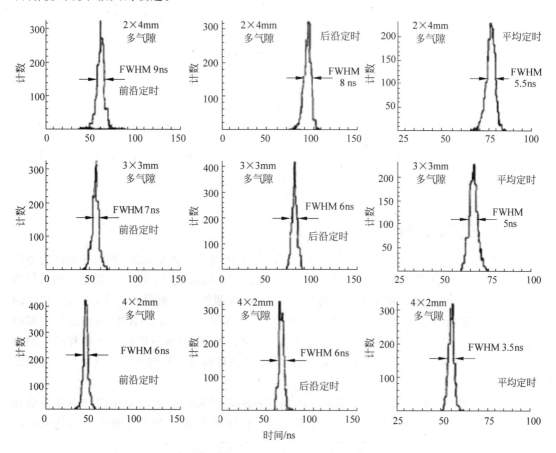

图 4.16　在 100Hz/cm² 粒子通量条件下 2×4mm,3×3mm 和 4×2mm 多气隙 RPC 的时间谱
在第一种情况和最后一种情况下,设置了相同的气体总厚度,但当使用多个窄气隙时,时间分辨率肯定会更好。

当这种多气隙设计被提议作为精确定时测量的仪器时,例如在 LHC 实验中测量碰撞产物的飞行时间,上述的特征得到进一步研究。在 ALICE TOF 探测器(ALICE,2000)的研发工作中,通过使用机械平整度很好的玻璃电极所隔成的亚毫米气隙来达到高时间分辨(Fonte P,Smirnitski A,Williams MCS,2000;Akindinov A et al.,2000;Akindinov A et al.,2001),时间分辨率低于 50ps(Fonte P et al.,2000),见图 4.17。有关这些研究的更多细节在 4.6 节中给出。

目前很重要的一点是,以及更为显著的定时 RPC 的工作模式取决于雪崩发展的非正比性质。在某一点上,由于所谓的空间电荷效应(Fonte,2002)的影响,雪崩不再以指数形式增长而是以更低的倍增速率进行。这减少了雪崩的最终尺寸,并使这些设备成功工作。雪崩

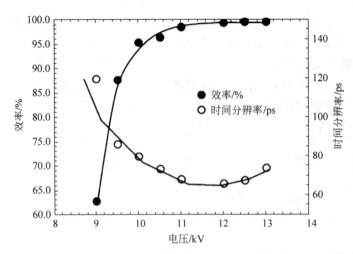

图 4.17　由 5 个厚度为 $220\mu m$ 的气隙组成 MRPC 的效率和时间分辨率

的尺寸减小意味着流光形成的可能性降低。当然,如果雪崩超过了 Raether 极限,它们仍然会变成流光。这一点将在下一节中详细介绍。

4.4　"空间电荷"效应

在获得一些 RPC 工作的经验和对相关实验结果进行严格评估之后,我们逐渐清楚地认识到,在气隙中雪崩发展服从指数规律的假设是过于简单的。事实上,从所观察到的信号的幅度可以清楚地得出,即使使用了前置放大器,并且探测器以雪崩模式工作,雪崩中包含的电子数量通常仍非常接近 Raether 极限。而且,当窄气隙(几百微米)RPC 被逐步开发和研究时(Fonte et al. ,2002),这些效应变得越来越明显。当然,也有一些有助于解释结果的内容,如第 3 章所述,从解释这些探测器性能的第一个物理模型扩展到解释多气隙或窄气隙结构的模型。

产生空间电荷场的基本过程是组成雪崩过程的电子和离子电荷云在空间中部分重叠(见图 4.18)而产生的内建电场。空间电荷场叠加在外加电场上,在电子和离子云之间的区

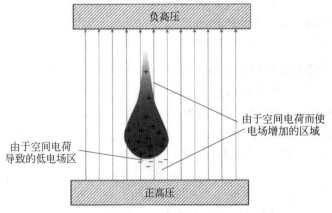

图 4.18　一个雪崩的概念性图

基于空间电荷效应,雪崩区域的电场与外加电场有明显的区别。

域中的电场减弱,在这片区域之外的地方电场得到加强。很明显,由保持恒定电位差的两个电极所定义的电场的线积分不会改变,所以空间电荷场必定在某些地方是与外加电场相反的,而在另一些地方是增强外加场的。

电子和离子云之间的电场减弱区域会对大部分电子产生影响,相对于未受干扰的情况电子倍增速率会降低。在这种情况下的总体效果是,雪崩的总增益小于没有这种效应时的雪崩总增益,即为空间电荷效应。在具有较小间隙(几百微米量级)的 RPC 中,增益降低可能达到几个数量级,这就是定时 RPC 能顺利工作的基本原理(有关更多详细信息,请参阅本章后面的内容)。4.6 节给出了关于空间电荷效应的更详细的讨论。

RPC 中的空间电荷效应已经根据经验模型化,这在 4.5 节中有描述。在实际操作范围内,各种模型基本相同(Mangiarotti et al. ,2006)。

在雪崩上游和下游的高增益区域,存在电场增加的区域,如果存在任何自由电子,则会产生更强的雪崩倍增,最终将在这些区域形成一个称为"流光"的自持放电过程。流光会迅速向电极方向发展,最终将它们桥接起来,构成火花形成的"通道"(参见第 1 章)。Rees(1973)对这些问题进行了非常有用的概述。

为了描述的完整性,我们也应该提及的是,除了流光击穿之外,还存在另一种形式的击穿,其取决于通过雪崩光子或离子在阴极打出电子以及它们在气隙中的后续放大,产生正反馈(详情请参阅第 1 章)。这种击穿机制的特点是在初始雪崩后的一系列后续雪崩中,该系列雪崩最终会发散开来。对 RPC 中雪崩的经验观察似乎表明,所使用的混合气体物能够非常有效地抑制这种反馈。

4.5 RPC 性能分析模型综述

有多种方法可以对 RPC 中的电荷饱和进行数学建模。Abbrescia 等人描述了一种方法(1999b),通过此种方法可以立即掌握饱和对信号和电荷谱的影响。

基本上,在模拟中包含饱和效应的想法在于让雪崩以指数形式增长,直到达到与某个电荷 q_{sat} 相对应的大小;然后粗略地近似为雪崩停止了发展而仅仅是电子漂移到阳极。

在这种情况下,必须修改表达式(3.16),以考虑两个不同的阶段:指数增长和漂移。我们定义饱和长度 x^j_{sat} 为

$$x^j_{sat} = x^j_0 + \frac{1}{\alpha^*} \log\left(\frac{q_{sat}}{q_e n^j_0}\right) \tag{4.5}$$

通过此公式可以得到雪崩达到饱和电荷 q_{sat} 必须经过的距离。与之前一样,这里是从阴极测量的距离,其中产生特定的初级电子-离子簇(j),n^j_0 是包含的电子的数量,并且 α^* 是有效的第一汤森系数。那么,如果 $x^j_{sat} < g$(g 是气隙宽度),则由该簇引起的感应电荷由下式给出

$$q_{ind} = \frac{q_e}{\eta g} \Delta V_w n^j_0 M_j \left[e^{\eta(x_{sat} - x^j_0)} - 1 \right] + M_j \Delta V_w \frac{g - x^j_{sat}}{g} q_{sat} \tag{4.6}$$

其中,M_j 是考虑雪崩增长涨落的因子,ΔV_w 是气隙间的权重场电压降。虽然这样的近似计算非常简单,但是其结果与实验测量的电荷谱高度一致。如图 4.19 所示,这个模型与 Camarri 等人(1998)的单气隙 RPC 实验数据进行了比较,其中气体参数取自 Colucci 等人(1999)的

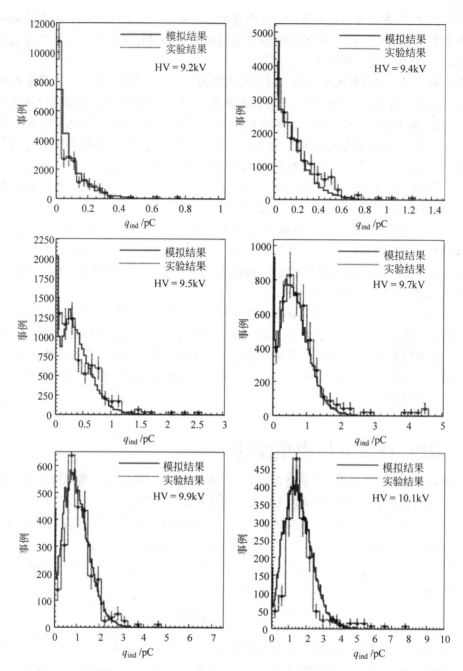

图 4.19 充有四氟乙烷混合气体的单气隙 RPC 的模拟和实验得到的电荷分布比较

实验结果。根据式(3.16),我们可以预期电荷谱服从单调递减分布,如其中的第一幅图所示。但是当考虑到饱和效应时,出现一个宽峰,越来越明显,并且随着工作电压的增加,峰位会逐渐向右移动。这正是实验观察到的现象。

随着 RPC 技术方面的研发进展,对其不同特征的深入理解也得到了加强。一个相关的研发是在 RPC 建模方面。通常情况下,我们通过建立模型来描述一个特定的问题,随后不断完善它以更加全面地理解问题。我们现在快速回顾一下到今天为止在这一领域取得的一些主要进展,建议读者回到最初的参考文献以了解更多细节。

不容低估的一点是 RPC 几何结构简单但物理机理复杂,包括:

(1)电子雪崩深受空间电荷影响;

(2)流过阻性材料的高度可变的电流;

(3)通过具有不同电特性材料的电感应;

(4)快信号在多导体传输线中的传播。

而且,由于涉及的各种时间尺度,建模变得复杂:

(1)阻性电极的电弛豫时间在毫秒至秒数量级上影响气隙电压;

(2)高压分布层的电弛豫时间和雪崩离子的漂移时间在微秒量级上影响信号感应过程和气隙电压;

(3)雪崩和流光发生时间在纳秒量级上,其子过程(例如电子-原子碰撞速率)在更小尺度上。

原则上,所有这些物理尺度都与可观察量(统计分布等)有关,从这些量很难给出一个初步的物理原理和微观方法。然而,RPC 的几何简单性已经允许解析许多确定性和随机过程,但是缺少在不同时间尺度上集成所有现象的通用框架(分析方法或蒙特卡罗模拟)。

在下面的章节中,我们会介绍一些关于这些问题的最直接的分析结果。当然,这些问题也可以通过蒙特卡罗模拟来解决,读者可以参考这些文献(Abbrescia,2004;Lippmann,Riegler,2004;Riegler et al.,2003 及其中的参考文献)。

4.5.1 电子雪崩深受空间电荷影响

关于空间电荷效应下的雪崩模型,人们提出了几种经验模型。通常的解释是,对于低电压,如汤森雪崩一样,雪崩产生电荷随电压按照指数形式发展,但随着电荷量增大,空间电荷效应使曲线线性化。

最简单和普遍认同的模型(Carboni et al.,2003)只涉及两段雪崩电荷 n_e(如式(3.1)所定义)与施加到气隙的电压 ΔV_{gap}(式(3.33))的线性化关系,如图 4.20 所示。第一部分从零电荷开始,描述 Townsend 部分(实际上大部分是不可见的)直到阈值电压 ΔV_0,第二部分以斜率 k_s 接近空间电荷区域。

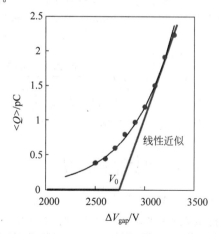

图 4.20　以实验得到的单个 0.3mm 气隙 RPC 的电荷与所加电压的函数为例,其线性化方法(粗线)为 $\Delta V_0 = 2865V$ 和 $k_s = 5.4fC/V$(黑线只是肉眼观察作图得到的)

$$n_e = \begin{cases} 0, & \Delta V_{gap} < \Delta V_0 \\ k_s(\Delta V_{gap} - HV_0), & \Delta V_{gap} > \Delta V_0 \end{cases} \tag{4.7}$$

一个稍微更基本的方法是将式(3.1)中的 α^* 修改成一个"扰动 α"(α_{per}^*)，α_{per}^* 为 n_e 递减函数 $\alpha_{per}^*(n_e)$。来自文献(Raether,1964)。

$$\begin{cases} \alpha_{per}^* = \alpha^* & n_e \leqslant n_{e,sat} \\ \alpha_{per}^* = \alpha^*(1 - B_s \ln(n_e/n_{e,sat})), & n_e > n_{e,sat} \end{cases} \tag{4.8}$$

其中，$n_{e,sat}$ 是指示 n_e 的"饱和"水平的参数，其将正比区域与空间电荷区域分开，B_s 是与过渡的陡峭度有关的无量纲参数。

从 Aielli 等人的结果(2001)，有

$$\alpha_{per}^* = \alpha^*(1 - n_e/n_{e,sat}) \tag{4.9}$$

从 Fonte 的结果(2002,2013b)，有

$$\alpha_{per}^* = \frac{\alpha^*}{1 + (n_e/n_{e,sat})^{B_s}} \tag{4.10}$$

图 4.21 显示了这几个函数之间的对比。

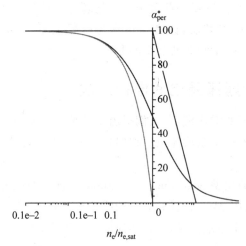

图 4.21 *n* 个函数的对比

最右边、最左边和中间线分别表示式(4.8)、式(4.9)和式(4.10)。

n_e 的解分别是

$$\begin{cases} n_e = n_0 e^{\alpha^* x}, & x \leqslant x_{sat} = \dfrac{\ln(N_{e,sat}/n_0)}{\alpha^*} \\ n_e = n_{e,sat} \exp\left[\dfrac{1 - e^{-B_s \alpha^*(x - x_{sat})}}{B_s}\right], & x > x_{sat} \end{cases} \tag{4.11}$$

$$n_e = n_0 + n_{e,sat} \ln\left(\frac{1 + B_s e^{\alpha^* x}}{1 + B_s}\right) \tag{4.12}$$

$$n_e = n_{e,sat} \sqrt[B]{W(u e^{u + B_s \alpha^*})}, \quad u = (n_0/n_{e,sat})^{B_s} \tag{4.13}$$

(其中 $W(y e^y) = y$ 是兰伯特函数)其比较如图 4.22 所示。可以看出，模型(4.12)和(4.13)提供了指数和线性行为之间的平滑过渡，定性来说与观测结果匹配，而模型(4.11)描述了完全饱和的行为。

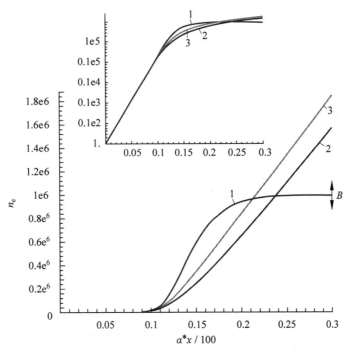

图 4.22　比较不同空间电荷模型的解

模型(4.11)~(4.13)分别对应1,2和3。半对数坐标的插图证明了从指数到线性行为的转变。箭头表示参数 B 控制饱和电荷。

4.5.2　流过电阻材料的高度可变电流

流过阻性电极的可变电流可以理解为雪崩产生的电荷在阻性电极表面上发生近乎瞬时的沉积,随后通过材料的介电弛豫而抵消。对单个电荷,这个过程如图 4.23 所示。

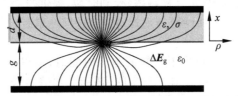

图 4.23　描述由沉积在阻性电极表面的单个电荷所产生的气隙中的电场扰动 ΔE_g

这种情况下与时间有关的解是已知的(Lippmann et al.,2006)并且由两部分组成:一个对应于两个无限半空间加上由于存在电极而导致的复杂修正,这仅仅在式(4.14)中显示并且是 $e^{-t/\tau}$ 的函数:

$$
\begin{cases}
\Delta \boldsymbol{E}_g \cdot \hat{\boldsymbol{x}} = \overbrace{\dfrac{q}{2\pi(\varepsilon+\varepsilon_0)} \dfrac{x e^{-t/\tau_1}}{(\rho^2+x^2)^{\frac{3}{2}}}}^{\text{无限厚度层}} + \\[2mm]
\qquad\text{金属电极的贡献}(e^{-t/\tau(k)}) \\[2mm]
\tau_1 = \dfrac{\varepsilon+\varepsilon_0}{\sigma}; \ \tau_2 = \dfrac{d\varepsilon}{g\sigma}+\dfrac{\varepsilon_0}{\sigma}; \ \tau(k) \subset [\tau_1, \tau_2]
\end{cases}
\tag{4.14}
$$

其中,$\Delta \bar{\boldsymbol{E}}_g \cdot \hat{\boldsymbol{x}}$ 是垂直于电极的扰动电场的分量,x 是沿着该方向的坐标,而 ρ 是平行于电

极的坐标，σ 和 ε 分别是阻性材料的电导率和介电常数。两个分量均以有限的特征时间指数衰减，如式（4.14）所示。对于玻璃，根据材料参数的典型值，这些时间在 1s 左右。

Riegler（2016）给出了大量其他有用情形下的解决方案。

在气隙的任何一点，都会有在时间和位置上随机产生的干扰的叠加。干扰的平均值 $\langle \Delta E_{\mathrm{g}} \rangle$ 可以理解为阻性元件上的平均气隙电流密度产生的欧姆电压降，其对施加的电压起削弱作用。

$$\langle \Delta \boldsymbol{E}_{\mathrm{g}} \rangle = \langle j \rangle / \sigma \tag{4.15}$$

其中 $\langle j \rangle$ 是气隙产生的平均电流密度。

这构成了一个由 Campbell 定理给出的方差的散粒噪声过程，在这种情况下，可以写成（González-Díaz et al.，2006）

$$\begin{cases} V(\Delta E_{\mathrm{g}}) = \dfrac{1}{2} \dfrac{\langle \Delta E_{\mathrm{g}} \rangle^2}{N_{\mathrm{pert}}} \left(1 + \dfrac{V(Q)}{\langle Q \rangle^2}\right) \propto \bar{\phi} \\ N_{\mathrm{pert}} = A_{\mathrm{pert}} \; \phi \tau \end{cases} \tag{4.16}$$

其中，Q 是每次冲击产生的沉积电荷，$\langle \Delta E_{\mathrm{g}} \rangle$ 是平均场扰动，N_{pert} 是对扰动有贡献的平均冲击次数，A_{pert} 表示可能扰动的相关点周围的区域，ϕ 是粒子平均通量，τ 是特征弛豫时间，$V(\cdot)$ 表示给定随机变量的方差。事实证明，方差与粒子通量成正比。

使用 Monte Carlo 方法也解决了这些问题，并取得了相应的结果（Lippmann et al.，2006）。

4.5.3　不同电气性能材料的电感应

在通常情况下都存在这样一种复杂的信号感应（Riegler，2004）：在非均匀特性介质中的任意电荷运动，会在由任意线性网络互连的电极中感应出电压。

当材料的电导率可以忽略不计时，此时只考虑静电的因素，可以用 Ramo 定理（如第 3 章所述）或直接计算由于电荷在气隙中的移动而导致的电极表面电荷密度的变化。

当必须考虑电导率时，基本思想是在问题的静电解（例如式（4.14））中作替换 $\varepsilon \rightarrow \varepsilon + \sigma / u$ 并用拉普拉斯变换从频域（其中 u 是复频率）变到时域，提供与静电解为 $\delta(t)$ 脉冲对应的脉冲响应。其他情况可以通过叠加（卷积）来处理。这些问题最近已经在几种感兴趣的情形下得到应用（Riegler，2016）。

当电荷运动或电子响应时间长于材料的弛豫时间时，可以观察到与静电情况的偏离。这包括信号差异和横向信号扩散。对于典型的（玻璃或酚醛电极）RPC，极板的影响可以忽略不计，但用于施加高压的中等电阻率层可能会产生影响。图 4.24 展示了一个例子。

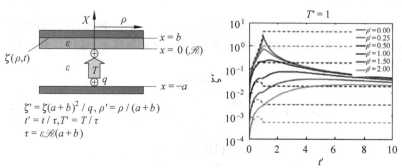

图 4.24　计算 $x = b$ 处电极上减小的感应电荷密度 $\zeta'(\rho, t)$ 的实例（有彩图）

电荷在 $T = \tau$ 时刻穿过间隙，然后穿过 $x = 0$ 处的薄电阻层。该图是由精减变量以后所绘制，其中 $\mathscr{R}$ 是中间层的面电阻率。为了比较，虚线对应于 $\mathscr{R} = 0$ 的静电情况。

该曲线显示当电荷穿过间隙的时间等于电阻层在 $x=0$ 处的弛豫时间时,对于径向坐标的不同值,感应表面电荷密度 ζ' 的大小是时间的函数。注意,感应电流密度与曲线的斜率成正比。

可以看出,靠近电荷的漂移路径,感应电荷首先上升然后下降,引起感应电流密度符号和电荷横向扩散的变化(类似微分)。经过足够长的减少时间,感应电荷在整个电极上变得相等。

4.5.4　多导体传输线中快信号的传播

通常 RPC 的读出电极是由一系列平行的条状电极组成的,这些电极放置在气室的一个面上,气室另一面则接地。这在定时 RPC 中是特别重要的,读出条的两端的平均时间与雪崩位置无关。

这种共存的长导体组称为多导体传输线,它们通过互容和互感相互耦合。(请注意,在这里我们并不是指当雪崩发生在靠近它们的分界线时,感应电荷共享的现象,而是电力变压器般的耦合。)对于一般情况下的精确理论(Djordjevié,Sarkar,1987)在被应用到 RPC 领域时(Riegler,Burgarth,2002),观察到它与 RPC 中的测量结果大体吻合(Gonzalez-Diaz et al.,2011)。

与这个问题有关的主要物理量如图 4.25 所示。N 个读出条具有自感电容、互感电容(C,C',C''等)和电感(L,L',L''等),最终具有串联电阻 R 和平行电导 G,并由两端的任意无源网络截止。在 RPC 中,电流 $I_0(t)$ 被注入位于 x_0 的一个读出条中,而条的总长为 D。其他情况可以通过叠加来处理。电压和电流波向两个方向传播,到达条末端电压为 $V_{T,n}$ 并在那里发生反射。

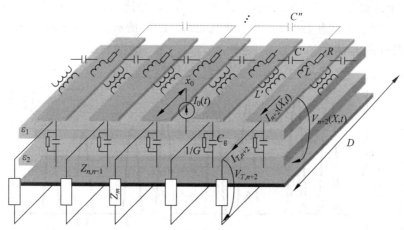

图 4.25　有关传输线问题和主要基本物理量的示意图
读出条之间的阻抗被忽略。

一般而言,会出现以下现象:

(1) 读出条之间的电容-电感耦合,引起串扰;

(2) 形成固定传播模式,每种模式都有不同的速度 w_m;

(3) 注入的信号可表示为各种模式的独特线性组合,并且模式的微分速度导致其去相干(或模式分散),进而造成信号变宽和额外串扰。

一般理论只能求出数值解,这样就模糊了对现象总体特征的描述。对于减少条数(2 或

5,Gonzalez-Diaz et al.,2011)或假定电极之间是弱耦合(Fonte,2013b)的情况,可以得到指导性的解析表达式,这对于分散导体系统如 RPC 是合理的,并且被观察结果证实(Gonzalez-Diaz et al.,2011)。

该问题只能由电极之间的自感电容和互感电容($C,C',C'',\cdots$)来表示,这些量形成电容矩阵,还需要给出除去电介质情况下的电极自感和互感电容($C_0,C'_0,C''_0,\cdots$),从中可以计算出电感(因为 $C^2=1/(LC_0)$)。因此,如果忽略材料的介电常数随频率的变化,只需要进行静电计算来说明线路特性。

在弱耦合近似中,C'' 和更高阶的交叉耦合是二阶的并且可以忽略,并且系统性质仅取决于以下量:

$$v = C'/C, \quad v_0 = C'_0/C_0 \tag{4.17}$$

模态速度谱仅包含在下式中:

$$|w_m - \langle w \rangle| \leqslant \Delta w = \underbrace{\frac{1}{\sqrt{LC}}}_{\langle w \rangle} |v - v_0| \tag{4.18}$$

如果通过电极和电介质的标准配置可实现(Gonzalez-Diaz et al.,2011)"补偿"$|v-v_0|=0$,则可以使上式无效。现实情况下的计算表明,模式色散 $1/\Delta w$ 可以达到 $1\mathrm{ns/m}$,这对于定时 RPC 是非常重要的。

对第二相邻条的电容感应串扰由下式给出:

$$\frac{V_{T,n+1}}{V_{T,n}} = \frac{R_T}{Z_C + R_T} \frac{v + v_0}{2} \tag{4.19}$$

其中 R_T 是(全部相等)终端电阻的值,并且 $Z_C = \sqrt{L/C}$ 是读出条的特征阻抗。在这个基本串扰的基础上,增加了模态去相干的额外串扰,如图 4.26 所示。在这个图中,举例说明了玻璃中的微小损耗的电容效应。

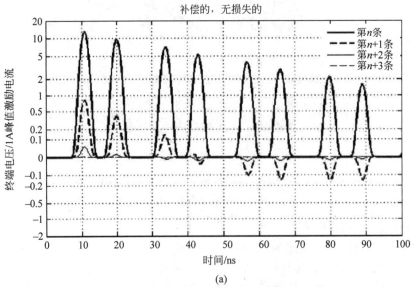

(a)

图 4.26　计算在多读出条 RPC(Fonte,2013b)中从雪崩所在读出条一直到第三个相邻条的单端可见信号的例子,比较补偿的无损失(a)和未补偿的有损失(b)的情况

第一个脉冲是直接传输信号,随后接着的脉冲是反射信号。特别要注意纵坐标是线性标度的。

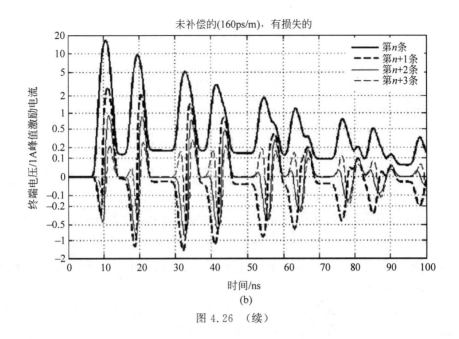

图 4.26　（续）

4.6　定时 RPC

　　现在,我们将集中讨论专门为时间分辨率优于纳秒级而设计的 RPC。在 ALICE 实验的飞行时间探测器研发工作的框架内,其 RPC 时间分辨率小于 100ps,同时其所需的面积超过 100m²,因此用光电倍增管读出塑料闪烁体条的标准技术是难以实现的。

　　继续前期关于(分辨率达 200ps)的窄气隙 RPC 的研究(ALICE collaboration,2000),通过大幅度减小四气隙 MRPC 中的气隙宽度,实现了时间分辨率优于 100ps 的可靠高效的探测器(Akindinov et al.,2001;Fonte et al.,2000,b)。

　　最初,人们将好的时间分辨率归因于将一个宽气隙分成了许多窄气隙,导致每个气隙中电子漂移引起的时间晃动减小。这是一个定性的解释,可能会引起误解。事实上,由于电场在气体中的任何地方都是均匀的,所以每个电子不管其产生位置在哪儿都会发展成雪崩,并且瞬时感应信号的幅度将仅取决于自初始电离以来经过的时间和雪崩初始电子数及其发展的统计涨落(见式(3.15))。这意味着,在某个特定时间,所有漂移雪崩对感应信号的平均贡献值均相同,因此,上述统计涨落就成为时间晃动的主要来源(见图 4.27)。澄清这一点的另一种方法是观察到信号感应发生在当雪崩仍然在间隙中漂移时而不是当它们到达阳极时。

　　为了阐明达到高时间精度的物理机制,人们进行了许多研究(Riegler et al.,2003;Lippmann,Riegler,2004;及其参考文献)。

　　人们发现一个主要方法是将气隙减少一个数量级(从毫米量级减小到十分之一毫米量级),这就大大增加了空间电荷效应(Fonte,Peskov,2002),并且有几个重要的积极结论(见图 4.27 中的描述):

　　(1)雪崩的初始阶段是与时间分辨率最为相关的(时间通常在雪崩仍然相对较小时测量)。有效第一汤森系数 α^* 开始可以很大,但由于空间电荷效应,后来 α^* 被降低了,这样雪崩最终就可以被控制在合理的大小(电荷量约为几个皮库)。因此,式(3.26)中确定基本时

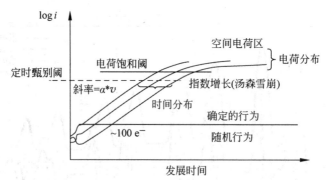

图 4.27 在雪崩的不同阶段,对于观察时间和电荷分布起源所做的定性描述

初始电流按时间呈指数增长,直到达到甄别阈。时间延迟与初始电荷所处的位置无关,观测到的定时抖动取决于雪崩和簇团统计行为(这是一种随机行为),并且与电流增长率(电离率)$\alpha^* v_d$ 成反比。

间尺度的电离率 $\alpha^* v_d$ 显著增加。第二个好处是窄气隙中的强电场会稍微增加电子漂移速度(de Urquijo et al.,2009)。

(2) 由于雪崩处于强烈饱和的状态,在靠近阴极的一半气隙内引发雪崩的所有初始电荷几乎被均等地放大。这允许大约一半的气隙对所沉积的任何初始电荷敏感,与其对照的是在正比工作模式中气体增益随初始电荷到阳极的距离而指数增长(参见 4.2 节中的讨论)。这个性能使得每个气隙对于最小电离粒子具有合理的效率(对于单个 0.3mm 气隙效率达 75%;Fonte,Peskov,2002)。

通常使用多气隙结构来实现全效率。这也在一定程度上改善了本征时间分辨率(见第 3 章),并且在 An 等人的研究中得到证实(2008)。

注意图 4.27 中电流增长斜率(即电离率)与时间分布宽度之间存在明显的反比关系。时间阈值到底应该设在汤森区域还是在空间电荷区域内,这是一个存在争议的问题。

如在方程(3.26)中显示的一样,可以得到计算单气隙 RPC 的时间分辨率的近似公式。遵循一般化的方法,使用基本上与式(3.26)相同的参数,可以推得在多气隙 RPC 中,时间标准偏差 σ_t 可以是渐近地(对于大量初级电荷)近似于

$$\sigma_t = \frac{1}{\sqrt{N_g \lambda g}} \frac{\mu}{\alpha^* v_d} = \sqrt{\frac{g}{N_g \lambda}} \frac{\mu}{(\alpha^* g) v_d} \tag{4.20}$$

其中,N_g 表示气隙的数量,g 表示气隙宽度,λ 是单位长度的簇数目,α^* 为有效第一汤森系数,v_d 是电子漂移速度,μ 是雪崩统计的因子,大约为 1,并说明了并非所有初级电离的贡献都是相等的这一事实(Gonzalez-Diaz et al.,2017)。

式(4.20)中的第一个公式表明,时间分辨率与气隙中产生的初始电荷总数($N_g \lambda g$)的平方根成反比,这是典型的与计数相关的统计误差。前面已经指出,此误差还与电离率 $\alpha^* v_d$ 成反比。

这个公式看起来似乎意味着降低 g 就会增加 σ_t,但是,实际上,g 和 α^* 不是独立变量。它们的乘积 $\alpha^* g$ 是在阴极开始雪崩的气体增益的自然对数,这个气体增益受到流光的限制,因此具有极限值。这反映在式(4.20)的第二项上,这项更准确地阐明了时间分辨率与 g 的关系。另外,如前所述,气隙 g 较小的空间电荷效应会更强,因此可以获得 $\alpha^* g$ 较大的初始值(见图 4.28),这些值随后会减小,从而将雪崩的大小保持在合理的值。

实际上,需要通过雪崩电荷来校正测量时间以实现最佳时间分辨率,因为我们已经观察

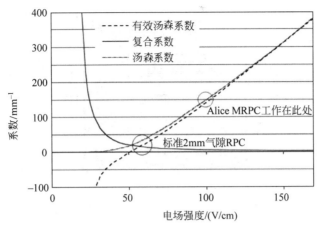

图 4.28　对于 90% $C_2H_2F_4$、5% SF6 和 5% i-C_4H_{10} 的混合气体，由 MAGBOLTZ 模拟程序计算出的第一汤森系数、复合系数和有效第一汤森系数值随电场的变化（Williams，2016；Courtesy of M. C. S. Williams）

到测量时间和电荷之间非常大的相关性。这种相关性可能只是由读出电路的带宽限制引起的，或者可能具有更深的物理起源，至今尚未确定。

已经测量出接近定时 RPC 中的时间甄别阈值水平的电离率约为 $9×10^9 \text{s}^{-1}$（Blanco et al.，2001），对于指数增长的信号，对应的信号带宽接近 1.5GHz。采用读出条两端读出的方法来精确测量前沿时间（Pestov-counter-like），这种方法又会导致特殊的串扰和扩散问题（Gonzalez-Diaz et al.，2011）。

根据当前的理解，图 4.27 定性描述了从单个电离簇开始的雪崩的不同阶段以及观测到的时间和电荷分布的起源。由于雪崩通常从气隙中任意位置开始发生，它们的总发展时间变化相当大。

从图 4.27 中还可以看出，基于检测信号及其延迟和放大信号之间交叉点的标准恒比甄别器不能用于指数增长的信号，因为在对数标度下这些操作仅仅导致曲线的平移而不产生任何交点。

实验已经证实，0.3mm 单气隙 RPC（Blanco et al.，2003）的时间分辨率可低至 60ps，但对于 3.5GeV/c 负 π 粒子，其效率仅为 75%。物理模型表明，对于具有多个气隙的探测器，其时间分辨率应该（渐近地）与气隙数的平方根成反比（见式（4.20））。2008 年 An 等人研制的两个相同的对称 RPC（每个 RPC 包括 12 个宽度为 $160\mu m$ 的气隙），采用高能平行 π 介子束流测量得到了 20ps 的时间分辨率（当今最高纪录）（图 4.29）（An et al.，2008）。

Ayyad，Blanco 和 Lopes 等人分别就定时 RPC 对高电离粒子（Ayyad et al.，2012；Cabanelas et al.，2009；Casarejos et al.，2012；Machado et al.，2015）、中子（Blanco et al.，2015）和 γ 光子（Lopes et al.，2007）的响应也做了研究。

目前较好的探测器结构是对称的多读出条多气隙定时 RPC（Blanco et al.，2001；Petrovici et al.，2003）。宽读出条（宽度达数厘米）通常须与垂直于读出条方向上的位置分辨率要求相匹配。这些读出条通过快速（具有定时功能的）放大器在两端读出，而通过两端信号之间的时间差确定读出条方向位置，定位精度同样为几厘米。由于这种几何结构仅从读出条端部读出，可以覆盖大面积区域，并且具有（厘米级）二维位置分辨率和较好时间分辨率，因此许多研究组都致力于该项研究。详情可以在以下参考文献中找到，其对应于本领域主要研究组的近期工作（Abbrescia et al.，2008；Babkin et al.，2016；Deppner et al.，2016；Petriş et al.，

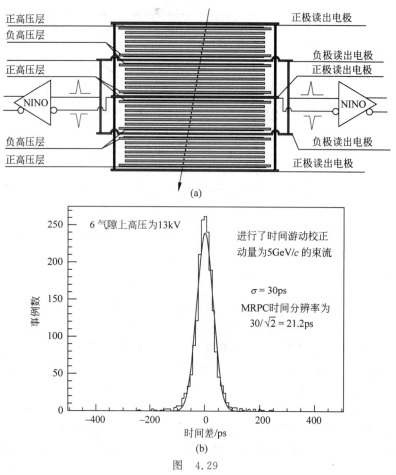

图 4.29

(a) 一个 20ps 时间分辨率 RPC 的结构(An et al.,2008,经 Elsevier 许可转载)和(b)相应的时间分辨率图

2016；Shi,2014；Tomida,2016；Wang et al.,2016a,b)和一些参考文献。然而,这种类型的探测器分辨多击中粒子的能力(对于几乎同时击中相邻的读出条的多粒子的正确时间响应)仍有待确立(Wang et al.,2010)。经测试过的安全(但设计工作量较大)替代方案是使用单独屏蔽的 RPC 单元(Belver et al.,2009)。

正如 3.5.5 节所讨论的那样,科学家们还研究了具有精确时间分辨率和二维位置分辨率的探测器。

4.7　当探测器工作在流光和雪崩模式时前端电路的重要性

以流光模式工作的大多数 RPC 会产生大信号,其输出电荷量甚至高达 1nC,远大于多丝正比室(MWPC)产生信号的电荷量。然而,从计数率能力方面考虑(在第 7 章将详细讨论),输出电荷量应该减少,这可以通过在混合气体中加入适量的 SF_6 来减少流光电荷(Arnaldi et al.,2000),也可以使探测器工作在雪崩模式(Camarri et al.,1998；Koreshev et al.,2000)。具有亚毫米气隙的定时 RPC 的出现进一步减少了所得信号的电荷量。

在流光模式下,只需要很小或不需要前端放大,探测器电极通常直接连接到逻辑门(见表 4.1)。

表 4.1　在最近的实验中所使用 RPC 的前端电子系统的特性总结以及一些相关的设计原型

	实验/合作组	技术/芯片名称	技术类型	电荷增益/(V/pC)	增益[a]	带宽或上升时间[b]	输入等效噪声	输入阻抗/Ω	功耗/通道(mW)	时间分辨率	参考文献
流光模式	ALICE-Muon	0.8μm BiCMOS 8通道 ASIC"ADULT"	双阈值比较器		700		100μV		90		（Royer et al.，2000）；（Arnaldi et al.，2005）
	ALICE-Muon	0.35μm CMOS 8通道 ASIC"FEERIC"	电流放大+比较	0.33	25	130kHz	2mV 或 6fC	50	60	<400ps@>100fC	（Manen et al.，2013）
	ARGO	见 ATLAS	电压放大+具有输入衰减的比较器								（Aielli et al.，2001）
	BaBar	分离 BJT	有偏级联放大器，70mV 固定阈值								（Cavallo et al.，1996，1998）
	Belle	MAX908 CPD	比较器			12ns			3.5		（Abashian et al.，2000）
	Daya Bay，BESIII muon	CMP401GS	四比较器			几纳秒			42		（Ablikim，2009）；（Yang et al.，2010）
	OPERA（触发+反符合）	SN75LVDS386 16通道 LVDS 线性接收器	比较器			0.8ns	几毫伏	10^5	10		（Balsamo et al.，2012）
雪崩模式	ATLAS	0.5μm GaAs MESFET 8通道 ASIC	电压放大+具有输入变压器的三级比较器		1500	50~150MHz	50mV/1500=33μV	2000	22		（Giannini et al.，1999）
	CALICE	0.35μm SiGe 64通道 ASIC"HARDROC"	电流放大+三级比较(1：10：100)+附加电荷输出	≤2		15~25ns	"Low"	"Low"			（Dulucq et al.，2010）
	CALICE	0.25μm CMOS 64通道 ASIC"DCAL"	比较器								（Adams et al.，2016）
	CMS, PHENIX	0.8μm BiCMOS 8通道 ASIC	电流放大+比较	0.5		"Low"	1.7fC	15	45		（Abbrescia et al.，2000）
	INO	0.35μm CMOS ASIC "ANUSPARSH"	差分电流放大+比较		6V/mA	"Low"			45	72ps	（Chandratre et al.，2015）
时间测量	ALICE TOFSTARBE-SIII TOFEEE	0.25μmCMOS 8通道 ASIC"NINO"	具有级联输入的差分电压放大+比较	1.8		1ns	<0.8fC	40~75	30	70ps@100fC 20ps@>200fC	（Anghinolfi et al.，2004）
	FOPI	分离器件 MMIC，4通道卡	2增益级+比较	400		1GHz	20μV	50	1850	7ps @5mV	（Ciobanu et al.，2007）

续表

实验/合作组		技术/芯片名称	技术类型	电荷增益/(V/pC)	增益[a]	带宽或上升时间[b]	输入等效噪声	输入阻抗/Ω	功耗/通道(mW)	时间分辨率	参考文献
时间测量	HADES	分离器件 MMIC, 4 通道卡	1 增益级+比较		60	2GHz	300μV	50	500	40ps@40fC 17ps@>100fC	(Belver et al., 2010)
	HARP	分离 BJT, 8 通道	8 通道和前放	0.1		<1ns	<10fC	30	350/8	<25ps@200fC	(Ammosov et al., 2007)
	LEPS	分离器件 MMIC, 8 通道卡	2 增益级+比较		200	2GHz					(Tomida et al., 2014)
	电子学原型机	分离器件 MMIC	两级电压放大		40	2.5GHz	3.2fC	50		<10ps@ >100 fC	(Blanco et al., 2001)
		MAX3664	跨阻放大		6000	590MHz	55nA	0(虚地)	1200		(Llope, 2008)
		0.18μm CMOS ASIC "PADI"	级联输入差分放大+比较器		60	180MHz	32μV	48~58	30	<10ps@ >10mV	(Giobanu et al., 2008,2012)
		分离的 Si-Ge BJT	2 级增益	2~6		30~100MHz 100~300ps	0.08fC	50~200	2		(Cardarelli et al., 2013)

[a] 代表集成比较器时输入级的值；

[b] 对于上升时间为1ns的理想矩形输入信号，其带宽约为300MHz。

但在雪崩模式下,需要适当的放大器,而且在定时 RPC 中对放大器的带宽有特殊要求。设计的解决方案有很多,可根据特定需求量身定制。自然而然,随着电子技术的不断发展,新的解决方案将会不断提出。

在表 4.1 中,我们尝试总结主要用于 RPC 的前端放大器和集成解决方案的特性,以及一些有趣的原型机。

4.8 通过二次电子发射提高灵敏度的尝试

20 世纪 90 年代进行了许多改进 RPC 性能的有趣研究,我们现在来了解一下如何使用二次电子发射技术以及微带读出技术。前者用于提高电离粒子的探测效率,并因此扩大了可使用的气体种类,包括使用不可燃气体混合物;使用微带读出技术甚至可以达到几十微米的高空间分辨率。

通过 RPC 电极的带电粒子可以产生二次电子和 δ 电子。这些电子的典型动能范围从几个到一百个电子伏特,因此,在电极表面附近产生的电子可能逸出而进入气体中,如图 4.30(a)所示。

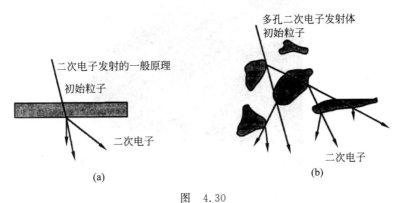

图 4.30

(a) 二次电子发射的一般原理;(b) 当使用多孔表面时增强二次电子发射的示意图

这些电子的逸出机制与光电效应情况下的光电子发射非常相似,这就是为什么一般来说,良好的光电阴极也是良好的二次电子发射体的原因。因此,为了增强二次电子发射的效果,可以在 RPC 阴极覆盖一层光电发射材料。我们知道,最好的二次电子发射体是碱金属卤化物,如 CsI、KCl 等。

需要考虑的另一个要点是二次电子发射体的结构。例如,多孔结构因为有许多独立的供二次电子逸出的表面,能够提供更好的电子产额。在非常高的电压下,这些电子甚至可能会产生二次电子,所以可能会出现一定程度的倍增,如图 4.30(b)所示(有关该效应的进一步描述,请参见文献(Gavalian et al.,1994))。

Anderson 等人报道了其电极与 CsI 二次电子发射体结合的 RPC 的第一个测试结果(1994)。正如预期的那样,已经证明通过 RPC 的 β 粒子可以从 CsI 层产生几个额外的电子。由于在平行板的几何中,气体增益与初始电子和阳极的距离成指数关系,因此从阴极发射的电子将产生最大的雪崩。由于这个原因,从阴极发射的电子可以为 RPC 效率和时间分辨率做出重要贡献。因此,在探测器的几何结构不变时,不仅可以使用更多种类的工作气体,而且在某些情况下,可以获得更好的时间分辨率。具有 CsI 涂层的 RPC 的另一个重要优势是对射线的入射方向具有选择性,即对斜入射的粒子几乎不敏感,这特别是在使用宽气隙时会成为问题。

Cerron Zeballos(1996),Crotty(1996)和 Cerron Zeballos(1997a)等人对宽和窄气隙RPC 与二次电子发射体结合进行了系统研究和报道。除了平面和多孔 CsI 阴极之外,还测试了一些其他良好光电阴极的发射体:如 SbC、二(乙基二茂铁)汞(下文中的 DEFM)、TiO₂、金属有机化合物,甚至 TEA(三乙胺)和 TMAE(四(二甲氨基)乙烯)液体层。在使用液体层时,需要冷却阴极以确保液体层适当凝结(Francke et al.,2016)。

虽然最好的结果是在实验室用 SbC 发射体得到的(Cerron Zeballos et al.,1997a),但实际上我们更偏向于使用多孔 CsI 或多晶 DEFM 层(见图 4.31),因为,SbC 不仅难以大规模生产,而且电子产额在非清洁气体中也降低得非常快。在含有低浓度淬灭剂(例如 He＋10％乙烷)的氦气混合物中也观察到很明显的二次电子发射效应,而由入射粒子在气体中的初始电离电子的贡献却微乎其微。作为例子说明,图 4.32～图 4.34 中给出了在各种条件下得到的脉冲幅度谱。

图 4.31　采用放大 2500 倍拍摄到的二(乙基二茂铁)汞的照片

图中白线长 10μm。

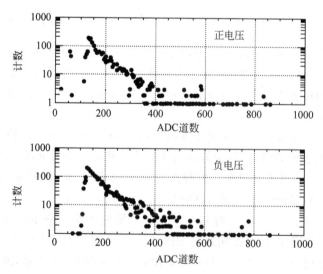

图 4.32　当两个电极没有涂覆任何二次电子发射体时,从未接地的正负高压电极(另一端连接到电荷灵敏放大器)读出的信号脉冲幅度谱

由异丁烷与 He 组成的工作气体压强为 9.8Torr。

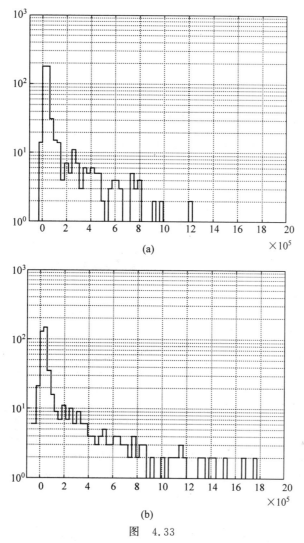

图　4.33

图(a)和图(b)分别表示一个窄气隙(0.1mm)RPC 在一束粒子作用下在正负高压端输出信号的典型脉冲幅度谱，
RPC 的一个电极涂覆有 CsI 层。混合气体是 $He+18\%C_4H_{10}$。X 坐标以电子数量表示。

　　在这两种情况下，当电极没有被二次电子发射体覆盖时，相应于加在气隙上高压的正极性或负极性的输出脉冲幅度谱是相同的(图 4.32)。相反，当其中一个电极(如阴极)被电子发射体覆盖时，在不同极性高压端记录到的脉冲幅度谱会出现明显差异(图 4.33 和图 4.34)。这是证明二次电子源自电子发射体的直接证据。

　　当然脉冲幅度谱的形状取决于外加电压。这些文献的作者提到，根据实际情况，每个入射粒子有 1～3 个二次电子从电子发射体中发射出来。通过比较给定脉冲幅度谱的平均值与用紫外光得到的单电子谱的平均值来估计平均二次电子发射数。最终结果是，相对于标准 RPC，使用二次电子发射体的窄气隙 RPC 中的探测效率增加了。例如，在图 4.35 中，对应于 $10^4～2\times10^5$ 个电子的甄别阈值范围，效率增加了约 2 倍。

　　在同一系列实验(Cerron Zeballos，1996；Crotty et al.，1996；Cerron Zeballos et al.，1997b)中，首次尝试使用标准的 8mm 宽气隙 RPC 和 0.9mm 厚蜜胺膜电极获得高位置分辨率。在这种情况下，RPC 的阳极配备有薄的读出条，读出条宽 $280\mu m$，间隙 $100\mu m$，这样读出条

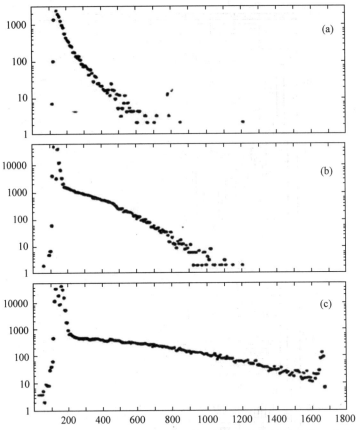

图 4.34　5mm 宽气隙 RPC,工作气体为 He+7％乙烷,其中一个电极用多晶 DEFM 二次电子发射
　　　　体涂覆,在 6.5kV 高压下获得的信号脉冲幅度分布(Crotty et al. ,1996)
　　(a) 用灯获得的单电子谱。图(b)和图(c)的气隙中电场极性相反。X 坐标数值是脉冲幅度分析器道数值。

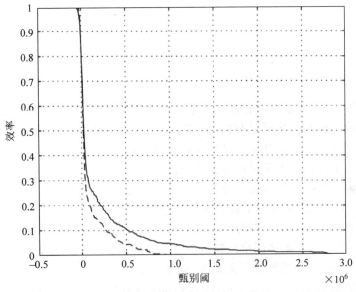

图 4.35　气隙宽度为 0.1mm,内部电极表面覆盖 CsI 转换层(实线)的 RPC 的效率与电子学阈值(以
　　　　"雪崩中的电子数"为单位表示)之间的关系
　　为了比较,同时也显示出了粒子束流仅与气体相互作用而产生的效率(虚线)。使用的混合气体是 85％$C_2H_2F_6$+
5％C_4H_{10}+10％SF_6。

总宽度为 $380\mu m$。阴极是一个单块状电极,通过 $1M\Omega$ 电阻连接到高压电源。首先在位于 CERN PS 东厅的 T9 测试设备处用 π 介子束测试了空间分辨率,然后在实验室中用准直 X 射线源进行测试。在这两种情况下,达到了相近的空间分辨率结果。

举例说明,使用 X 射线枪测量的重心分布宽度如图 4.36 所示。可以看出,这种分布的半高宽(FWHM)是 $115\mu m$。然而,请注意,该宽度除了固有探测器空间分辨率以外包括很多因素:准直器宽度($100\mu m$)、射线发散角($20\mu m$)和电子噪声($22\mu m$)。如果用总分布宽度的正交方式减去这些贡献,则可以估计其本征空间分辨率(与气隙中雪崩的尺寸和读出条上感应出的可检测信号的面积有关),估计其 FWHM 约 $48\mu m$。

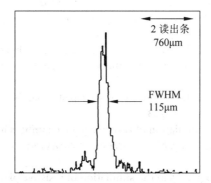

图 4.36　使用 X 射线发生器测量 RPC 的空间分辨率

该 RPC 读出条宽度为 $280\mu m$(读出条间隙为 $100\mu m$,因此读出条总宽度为 $380\mu m$)。X 轴的刻度显示在图的右上角。

后来,利用具有约 $5\mu m$ 厚多孔 CsI 层覆盖阴极的微间隙(0.1mm 厚气隙)RPC 实现了更好的空间分辨率。阳极由特殊类型的玻璃制成,称为 Desag 玻璃,并覆盖有 $30\mu m$ 宽的阳极铬读出条。每个读出条连接到电荷灵敏放大器,为了进行位置测量,使用准直的 X 射线束,以非常小的角度击中阴极,同时测量来自所有读出条的计数数量。根据 X 射线束的位置,从一个或两个相邻的条测量最大计数率。读出条上的计数分布(如图 4.37 所示)表明,在这些条件下,可以实现优于 $30\mu m$ 的位置分辨率。请注意,这是在一个简单的逐条计数模

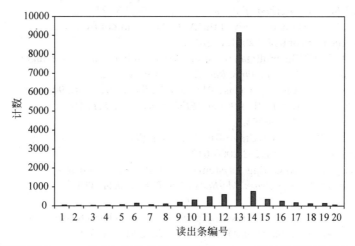

图 4.37　当用准直缝宽度为 $30\mu m$ 的 25keV X 射线束照射时,0.1mm 微气隙 RPC 的阴极读出条上计数分布

实验中将射线束对准第 13 号读出条,使用的工作气体是 $40\%Xe + 40\%Kr + 20\%CO_2$。

式下获得的，无须使用任何额外的信号处理（例如电荷重心法）。这种良好的位置分辨率是可能的，因为转换体和放大区域之间没有中间漂移空间。当 RPC 工作气体为 $40\%Xe+40\%Kr+20\%CO_2$ 时，对 20keV X 射线的效率为百分之几。我们还观察到，即使没有二次电子转换体，在射线束几何形状相同的情况下也可以实现相同的位置分辨率（$\sim 30\mu m$），但在这种情况下效率相应低些。

参考文献

Abashian, A. *et al.* (2000) The K(L)/mu detector subsystem for the BELLE experiment at the KEK B-factory. *Nucl. Instrum. Methods Phys. Res., Sect. A,* **449,** 112–124.

Abbrescia, M. (2003) The dynamic behaviour of resistive plate chambers. Talk Given for the VII Workshop on Resistive Plate Chambers and Related Detectors, Clermont-Ferrand.

Abbrescia, M. (2004) The dynamic behaviour of resistive plate chambers. *Nucl. Instrum. Methods Phys. Res., Sect. A,* **533,** 7.

Abbrescia, M. *et al.* (1999a) The simulation of resistive plate chambers in avalanche mode: charge spectra and efficiency. *Nucl. Instrum. Methods Phys. Res., Sect. A,* **431,** 413–427.

Abbrescia, M. *et al.* (1999b) Progresses in the simulation of resistive plate chambers in avalanche mode. *Nucl. Phys. B (Proc. Suppl.),* **78,** 459–446.

Abbrescia, M. *et al.* (2000) New developments on front-end electronics for the CMS resistive plate chambers. *Nucl. Instrum. Methods Phys. Res., Sect. A,* **456,** 143–149.

Abbrescia, M. *et al.* (2008) Performance of a six gap MRPC built for large area coverage. *Nucl. Instrum. Methods Phys. Res., Sect. A,* **593,** 3.

Ablikim, M. (2009) The BESIII collaboration, Design and Construction of the BESIII Detector, arXiv:0911.4960.

Adams, C. *et al.* (2016) Design, Construction and Testing of the Digital Hadron Calorimeter (DHCAL) Electronics, arXiv:1603.01654v1.

Adinolfi, M. *et al.* (2000) Performance of low-resistivity single and dual-gap RPCs for LHCb. *Nucl. Instrum. Methods Phys. Res., Sect. A,* **456,** 95–98.

Aielli, G. *et al.* (2001) A systematic study of the ARGO experiment front-end electronics. Proceedings of ICRC 2001, p. 2862.

Akindinov, A. *et al.* (2000) The multigap resistive plate chamber as a time-of-flight detector. *Nucl. Instrum. Methods Phys. Res., Sect. A,* **456,** 16–22.

Akindinov, A. *et al.* (2001) A four-gap glass-RPC time of flight array with 90 ps time resolution, ALICE note ALICE-PUB-99-34. *IEEE Trans. Nucl. Sci.,* **48,** 1658–1663. doi: 10.1109/23.960353.

ALICE collaboration (2000) ALICE time-of-flight system (TOF): technical design Report. Alice-TDR-8; CERN-LHCC-2000-012.

Aloisio, A. *et al.* (1996) The RPC trigger system of the F/B muon spectrometer at the L3 experiment. *Nucl. Instrum. Methods Phys. Res., Sect. A,* **379,** 552–554.

Ammosov, V. *et al.* (2007) The HARP resistive plate chambers: characteristics and physics performance. *Nucl. Instrum. Methods Phys. Res., Sect. A,* **578,** 119–138.

An, S. *et al.* (2008) A 20ps timing device — a multigap resistive plate chamber with 24 gas gaps. *Nucl. Instrum. Methods Phys. Res., Sect. A,* **594,** 39–43.

Anderson, D.F. *et al.* (1994) High counting rate resistive-plate chamber. *Nucl. Instrum. Methods Phys. Res., Sect. A*, **348**, 324.

Anghinolfi, F., Jarron, P., Krummenacher, F., Usenko, E., and Williams, M.C.S. (2004) NINO: an ultrafast low-power front-end amplifier discriminator for the time-of-flight detector in the ALICE experiment. *IEEE Trans. Nucl. Sci.*, **51** (5).

Arnaldi, R. *et al.* (2000) Study of the resistive plate chambers for the ALICE Dimuon arm. *Nucl. Instrum. Methods Phys. Res., Sect. A*, **456**, 73–76.

Arnaldi, R. *et al.* (2005) Front-end electronics for the RPCs of the ALICE Dimuon trigger. *IEEE Trans. Nucl. Sci.*, **52** (4).

Assis, P. *et al.* (2016) A large area TOF-tracker device based on multi-gap Resistive Plate Chambers. *JINST*, **11**, C10002.

Ayyad, Y. *et al.* (2012) First results with RPC prototypes for the detection of relativistic heavy-ions at the R3B experiment. *Nucl. Instrum. Methods Phys. Res., Sect. A*, **661**, 141.

Babkin, V.A. *et al.* (2016) Development of the MRPC for the TOF system of the MultiPurpose Detector. *JINST*, **11**, C06007.

Balsamo, E. *et al.* (2012) The OPERA RPCs front end electronics; a novel application of LVDS line receiver as low cost discriminator. *JINST*, **7**, P11007.

Belver, D. *et al.* (2009) The HADES RPC inner TOF wall. *Nucl. Instrum. Methods Phys. Res., Sect. A*, **602**, 687–690.

Belver, D. *et al.* (2010) Performance of the low-jitter high-gain/bandwidth front-end electronics of the HADES tRPC wall. *IEEE Trans. Nucl. Sci.*, **57** (5), 2848–2856.

Blanco, A., Carolino, N., Fonte, P., and Gobbi, A. (2001) A new front-end electronics chain for timing RPCs. *IEEE Trans. Nucl. Sci.*, **48** (4), 1249.

Blanco, A. *et al.* (2003) Single-gap timing RPCs with bidimensional position-sensitive readout for very accurate TOF systems. *Nucl. Instrum. Methods Phys. Res., Sect. A*, **508**, 70–74.

Blanco, A. *et al.* (2015) Performance of timing resistive plate chambers with relativistic neutrons from 300 to 1500 MeV. *JINST*, **10**, C02034.

Cabanelas, P. *et al.* (2009) Performances of 4-gap timing RPCs for relativistic ions in the range Z=1–6. *JINST*, **4**, P11007.

Camarri, P., Cardarelli, R., Di Ciaccio, A., and Santonico, R. (1998) Streamer suppression with SF6 in RPC's operated in avalanche mode. *Nucl. Instrum. Methods Phys. Res., Sect. A*, **414**, 317–324.

Carboni, G. *et al.* (2003) A model for RPC detectors operating at high rate. *Nucl. Instrum. Methods Phys. Res., Sect. A*, **498**, 135.

Cardarelli, R. *et al.* (2013) Performance of RPCs and diamond detectors using a new very fast low noise preamplifier. *JINST*, **8**, P01003.

Casarejos, E. *et al.* (2012) Detection efficiency of relativistic heavy-ions with resistive-plate chambers. *Nucl. Instrum. Methods Phys. Res., Sect. A*, **674**, 39.

Cavallo, N. *et al.* (1996) Front-End Card Design for the RPC Detector at BaBar. INFN/TC-96/22.

Cavallo, N. *et al.* (1998) Electronics design of the front-end for the RPC Muon detector at BaBar. *Nucl. Phys. B (Proc. Suppl.)*, **61B**, 545–550.

Cerron Zeballos, E. (1996) New developments on RPC: secondary electron emission and microstrip readout. Proceedings of 3rd International Workshop on Resistive Chambers and Related Detectors. Scientifica Acta, vol. **XI**, p. 45.

Cerron Zeballos, E. *et al.* (1996a) A comparison of the narrow gap and wide gap resistive plate chamber. *Nucl. Instrum. Methods Phys. Res., Sect. A*, **373**, 35–42.

Cerron Zeballos, E. *et al.* (1996b) A new type of resistive plate chamber: the multigap RPC. *Nucl. Instrum. Methods Phys. Res., Sect. A*, **374**, 132–136.

Cerron Zeballos, E. *et al.* (1997a) Latest results from the multigap resistive plate chamber. *Nucl. Instrum. Methods Phys. Res., Sect. A*, **392**, 145–149.

Cerron Zeballos, E. *et al.* (1997b) Resistive plate chambers with secondary electron emitters and microstrip readout. *Nucl. Instrum. Methods Phys. Res., Sect. A*, **392**, 150.

Cerron Zeballos, E. *et al.* (1999) A very large multigap resistive plate chamber. *Nucl. Instrum. Methods Phys. Res., Sect. A*, **434**, 362.

Chandratre, V. B. *et al.*, ANUSPARSH-II frontend ASIC for avalanche mode of RPC detector using regulated cascode trans-impedance amplifier, *Proc. DAE-BRNS Symp. Nucl. Phys.* **60** (2015), http://www.sympnp.org/proceedings/60/G13.pdf (accessed 21 November 2017).

Ciobanu, M. *et al.* (2007) A front-end electronics card comprising a high gain/high bandwidth amplifier and a fast discriminator for time-of-flight measurements. *IEEE Trans. Nucl. Sci.*, **54** (4), 1201.

Ciobanu, M. *et al.* (2008) PADI, a fast preamplifier – discriminator for time-of-flight measurements. IEEE Nuclear Science Symposium Conference Record, N30-18 (2008) 2018–2024.

Ciobanu, M. *et al.* (2012) PADI-6 and PADI-7, new ASIC prototypes for CBM ToF. GSI Scientific Report 2012 PHN-SIS18-ACC-35, https://repository.gsi.de/record/52186/files/PHN-SIS18-ACC-35.pdf (accessed 28 October 2017).

Colucci, A. *et al.* (1999) Measurement of drift velocity and amplification coefficient in $C_2H_2F_4$–isobutane mixtures for avalanche-operated resistive-plate counters. *Nucl. Instrum. Methods Phys. Res., Sect. A*, **425**, 84–91.

Crotty, I. *et al.* (1995) The wide gap resistive plate chamber. *Nucl. Instrum. Methods Phys. Res., Sect. A*, **360**, 512–520.

Crotty, I. *et al.* (1996) A new resistive plate chamber with secondary electron emitters and two dimensional MIicrostrip readout. IEEE Nuclear Science Symposium. Conference Record, vol. **1**, p. 362.

de Urquijo, J. *et al.* (2009) Electron swarm coefficients in 1,1,1,2 tetrafluoroethane (R134a) and its mixtures with Ar. *Eur. Phys. J. D*, **51** (2), 241–245.

Deppner, I. *et al.* (2016) Performance studies of MRPC prototypes for CBM. *JINST*, **11**, C10006.

Djordjević, A.R. and Sarkar, T.K. (1987) Analysis of time response of lossy multiconductor transmission line networks. *IEEE Trans. Microwave Theory Tech.*, **35** (10), 898–908.

Dulucq, F. *et al.* (2010) HARDROC: readout chip for CALICE/EUDET digital hadronic calorimeter. Nuclear Science Symposium Conference Record (NSS/MIC), IEEE. doi: 10.1109/NSSMIC.2010.5874060.

Fonte, P. (2002) Applications and new developments in resistive plate chambers. *IEEE Trans. Nucl. Sci.*, **49** (3), 881–887.

Fonte, P. (2013a) Survey of physical modelling in resistive plate chambers. *JINST*, **8**. doi: 10.1088/1748-0221/8/11/p11001.

Fonte, P. (2013b) Frequency-domain formulation of signal propagation in multistrip resistive plate chambers and its low-loss, weak-coupling analytical approximation. *JINST*, **8**, P08007.

Fonte, P., Ferreira Marques, R., Pinhão, J., Carolino, N., and Policarpo, A. (2000) High resolution RPCs for large TOF systems. *Nucl. Instrum. Methods Phys. Res.*,

Sect. A, **449**, 295. doi: 10.1016/S0168-9002(99)01299-1.

Fonte, P. and Peskov, V. (2002) High-resolution TOF With RPCs. *Nucl. Instrum. Methods Phys. Res., Sect. A*, **477**, 17–22.

Fonte, P., Smirnitski, A., and Williams, M.C.S. (2000) A new high-resolution time-of-flight technology. *Nucl. Instrum. Methods Phys. Res., Sect. A*, **443**, 201–204. doi: 10.1016/S0168-9002(99)01008-6.

Fonte, P. *et al.* (2000) Micro-gap parallel-plate chambers with porous secondary electron emitters. *Nucl. Instrum. Methods Phys. Res., Sect. A*, **454**, 260.

Francke, T. *et al.* (2016) *Position-Sensitive Gaseous Photomultipliers: Research and Applications*, IGI Global, USA.

Garritano, L. *et al.* (2015) An educational activity: building a MRPC, world. *J. Chem. Educ.*, **3** (6), 150–159. doi: 10.12691/wjce-3-6-4.

Gavalian, V.G. *et al.* (1994) Multiwire particle detectors based on porous dielectric layers. *Nucl. Instrum. Methods Phys. Res., Sect. A*, **350**, 244.

Giannini, F., Limiti, E., Orengo, G., and Cardarelli, R. (1999) An 8 channel GaAs IC front-end discriminator for RPC detectors. *Nucl. Instrum. Methods Phys. Res., Sect. A*, **432**, 440–449.

Gonzalez-Diaz, D., Chen, H.S., and Wang, Y. (2011) Signal coupling and signal integrity in multi-strip resistive plate chambers used for timing applications. *Nucl. Instrum. Methods Phys. Res., Sect. A*, **648**, 52.

González-Díaz, D. *et al.* (2006) An analytical description of rate effects in timing RPCs. *Nucl. Phys. B (Proc. Suppl.)*, **158**, 111.

D. Gonzalez-Diaz *et al.*, Detectors and Concepts for sub-100 ps timing with gaseous detectors, 2017 **JINST 12** C03029.

Kiš, M. *et al.* (2011) A multi-strip multi-gap RPC barrel for time-of-flight measurements. *Nucl. Instrum. Methods Phys. Res., Sect. A*, **646**, 27–34.

Koreshev, V., Ammosov, V., Ivanilov, A., Sviridov, Y., Zaets, V., and Semak, A. (2000) Operation of narrow gap RPC with tetrafluoroethane based mixtures. *Nucl. Instrum. Methods Phys. Res., Sect. A*, **456**, 46–49.

Lee, K.S. *et al.* (2012) Tests of multigap RPCs for high-η triggers in CMS. *JINST*, **7**, P10009.

Lippmann, C. and Riegler, W. (2004) Space charge effects in resistive plate chambers. *Nucl. Instrum. Methods Phys. Res., Sect. A*, **517**, 54.

Lippmann, C., Riegler, W., and Kalweit, A. (2006) Rate effects in resistive plate chambers. *Nucl. Phys. (Proc. Suppl.)*, **158**, 127.

Llope, W.J. (2008) Simple front-end electronics for multigap resistive plate chambers. *Nucl. Instrum. Methods Phys. Res., Sect. A*, **596**, 430–433.

Lopes, L. *et al.* (2007) Accurate timing of gamma photons with high-rate resistive plate chambers. *Nucl. Instrum. Methods Phys. Res., Sect. A*, **573**, 4.

Machado, J. *et al.* (2015) Performance of timing Resistive Plate Chambers with protons from 200 to 800 MeV. *JINST*, **10**, C01043.

Manen, S. *et al.* (2013) FEERIC, a very-front-end ASIC for the ALICE Muon trigger resistive plate chambers. Nuclear Science Symposium and Medical Imaging Conference (NSS/MIC), IEEE. doi: 10.1109/NSSMIC.2013.6829539.

Mangiarotti, A. *et al.* (2006) On the deterministic and stochastic solutions of space charge models and their impact on high resolution timing. *Nucl. Phys. B (Proc. Suppl.)*, **158**, 118–122. doi: 10.1016/j.nuclphysbps.2006.07.024.

Park, S. *et al.* (2005) Production of gas gaps for the forward RPCs of the CMS experiment. *Nucl. Instrum. Methods Phys. Res., Sect. A*, **550**, 551–558.

Petriş, M. *et al.* (2016) Time and position resolution of high granularity, high counting rate MRPC for the inner zone of the CBM-TOF wall. *JINST*, **11**, C09009.

Petrovici, M. *et al.* (2003) Multistrip multigap symmetric RPC. *Nucl. Instrum. Methods Phys. Res., Sect. A*, **508**, 75–78.

Raether, H. (1964) *Electron Avalanches and Breakdowns in Gases*, Butterworths, London.

Rees, J.A. (ed.) (1973) *Electrical Breadown of Gases*, The MacMillan Press, Ltd., London.

Riegler, W. (2004) Extended theorems for signal induction in particle detectors VCI 2004. *Nucl. Instrum. Methods Phys. Res., Sect. A*, **535**, 287–293.

Riegler, W. (2016) Electric fields, weighting fields, signals and charge diffusion in detectors including resistive materials. *JINST*, **11**, P11002.

Riegler, W. and Burgarth, D. (2002) Signal propagation, termination, crosstalk and losses in resistive plate chambers. *Nucl. Instrum. Methods Phys. Res., Sect. A*, **481**, 130–143.

Riegler, W., Lippmann, C., and Veenhof, R. (2003) Detector physics and simulation of resistive plate chambers. *Nucl. Instrum. Methods Phys. Res., Sect. A*, **500**, 144–162. doi: 10.1016/S0168-9002(03)00337-1.

Royer, L., Böhner, G., and Lecoq, J. (2000) A Front-End ASIC for the Dimuon Arm Trigger of the ALICE Experiment. CERN-ALI-2000-015; CERN-ALICE-PUB-2000-015.

Santonico, R. and Cardarelli, R. (1981) Development of resistive plate counters. *Nucl. Instrum. Methods Phys. Res.*, **187**, 377.

Shao, M. *et al.* (2006) Simulation study on the operation of a multi-gap resistive plate chamber. *Meas. Sci. Technol.*, **17**, 123–127.

Shi, L. (2014) A high time and spatial resolution MRPC designed for muon tomography. *JINST*, **9**, C12038.

Tomida, N. (2016) Performance of TOF-RPC for the BGOegg experiment. *et al.*, *JINST*, **11**, C11037.

Tomida, N. *et al.* (2014) Large strip RPCs for the LEPS2 TOF system. *Nucl. Instrum. Methods Phys. Res., Sect. A*, **766**, 283–287.

Wang, X.Z. *et al.* (2016a) The upgrade system of BESIII ETOF with MRPC technology. *JINST*, **11**, C08009.

Wang, Y. *et al.* (2010) Crosstalk research of long strip timing RPC. Nuclear Science Symposium Conference Record (NSS/MIC), 2010 IEEE. doi: 10.1109/NSSMIC.2010.5873868.

Wang, Y. *et al.* (2016b) Development and test of a real-size MRPC for CBM-TOF. *JINST*, **11**, C08007.

Williams, M.C.S. (2016) The multi gap RPC: why do they work so well. Talk Given at the XIII Workshop on Resistive Plate Chambers and Related Detectors, Gent.

Yang, H. *et al.* (2010) Towards an efficient prototype of a RPC detector readout system for the Daya bay neutrino experiment. *IEEE Trans. Nucl. Sci.*, **57** (4), 2371–2375.

第 5 章

RPC 在高能物理实验中的应用

本章将会从发展历史、测试结果和技术相关等角度回顾采用 RPC 的代表性实验装置。我们介绍的重点在于探测器本身在实验中的创新和取得的经验,至于由这些装置取得的物理突破则不做重点介绍。

5.1 RPC 在早期实验中的应用

RPC 具有高探测效率和纳秒量级的时间分辨率,因而从 20 世纪 90 年代开始就被应用于高能物理实验之中。首批使用 RPC 的实验包括 NADIR(反应堆中子反中子观察实验)、FENICE(http://www.lnf.infn.it/esperimenti/fenice.html)、E771(位于费米国家加速器实验室)、WA 92(位于欧洲核子中心的固定靶实验)和 MINI(Abbrescia et al.,1993)。这些实验中的 RPC 基本上还是采用了 Santonico 和 Cardarelli 的最早设计方案,气隙宽度为 2mm,使用电木作为电极,工作在流光模式下。之前的章节已经详细介绍过该工作模式不需要复杂的前端电路,因此这些探测器易于制作和运行,并且制成大探测面积的成本也不高。

NADIR 实验位于意大利帕维亚大学 250kW 的反应堆 TRIGA MARK Ⅱ,用于开展中子反中子振荡(Bressi et al.,1987)的相关研究。产生自反应堆的中子会打到一系列 $130\mu m$ 厚的格栅片(材料为无定形碳)靶上。由于靶上反中子湮没信号易被宇宙射线穿过探测谱仪产生的信号混淆,为了区分该信号,整个装置的外围包覆了由尺寸为 $41.6m \times 0.5m$ 的双气隙 RPC 构成的 $120m^2$ 反符合系统(如图 5.1 和图 5.2 所示)。工作气体为氩气、异丁烷和氟利

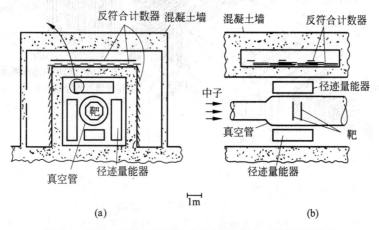

(a)   (b)

图 5.1　NADIR 实验装置的横向(a)和纵向(b)截面示意图

图中显示的反符合系统由 RPC 探测器构成。

图 5.2 NADIR 实验反符合系统
的侧面照片

昂 113(1，1，2-三氯三氟乙烯的商业名，结构简式为 $ClCF_2CCl_2F$)的混合物，体积比为 67：32.7：0.3，探测器的工作电压设置为 8kV。

FENICE 探测器安装在位于 Frascati 的 ADONE 存储环上(http：//www.lnf.infn.it/acceleratori/adone/)。作为一个正负电子加速环，ADONE 的中心对撞能量可达 1.5～3.1GeV，其亮度约为 10^{29} $cm^{-2} \cdot s^{-1}$。该实验谱仪由闪烁体探测器、有限流光管和铁转换器组成，通过 $e^+e^- \rightarrow n\bar{n}$ 过程测量中子电磁形状因子。同样，RPC 在该实验中也用于宇宙射线反符合，总共由 150 个尺寸为 2m×1m 的 RPC 模块组成，它们的工作气体为由 69% 氩气、30% 异丁烷和 1% 氟利昂组成的混合气体，工作在 8～9kV 的电压下。

上述实验中，RPC 都用来构建反符合系统，在 E771 实验中，RPC 首次用于直接测量粒子相互作用产生的 μ 子。该 μ 子探测系统由三个平面组成，每个平面包括 10 个 2m×1m 的 RPC 模块，各 RPC 边缘互相重叠以避免由死区导致的效率降低(见图 5.3 和图 5.4)。中心处的 RPC 呈 L 形，以避免被束流直接击中。RPC 的电极材料电木的电阻率约为 $10^{11}\Omega \cdot cm$，工作气体还是通常使用的氩气、异丁烯和氟利昂 13B1 的混合物，经过详细的气体优化研究，最终确定气体比例为 53：42：5。RPC 的读出电极被设计成块状，其尺寸根据与作用点的距离设计成不同的大小，三层的尺寸由近及远分别为 6cm×6cm、6cm×12cm 和 12cm×12cm。在实验整

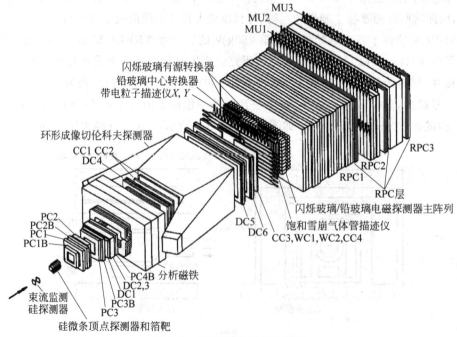

图 5.3 E771 实验布局示意图
其中三层探测器由 RPC 组成，负责测量和追踪在作用点产生的 μ 子。

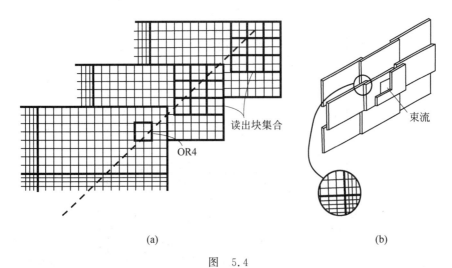

图　5.4

（a）E771 实验中三个 RPC 层的几何三重符合设计；（b）RPC 平面和读出块的结构示意图

个运行期间，全系统效率可达 97% 左右，时间分辨率在 1ns 以内。

E771 实验在 RPC 发展历史上具有一定的重要性，因为在实验运行中首次观测到了探测器的效率和时间分辨率随入射粒子通量的升高而变差的现象。效率和时间分辨率受粒子通量的影响分别如图 5.5 和图 5.6 所示。当粒子通量达到约 $10\mathrm{Hz/cm^2}$ 时，效率相对于其最大值（在低计数率下的测量值）减少了百分之几，同时，平均响应时间也会延迟几纳秒，时间分辨率受到了显著的影响。这些都明确证明了 RPC 性能和粒子计数率之间存在相关性，本书后面的章节会更详细地讨论这个问题。

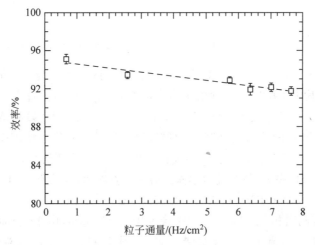

图 5.5　E771 实验中 RPC μ 子探测效率和粒子计数率的关系

由于几何位置的关系，低计数率下探测器的效率并没有达到 100%。

位于欧洲核子研究中心超级质子同步加速器 Omega 谱仪上的 WA92 实验，用于研究 $350\mathrm{GeV}/c$ 的 π 介子束打靶（通常为 2mm 的铜靶或钨靶）产生的底夸克强子产物，产物的末态会产生一个 μ 子，因此 WA92 实验装配了一个高接受度的 μ 子测迹仪。测迹仪位于由铁和钨组成的吸收体后，由两个 RPC 平面构成，分别距靶 14m 和 16m（Bacci et al.，1993），如

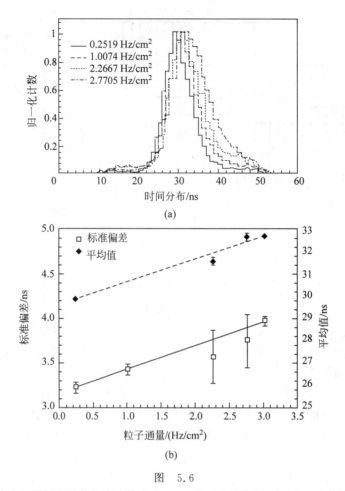

图 5.6

（a）E771 实验中不同粒子计数率下的时间分布；（b）时间分布均值和标准偏差（时间分辨率）的变化

图 5.7 所示。整个系统由 36 个单气隙 RPC 模块制成，读出条宽为 3.1cm。每个探测平面由三层 RPC 建成，其中两层探测器读出条为水平方向，另一层为垂直方向，以便对 μ 子径迹进行三维重建。使用的工作气体是由 55％氩气、42％正丁烷和 3％氟利昂组成的混合物，工作场强约为 3.5kV/mm，平均效率在 99％左右，时间分辨率为几纳秒，空间分辨率取决于采用的读出条尺寸，为 1cm 左右。WA92 实验在 1991 年和 1992 年运行，分别采数 15 天和 3 个月，μ 子触发率在 700Hz 左右，整个过程中探测器性能表现稳定（见图 5.8）。

MINI 是第一个完全由 RPC 建成的小型实验（Abbrescia et al.，1993），主要研究内容为宇宙射线和 RPC 探测器相关研究。整个实验装置长 11.35m，由 14 个面积为 $4m^2$ 的探测器模块和 9 个 1m 厚的混凝土吸收体交错构成（见图 5.9）。每个探测器模块由两个 2m×1m 的 RPC 模块制成，每个模块有 64 个长 2m，宽 3cm 的读出条。其中 8 个探测器模块的读出条呈水平方向排列，另外 6 个探测器模块的读出条为垂直方向，这样交叉排列的方式可以实现对入射 μ 子的三维径迹重建。RPC 采用简单的前端电路，工作在 58％氩气、40％丁烷和 2％CF_3Br 组成的气体混合物中。

MINI 实验首次研究了环境条件对 RPC 性能表现的影响。为了使 RPC 的工作环境可调，在探测系统前面设置了一个温度和压力可控的大型储罐，并在其中放置了若干待测的 RPC，

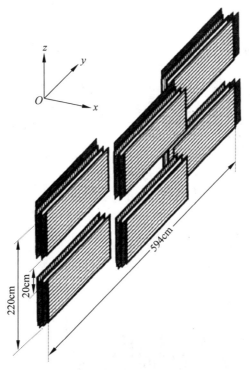

图 5.7　WA92 实验中 RPC 组建的 μ 子测迹仪其中一个平面的示意图

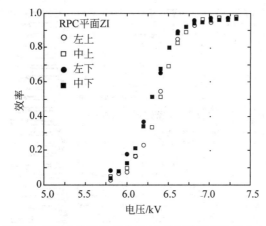

图 5.8　安装于 WA92 实验的部分 RPC 的探测效率和工作电压的关系

通过借助系统的其余部分选择和追踪宇宙射线 μ 子,达到研究待测 RPC 的目的。实验取得的部分结果已经在第 3 章中描述过(Abbrescia et al.,1995,1997)。MINI 实验首次引入并使用了有效电压的概念 $\Delta V_{\mathrm{eff}}=\Delta V_{\mathrm{app}}\dfrac{T}{T_0}\dfrac{p_0}{p}$(同第 3 章中所述,其中 ΔV_{app} 为所加高压,T 和 p 分别为环境温度和气压,T_0 和 p_0 分别为参考温度和参考气压)。在相关局部性能研究中,可以看到在维持电木之间气隙间距的垫片在探测灵敏区内形成了小面积的死区,同时也得到了入射 μ 子的位置分布图(见图 5.10)。

对于 MINI 实验中得到的效率曲线,Abbrescia 等人 1995 年首次提出使用 Sigmoid 函

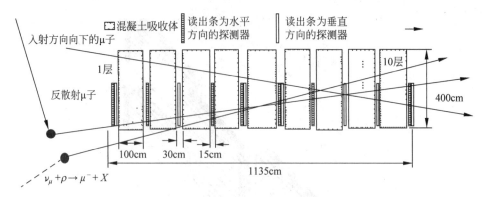

图 5.9　MINI 实验布局示意图

由于其几何布置,主要探测入射角度接近水平的粒子,包括方向偏向下的 μ 子、探测器装置下方地面反散射后方向朝上的 μ 子和产生自中微子相互作用的 μ 子。

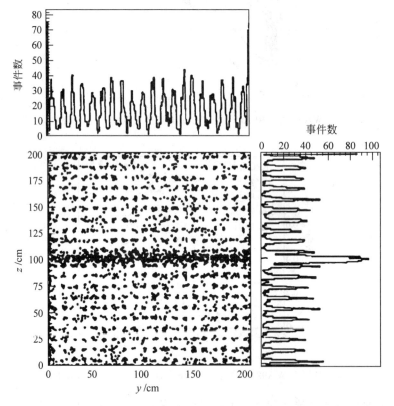

图 5.10　在 MINI μ 子望远镜探测系统触发下,被测探测器上击中事例的散点分布图

两个投影图中的位置分布峰值与垫片阵列(用以保持电木之间的气隙间距)的位置吻合得很好,图中心的暗带对应着相邻两 RPC 之间没有互相重叠覆盖的区域。这种分布图后来被称为 μ 子图或 μ 子辐射成像图。

数进行拟合。Sigmoid 函数是连续 S 形数学函数,其导数也连续,可用于多种不同情形。用于 RPC 效率曲线拟合的 Sigmoid 函数采用以下形式：

$$\varepsilon = \frac{\varepsilon_{\max}}{1 + e^{-\lambda_s(\Delta V_{\mathrm{eff}} - \Delta V_{50\%})}} \tag{5.1}$$

其中,ε 为特定有效工作电压 ΔV_{eff} 下所测得的效率,ε_{max} 是 $\Delta V_{eff} \rightarrow \infty$ 的渐近效率,系数 λ_s 与 S 形函数拐点处的斜率成正比,最大效率 50% 处对应的高压 $\Delta V_{50\%}$ 是 S 形函数的拐点。式(5.1)对于拟合实验效率点特别有用,因为引用的 3 个参数,即由 ε_{max} 估算的坪值、效率曲线本身的位置($\Delta V_{50\%}$)以及它的斜率(与 λ_s 相关)基本上包含了效率曲线最重要的信息。S 形函数的引入提供了一个统一的方法来轻松比较几个探测器的表现并建立相关的统计数据,如今已经被广泛应用。

5.2　RPC 在大型正负电子对撞机 L3 实验中的应用

利用 RPC 取得的重大成果已在前面内容中做了简要回顾,它们不断吸引物理学家在越来越多的高能物理研究的前沿实验中使用 RPC。其中作为 CERN 大型正负电子对撞机(LEP)上 4 个大型探测器实验之一的 L3 就是一个很成功的案例,RPC 系统作为前向后向 μ 子探测谱仪,提高了实验在沿束流方向小角度的 μ 子探测覆盖(Aloisio et al.,2000)。该系统分为两个"八角形环"(分别安装在前向和后向),每个八角形环由 16 个扇形组成,分别由漂移室层、环形磁铁层和两个位于外漂移室层内表面的 RPC 层组成。系统安装分为两部分,分别完成于 1994 年和 1995 年。每个 RPC 层包括 3 个尺寸不同的梯形 RPC 计数器,为避免死区,相邻的计数器间设计了重叠区域(见图 5.11)。

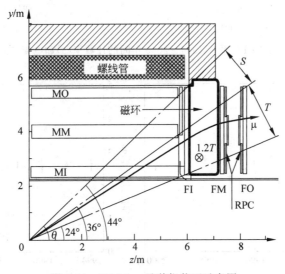

图 5.11　FB L3 μ 子谱仪截面示意图
符号 MO、MM、MI 分别代表 μ 子外侧探测器、中部探测器和内侧探测器。

整个系统由 192 个双气隙 RPC 构成,覆盖面积超过 300m^2,RPC 工作在流光模式下。1995 年之前,工作气体为 58% 氩气、38% 异丁烷和 4% CF_3Br 组成的气体混合物,1995 年末对气体混合物的组成进行了调整,所以从 1996 年开始,气体混合物变成了 59% 的氩气、35% 异丁烷和 6% $C_2H_2F_4$。其中 CF_3Br 被 $C_2H_2F_4$ 取代是因为前者因对臭氧层有潜在的危害而被禁止使用。RPC 探测器使用 29mm 宽、条间距为 2mm 的条读出信号,总共有 6144 个读出通道。读出电极的两侧配备有连接到 16 个相邻读出条的前端电路板;信号经放大后进入甄别器,甄别阈值在 60mV 左右,转换为 200ns 宽的 TTL 差分输出信号,之后这些数字信号会被适当地分组并发送到相关电子学设备用于触发和时间测量。

在数据采集过程中详细研究了 L3 RPC 系统的性能,监测和记录了探测器的电流和计数率,同时利用 Z 衰变的双 μ 子径迹和 L3 μ 子谱仪中心径迹探测器重建出的 μ 子事例,实现了对效率的测量。整个系统运行了 7 年之久,为 RPC 长期性能的研究提供了极佳机会,事实上,这也是首次考虑到 RPC 的老化问题并对之进行翔实的研究。

图 5.12 展示了 L3 RPC 系统 1994—2000 年运行期间的计数率和电流情况,均没有发生太大变化。空间分辨率取决于 31mm 的读出条宽度,测量值略高于 10mm,如图 5.13 所示。时间分辨率在整个运行期间一直缓慢增加,在 7 年后达到 3.5ns 左右。

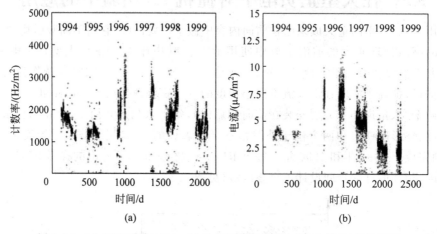

图 5.12　L3 RPC 系统 1994—2000 年间的计数率(a)和电流(b)变化情况

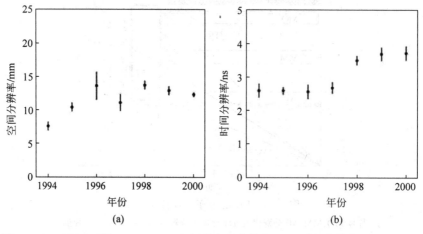

图 5.13　L3 RPC 系统 1994—2000 年间的空间分辨率(a)和时间分辨率(b)变化情况

大型系统在长时间运行中很难一直保持其最初的性能,这在探测效率上体现得最为明显。如图 5.14 所示,从 1994 年到 1999 年,每年效率都会出现小幅的降低,从 99.5% 降低到了 97%,随后在 2000 年出现了断崖式的降低。文章作者称在运行的第一年所有的 RPC 探测器效率都接近 100%,在随后的几年里它们的效率缓慢降低,即使在 2000 年出现了一个大幅的下降,仍然有 75% 的 RPC 探测器效率保持在 90% 以上。其中,效率降低较大的探测器集中分布在特定的八角形环中,具体原因为:

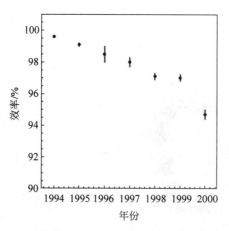

图 5.14　L3 RPC 系统在 1994—2000 年间探测器整体效率的变化趋势

（1）电路故障,LEP 束流直接打中 L3 探测器,极高的计数率作用在 RPC 上输出了极高的电流,损坏了前放电路的芯片。

（2）在 1996 年更改过一次气体混合物的组分,致使探测器电流升高,实验人员不得不降低工作高压,导致效率降低。

（3）部分 RPC 探测器发生了漏气现象,这一问题没有得到及时的解决从而影响了效率。

总体来说,这样一个大型系统这么多年运行下来其性能可以说良好,而且在探测器层面上并没有明显的老化现象出现。

5.3　BaBar 实验的 μ 子中性强子探测系统

在 RPC 应用于大型强子对撞机(LHC)之前,坐落于斯坦福直线加速器中心(SLAC)PEP-Ⅱ正电子对撞机上的 BaBar 实验仪器通量返回(IFR)探测系统(即 μ 子中性强子探测系统),恐怕是 RPC 在所有高能物理实验中最重要,也是最富有争议的一次应用。因为在组装探测器和实际运行过程中出现的错误,探测器发生老化现象,从而严重限制了系统的性能。尽管如此,从这一重要的经验教训中,首次凸显了严格遵守生产工艺流程与操作规范对于保证探测器质量和性能稳定的重要意义,整个 RPC 领域都从中受益。

在 BaBar 实验中,RPC 被用作识别 μ 子,同时探测电中性的强子。这些 RPC 分布在用于读出实验磁通量的一系列铁板之间的缝隙内。整个 RPC 系统由 774 个平板 RPC 和 32 个圆柱体模块组成,覆盖的总面积可达 $2000m^2$。图 5.15 展示了 IFR 的结构示意图,由桶部和其侧面的两个端盖组成。桶部的每个区域由 19 层 RPC 和 18 层铁板交错叠加组成,每一个 RPC 层都由三个矩形 RPC 模块组成。此外再加上电磁量能器和线圈之间插入的双层 RPC,桶部总共包含了 374 个 RPC 模块。端盖由 18 层 RPC 和 18 层铁板交错构成,总共包括 432 个模块,为了满足几何安装条件设计为不同的形状和尺寸(基本上都是梯形,有些处于中间位置的模块为了给束流管留出空间,会把其内侧的边切割为弧形)。

BaBar 实验的 RPC 为气隙宽度为 2mm 的单气隙结构,使用的工作气体为氩气、氟利昂和异丁烷的混合物,在最开始混合物的比例为 48：48：4,在运行中发生了几次变化。这一

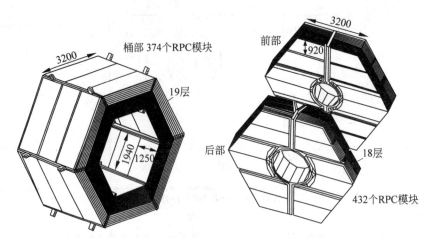

图 5.15　BaBar 实验中 IFR 探测器 RPC 系统的整体示意图

批 RPC 在 1996—1997 年间由 General Tecnica 工厂（罗马附近）生产，本书涉及的大型实验所用到的电木 RPC 基本都由这家工厂生产。这批 RPC 的电木内表面同样需要涂覆由 70％亚麻籽油和 30％戊烯组成的混合物，需要重复该操作三次，以达到平滑表面的目的，减少放电产生的意外流光现象。

BaBar RPC 系统是一项巨大的工程，其覆盖面积比以前的系统大了 10 倍。RPC 模块在制成后将横跨大西洋运输到美国，因此意大利工厂在运输 RPC 前对其进行了系统性的检查，包括气密性、机械完整性（气隙完整）、暗电流、计数率和效率等各方面的测试。运送到美国在安装到 IFR 装置上之前，同样的检测流程会再重复进行一次。

1999 年夏初，所有 RPC 探测器均已安装完毕。当时实验大厅内的温度超过 30℃，致使 RPC 的暗电流开始不断增加，研究人员决定当探测器暗电流超过 $100\mu A/m^2$ 时就断开其工作高压，同时着手安装冷却系统。不幸的是当温度降回到 20℃ 左右，再为 RPC 接通高压后，暗电流也不能回到最初较低的水平了，探测效率很快也出现了下降现象，如图 5.16 所示。

此外，RPC 的效率分布图（类似于之前描述过的 μ 子图）看上去非常反常（见第 6 章的图 6.15，在那一章会对老化问题进行更详细的论述）。为了找出造成这一问题的原因，进行了一系列测试，包括在选定的探测器中增加流气速度、降低前端电路阈值、针对效率低的探测器调整其气体组分，但是均无济于事。

最后，研究人员不得不打开不能正常工作的 RPC 并进行了彻底的检查。发现电木表面因为涂油不均匀，一些油滴进入了气隙中并将两个电极连通了，在大部分情况下，这一现象并没有发生在垫片和框架周围。由油滴连通造成的短路自然会降低探测器内部的电场强度，从而影响电流和效率，有关该现象更详细的阐述可以参阅第 6 章。

这些问题的解决并不轻松，在 2002 年 IFR 的系统升级中安装了数百个"第二代"BaBar RPC。这些 RPC 仍然生产自同一工厂，但是在生产过程中使用了更加严格的工艺标准，尽最大努力来保持内部电木表面的清洁度，同时确保最终的亚麻籽油涂层薄且分布均匀（为实现这一点只进行一次亚麻籽油涂覆）。在制作进气口方面，设计了新的模具配件以取代先前的钻孔方法，同时添加用于净化亚麻籽油的过滤器，对亚麻籽油进行定期分析。新生产的

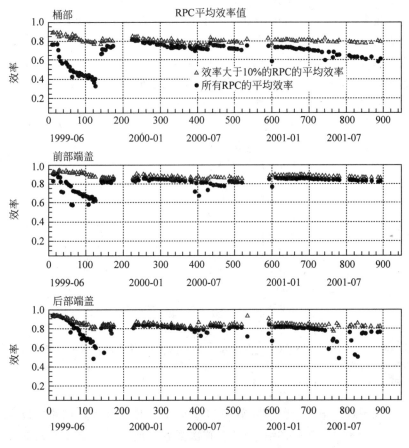

图 5.16　RPC 效率变化趋势

实心圆点显示的是 BaBar 实验中所有 RPC 的平均效率,包括断开高压的 RPC。空心三角形显示的是效率大于 10%
的 RPC 的平均效率。可以看到在 2000 年 10 月附近,效率得到了明显的恢复,因为在那时完成了冷却系统的安装。

RPC 具有更好的性能表现,图 5.17 给出了其中部分 RPC 的效率随时间的变化趋势,明显
具有更好的稳定性。

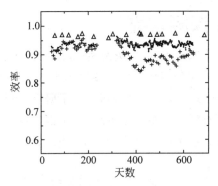

图 5.17　BaBar 实验 IFR 端盖 1~2 层的 RPC 平均效率

分别来自束流实验中 μ 子对(黑点)和宇宙射线(空心三角形)的测量结果。十字符号显示的是西侧端盖第 1
层第 4 个 RPC 的效率。

　　然而当这些新生产的 RPC 投入 BaBar 实验中后，其中处于最高粒子通量区域的模块再次出现了老化现象，具体表现为电流和噪声上升，同时效率下降（见图 5.18）。导致效率下降的部分原因被证实与气体过于干燥有关。实验表明，相对湿度（RH）接近 0％的初始气体混合物通入 RPC 内部并被消耗排出后，其相对湿度增加到 20％～30％，这部分增加的相对湿度是因为干燥气体将电木中的水分吸走了，而失去水分的电木其电阻率将会增加，降低了 RPC 的计数率能力（有关于此的详细讨论可参阅第 7 章）。

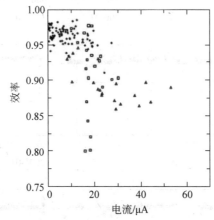

图 5.18　1～11 层的 RPC 效率和电流关系图（均为 2004 年 7 月束流实验中的测量结果）
实心圆和空心方块分别表示两组在不同位置下的 RPC 模块的结果。可见所有低效率的 RPC，其电流也较高，低效率和高电流具有明确的相关性。

　　Anulli 等人围绕暗电流、噪声率、效率和每个 RPC 模块在气体回路中位置之间的相关性（Anulli et al.，2005）进行了详细的研究，首次强有力地证实了流光模式下四氟乙烷离解产生的氢氟酸（HF）对 RPC 性能的关键影响。

　　BaBar 实验的 RPC 系统直到数据采集结束都一直维持了良好的表现，这离不开研究人员一直以来对整个系统小心谨慎的操作，以及从详细分析中不断汲取的经验教训。许多由 IFR 研究组改进的 RPC 生产质检规范被应用于后来为 LHC 项目生产的 RPC 中。

5.4　ARGO-YBJ 探测系统

　　ARGO-YBJ 实验位于中国羊八井，地处海拔 4300m 的高原上（如图 5.19 和图 5.20 所示）。其设计初衷是为了探测高能原初宇宙射线进入大气层时产生的广延大气簇射（EAS）到达地表的前端部分。该实验已经在多个领域开展了研究，包括 γ 射线天文学（尤其是寻找能量高于几百 GeV 的发射点源）、极高能 γ 射线暴、宇宙射线物理学、太阳和日光层物理学。该实验是第一个完全由 RPC 组成的大型探测系统，并在低气压和温度变化剧烈的恶劣环境中运行了很多年。

　　整个探测系统由中心区域和外部的护环两部分构成，其中，中心区域总面积为 78m×74m，总共铺设了 1560 个 RPC（每个 RPC 的探测面积为 2.80m×1.25m），外部的护环环绕着中心区，由另外 276 个 RPC 模块组成，目的在于扩大总的灵敏区域，整个探测器阵列覆盖的总面积超过了 10 000m²，如图 5.21 所示。组织这么大规模的 RPC 生产尚属第一次，其本

图 5.19　海拔 4300m 处，容纳 ARGO-YBJ 探测系统的实验大厅，与背后的喜马拉雅山脉交相辉映
（ARGO-YBJ，2000；ARGO-YBJ 官方网站：go. na. infn. it/）

图 5.20　容纳 ARGO-YBJ 探测系统的实验大厅内部照片，可见 RPC 呈地毯式排布

身就是一个巨大的挑战，更何况全部 RPC 都在意大利完成生产，必须经数千千米的运输到达实验现场，这种长距离运输存在额外的后勤隐患。值得庆幸的是，生产运输全过程得益于在 BaBar 实验中获取的经验教训：改良的技术确保在探测器运行前已经将电木板上的亚麻籽油涂层完全烘干，同时在所有生产步骤过程中实施严格的质量控制程序。这些为 RPC 在 ARGO-YBJ 实验的稳定运行提供了有力保证。

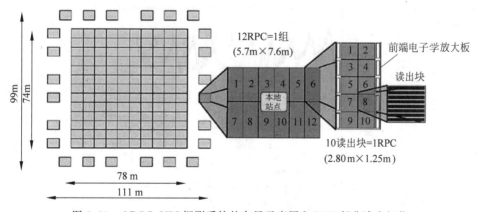

图 5.21　ARGO-YBJ 探测系统的布局示意图和 RPC 部分读出细节

　　ARGO-YBJ 实验中，RPC 采用了标准的 2mm 厚电木电极，在其一侧配有铜条，感应信号以数字方式读出，每 8 个读出条通过"或"逻辑编在一组，称为"读出块"。在气隙的另一侧使用两个面积较大的铜读出块收集来自探测器的模拟信号，2009 年首次实现了该模拟信号的获取，基本证实了电荷模拟信号与 RPC 入射带电粒子数之间的正比关系（见图 5.22）。电荷读数也因此多用于测量粒子通量，可以在重建极高能量初级射线簇射形成的前锋时发挥重要作用，因为在该情况下读出条所获得的数字信息会因为入射粒子通量过高而饱和，这种技术之前从未在 RPC 上使用过（Aielli et al.，2012a）。在每个事件中，每个被测粒子的位置和时间都被记录下来，可以由此重建出粒子的横向位置分布以及入射方向。

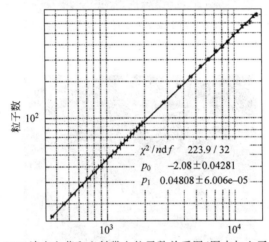

图 5.22　RPC 读出电荷和入射带电粒子数关系图（图中加上了线性拟合）

　　在 ARGO-YBJ 实验中，RPC 工作在比例为 75：15：10 的 $C_2H_2F_4$、氩气和异丁烷组成的混合气体，在 2mm 气隙上所加的高压为 7.2kV。因为温度和气压会对 RPC 的性能产生较大影响，研究人员对此进行了详细的研究。图 5.23 显示了探测器电流和温度的相关性（Camarri，2009）。Aielli 等人针对效率和时间分辨率进行了类似的研究（2009），通过比对在 ARGO-YBJ 实验大厅中和位于海平面处的相同 RPC 望远镜探测器测得的效率曲线，证实了第 3 章中所讨论的气压降低对 RPC 工作点造成的影响，如图 5.24 所示。

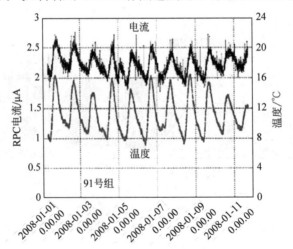

图 5.23　ARGO-YBJ 实验中一组 RPC 在 10 天内的电流和温度的变化情况，从中可以看出明显的相关性

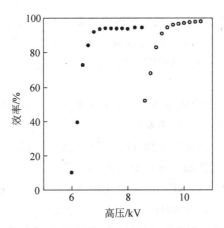

图 5.24　同一 RPC 在 ARGO-YBJ 实验大厅现场测量(左)和海平面处测量(右)的效率坪曲线图
可以明显看到在低气压下,RPC 工作点更低,而同时产生的坪区效率降低很可能是由于离子-电子对的数量减
少造成的。

　　ARGO-YBJ 实验从 2007 年 10 月开始正式进行数据采集,以 3.6kHz 的触发速率几乎不间断持续运行多年,占空比约为 90%。由于其独特的设计布局,能够得到簇射前端的全覆盖图像(图 5.25 为其中一张)。事实上,这些测量结果达到了前所未有的精确度,促进了高能宇宙射线领域的进一步发展。

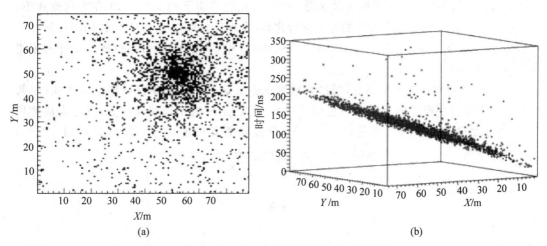

图 5.25　ARGO-YBJ 实验重建出的一个事例
(a)小簇射击中中心位置 RPC 读出板得到的空间位置分布图;(b)簇射前端的时空结构

5.5　"大型"实验：LHC 的 ATLAS,ALICE 和 CMS

　　拥有了在 BaBar 和 ARGO-YBJ 实验中获得的探测器大规模生产和多年运行的经验之后,研究人员在千禧年遇到了下一个挑战:建设 LHC 实验中的 RPC 系统。特别是其中规模最大的两个实验:超环面仪器(A Toroidal LHC Apparatus,ATLAS)和紧凑 μ 子线圈(Compact Muon Solenoid,CMS),它们都设计有 μ 子探测系统,包含 RPC 作为触发(和部分径迹)探测器。这项任务事关重大,因为有效的 μ 子触发对于鉴别希格斯玻色子的衰变产

物至关重要,经过长期寻找最终于 2012 年发现希格斯玻色子与这些 RPC 的稳定表现是分不开的。ALICE(A Large Ion Collider Experiment,大型离子对撞机实验)除了设计 μ 子触发之外,也设想在飞行时间(TOF)系统中使用具有百皮秒时间分辨率的多气隙 RPC(MRPC),用于粒子鉴别。

在大型强子对撞机实验中使用 RPC 的挑战不仅包括大面积的探测区域,还有它们苛刻的运行环境,主要是更高的粒子计数率和累积剂量。首先,这些探测器需要具备一定的计数率能力,这意味着它们不能工作在流光模式下,因为实验证明流光模式下的最大通量只能达到 $100\,Hz/cm^2$ 量级,而 LHC 的通量预计会比此高很多。

为了证明雪崩模式下运行的 RPC 能够承受足够大的粒子通量,研究人员特地在 CERN 的 RD5 实验设施中开展了长期测试(Bohrer et al.,1992)。如前所述,这需要使用更复杂的电路,包括合适的前置放大器(也需要设计);探测器也需进行恰当的屏蔽以避免环境信号对读出的干扰,同时还要确保整个系统正确接地。这两者在原则上看来都很简单,但在大型实验装置上操作还是有一定的困难。值得一提的是,RPC 也被考虑用于另一个 LHC 实验 LHCb 的 μ 子系统,但最终被放弃,主要原因还是在于担心它们不能承受该实验的高计数率(远高于 CMS 和 ATLAS)特性。

在 RD5 实验中,经过长期的专门研究和测试(Bacci et al.,1995),得到的首个实验证据表明 RPC 的计数率能力可以达到或大于 $1\,kHz/cm^2$。图 5.26 所示为效率与粒子通量的关系图,暴露于 CERN 超级质子同步加速器(SPS)高强度束流下的 RPC 工作在雪崩模式下,将其同流光模式单、双气隙 RPC 的性能进行比较,发现计数率提高了一个量级,因而研究人员得出结论,RPC 足以满足 ATLAS(ATLAS,1992)和 CMS(CMS,1992)概念设计书中提出的 μ 子触发方案的结论。

RPC 的计数率能力令人满意,通过其他测试也证明其可以多年保持稳定的性能(尽管它们在真正实验中所要面对的环境更加恶劣)。在 CERN 的 γ 辐照设施上,研究人员使用 Co-60 γ 射线源照射 RPC,并使用 SPS μ 子束流监测其性能多年(Arnaldi et al.,2000;

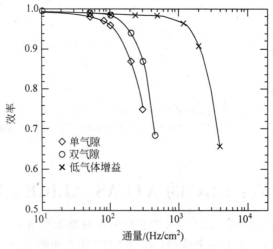

图 5.26　RPC 探测效率与 RPC 上 SPS 束流通量的函数关系

混合气体含有 $80\%CF_3Br$,剩下部分是比例为 $60:40$ 的氩气和丁烷。工作在流光模式下的单、双气隙 RPC 同雪崩模式下运行的 RPC 进行了比较。

Abbrescia et al.，2004；Aielli et al.，2006），由其中获得的结果对于详细了解 RPC 探测器的老化过程非常重要。

此后，这些实验所需的大量 RPC 花费了很多年才全部搭建完成，期间完成了确保最高质量的所有必要步骤，造就了如今在运行的最大 RPC 系统。

5.5.1　ATLAS

ATLAS 的 RPC 系统是 μ 子谱仪的一部分，其工作在环形磁场中，被设计用于触发和测量高能 μ 子的动量。特别需要指出的是，RPC 能提供初级 μ 子触发，同时测量其中打在桶区非弯曲部分上的位置坐标，而弯曲部分则由监测漂移管（MDT）进行 μ 子的位置测量。该系统由三个同心的 RPC 层构成，每一层都是上下叠放在一起的两个独立的 RPC，每个 RPC 用两组正交布置的条读出，用以给出击中点的二维坐标，条宽加条间距的值在 23～35mm 范围内变化，如图 5.27 所示。每层沿方位角坐标分为 16 个区，为了方便让相邻区之间重叠，分别被设计为不同的尺寸。整个系统由 3714 个 RPC 组成，总覆盖面积约为 4000m^2。ATLAS 的基本 RPC 模块由 2mm 单气隙电木 RPC 组成，工作在雪崩模式下，工作气体为 94.7% $C_2H_2F_4$，5% i-C_4H_{10} 和 0.3% SF_6。

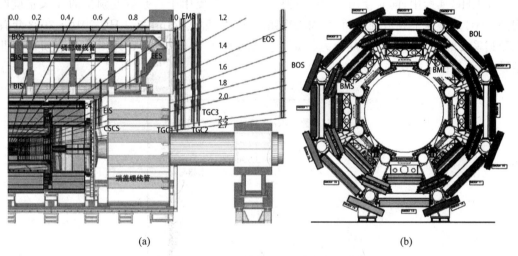

图 5.27　ATLAS 实验和 μ 子谱仪的示意图

(a) y-z 平面截面图；(b) x-y 平面截面图

在 x-y 视图中突出显示了 3 个同心 RPC 层（位于图(b)中矩形的周围），以及小分区和大分区的结构。

ATLAS RPC 的性能在 LHC 运行期间得到了全程监控，为实现这个目的研究人员开发了各种工具，取得并发表了很多研究成果。利用内部探测器或其他 μ 子室鉴别的无偏 μ 子样本，人们通过离线测量就可以得到 RPC 系统的探测器效率、触发器效率和定时信息等倍受关注的性能。

在通常情况下，RPC 系统表现出显著的稳定性，其在 ATLAS 超过 99.9% 的数据采集过程中均运行正常，拥有良好的可靠性。从 2015 年开始，预计持续到 2018 年的 Run2 运行中，其死道的百分比仅为 3.5% 左右，这对于如此大的系统来说是一个相当低的水平，探测器效率峰值为 98%，其中 2% 的效率损失中有 1% 的效率损失是由于气隙间隔物造成的（见图 5.28）。

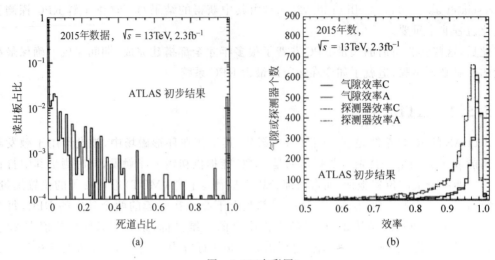

图　5.28(有彩图)

(a) 死道的占比分布；(b) ATLAS RPC 效率

这里,"气隙效率"要求同一 RPC 的两个读出板至少一个有击中,"探测器效率"则要求两个读出板都有击中。

在 LHC 实验中,同时使用到 RPC 的定时性能,主要用于将系统鉴别出的 μ 子正确匹配到 LHC 对撞点上相应的束团上,因为束团之间的间隔为 25ns(在 LHC 2010—2013 年首次数据采集的 Run1 运行中,间隔为 50ns)、气隙厚度为 2mm 的典型 RPC 时间分辨率为几纳秒,因而足以完成这项任务(见图 5.29)。

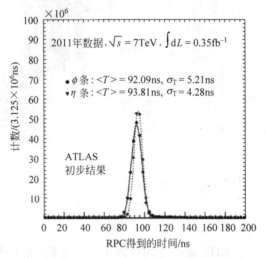

图 5.29　ATLAS RPC 上击中的时间分布

这里的校正是离线进行的,时间分布的展宽大部分是由信号沿读出条传播的不同时间引入的。

由 2015 年数据所获得的簇团大小(同时被击中的相邻读出条的数量)的分布和平均簇团大小可见图 5.30,该图说明取得了稳定的结果并和 Run1 运行期间的测量一致。簇团大小是一个很重要的探测器性能指标,因为在有电子学噪声或强烈信号的情况下,使用灵敏前置放大器可能会造成多条同时触发的情况,这会降低探测器的空间分辨率。当需要 RPC 完成一些触发,甚至是径迹测量任务时,小簇团是必要的。

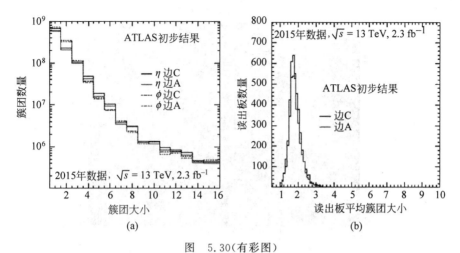

图　5.30（有彩图）
（a）RPC 簇团大小的分布；（b）RPC 平均簇团大小的分布

　　在对撞机实验中，可以通过多种方式测量触发效率，其中一个有效的方法是利用其他触发系统重建出 μ 子。图 5.31 显示了 ATLAS RPC 系统的触发效率。虽然触发效率满足了系统要求，但是存在空间不均匀性，如图 5.32 所示。这一个特点在 ATLAS 中尤为明显，因为在谱仪的下方有支撑整个探测器的机械结构（被称作支架）和通往量能器及 μ 子系统内部的两个电梯井，导致相应位置的接收度受限。为了最大限度地克服这个问题，在 ATLAS 建设之初就在支架区域安装了四层 RPC，在 2012—2013 年 Run1 和 Run2 之间的关闭期投入运行。此外，在 2017 年又在电梯井区域安装了额外的 RPC，用以解决那里的接收度缺失问题。

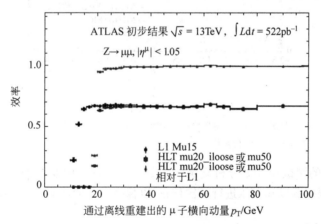

图 5.31　ATLAS 桶部 RPC 系统的效率×接收度（接收度可以粗略理解为粒子可被探测
到的区域）和 Z 衰变 μ 子重建后横向动量的函数关系

　　ATLAS 实验中，RPC 稳定工作点与温度和气压的变化关系可由式（3.34）推导得出，其中有效电压 ΔV_{eff} 由下式给出：

$$\Delta V_{\text{eff}} = K_{\text{emp}} \Delta V_{\text{app}} \tag{5.2}$$

$$K_{\text{emp}} = \left(1 + a_{\text{emp}} \frac{p - p_0}{p_0}\right)\left(1 - b_{\text{emp}} \frac{T - T_0}{T}\right) \tag{5.3}$$

通常，p 和 T 是气压和温度的瞬时值；p_0 和 T_0 是两个参考值；ΔV_{app} 是所加的电压；a_{emp}

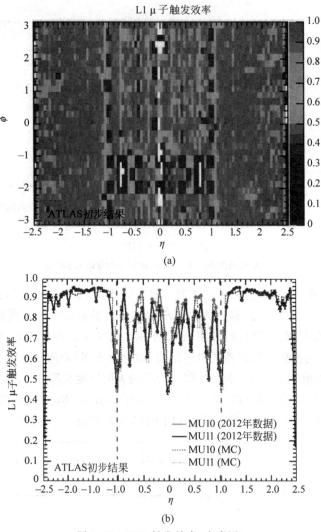

图 5.32　RPC 触发效率(有彩图)

(a) μ 子横动量大于 10GeV 情况下 L1 μ 子触发效率分布图;(b) 不同触发条件下效率和赝快度(空间坐标,描述
了粒子运动方向相对于束流轴的夹角)的函数关系

和 b_{emp} 是通过专门的测试和数据分析确定的参数。实验运行中要用到大约 300 个温度传感器,每隔几分钟就根据温度和气压进行一次校正,以保持系统的性能稳定(Aielli et al. ,2013)。

5.5.2　CMS

　　CMS 实验的 μ 子系统设计在其技术设计报告(CMS,1997)中有详细描述。该系统大致呈圆柱形,由分为 5 段、位于低赝快度区的桶部和 4 层圆盘状的端盖组成(图 5.33)。在 CMS 实验中,RPC 主要被用作触发探测器,结合桶部的漂移管(DT)和端盖中的阴极条室(CSC),实现 μ 子的寻迹(见图 5.33 和图 5.34)。每一段桶状结构都由四层 μ 子测量系统组成,每层是一层漂移管和一到两层 RPC 叠在一起的三明治结构,所有的桶状结构都处于 CMS 磁铁的轭铁内。每个端盖盘由三个环形结构组成,利用梯形 RPC 实现这些环形结构的组建。桶部和端部用到的大部分 RPC 单元均由两个气隙构成,其间共用一个布有铝条的

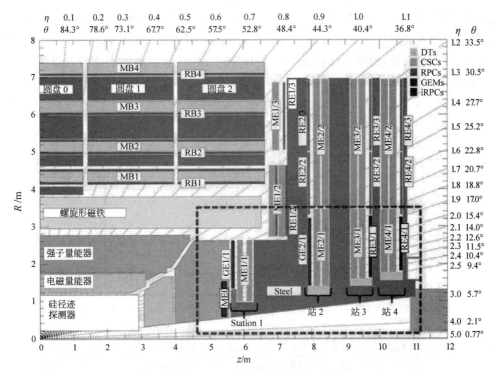

图 5.33　CMS 探测器在 RZ 平面的四分之一视图

Z 轴为束流所在轴，R 为到 Z 轴的距离。RPC 在图中用浅灰色标记出来（CMS 的桶部和端部都是如此，标签分别为 RB 和 RE），它们分别和桶部的 DT 及端部的 CSC 组合成为 μ 子探测系统。图中也展示出了磁铁旁轭的钢结构。虚线框中画出的是针对高亮度 LHC 升级所预计安装的新探测器。

图 5.34　CMS 探测器的前视图

CMS 的桶部 μ 子系统是一个 $13\mathrm{m}$ 长的圆柱体，沿轴向分成 5 段，每一段包含 12 个区，μ 子探测器镶嵌在铁槽中。桶部的 μ 子探测器包括漂移管和 RPC 两种，图中可以看到它们交错排布在磁铁旁轭周围。

读出平面，其工作气体为相对比例为 $95.2 : 4.5 : 0.3$ 的 $C_2H_2F_4$、$i\text{-}C_4H_{10}$ 和 SF_6 混合物，工作在雪崩模式下。CMS RPC 系统的安装始于 2004 年，于 2007 年完成，对系统的调试持续到了 2008 年。现在的 RPC 系统实际上在 LHC 启动之前并没有完全安装，在 Run1 和 Run2 之间的关闭期，才开始安装第四端盖盘上的 144 个 RPC 探测器。

CMS 实验中的 RPC 系统到目前为止运行表现稳定。在 2010—2012 年的 Run1 运行期间，因 RPC 系统导致 CMS 停机的占比率低于 1.5%（有关详细信息，请参阅文献（Pugliese et al.，2014））。2015 年，RPC 系统死道的占比稳定在 $2\%\sim2.5\%$ 范围内，主要原因来自电路故障和 RPC 的高压或低压故障(图 5.35)。图 5.36 显示了 RPC 的本征计数率(噪声率),在每次质子注入之前都测量探测器噪声率以发现随时可能出现的问题。图中可以观察到噪声随时间增加的趋势,但增量保持在了 $0.1\mathrm{Hz/cm^2}$ 量级,能够确保不会引入偶然符合而影响探测器的触发性能(Pedraza,2016)。

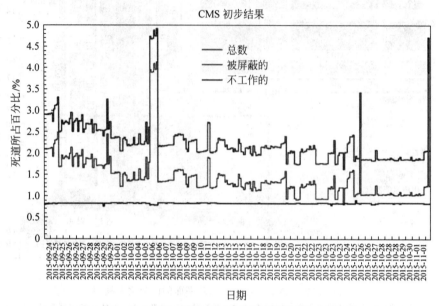

图 5.35　CMS RPC 系统 2015 年的死道百分比(有彩图)

死道主要由以下两个因素导致：因为电路故障而采取主动屏蔽(即自主从读出链中断开)的读出条和因处于高压或低压故障 RPC 上不工作的读出条。

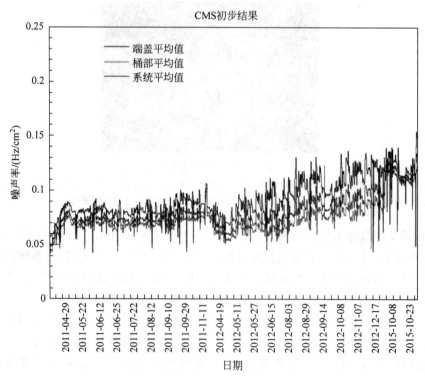

图 5.36　CMS 桶部和端部 RPC 的本征计数率(噪声率)(有彩图)

在每次质子注入之前测量。

为得到 RPC 本身的探测效率对部分探测器进行了详细的研究,为此搭建了专用的数据获取系统。为了得到效率,首先获取 RPC 周围 DT 或 CSC 中得到的 μ 子径迹,再检查该径迹在被测 RPC 探测器上预测交汇点周围的基准区域中是否存在击中。由数据获取系统得到的大量数据保证了足够高的统计量,使得效率的误差水平可以控制在百分之几内,同时寻迹系统的位置分辨能够满足对尺寸为 $1\sim2\mathrm{cm}^2$ 的单元进行效率测量。由此便得到了与 MINI 实验中相似的 μ 子击中分布图,如图 5.37 所示。一般来说,对于正常工作的探测器,低效率主要产生自间隔物所造成的死区,除此之外,在气隙外围密封框架附近也观察到了效率的降低,这两种情况都由区域内的工作场强降低所致。

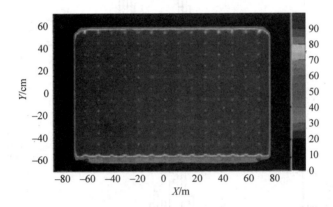

图 5.37　在空间分辨率约为 $2\mathrm{cm}^2$ 下观测到的 CMS 桶部 RPC 的二维效率分布图
由图中可以明显看到低效率的区域是由气隙间隔物和密封框架造成的。

为了确保 RPC 正常工作,定期会对高压工作点进行校准,研究人员采用 S 形函数(见式(5.1))对探测效率和工作电压的关系进行拟合。对于桶部 RPC,最佳工作点被定义为 95% 效率对应的电压再加 100V;对于端盖,增加值相应变为 150V。以这种方式确定的工作电压可以保证效率接近最大值,同时还不需加过高的电压。图 5.38 显示的是 2011—2015 年间对 RPC 工作点的测量结果。工作电压随时间也会发生变化,如图 5.39 所示,这可能是探测器发生老化的前兆,但到目前为止并没有确认任何探测器老化的证据。

CMS 实验中,对 RPC 工作电压点的修正是实时完成的,实现方式与 ATLAS 的程序类似,所不同的是使用了以下公式:

$$\Delta V_{\mathrm{app}} = \Delta V_{\mathrm{eff}}\left(1 - c_{\mathrm{emp}} + c_{\mathrm{emp}}\,\frac{p}{p_0}\right) \tag{5.4}$$

其中,c_{emp} 是通过数据拟合计算的自由参数(Abbrescia,2013),通常取值 0.8,其他符号含义与式(5.2)和式(5.3)相同。实验证明,该公式为保证系统的稳定运行起到了关键作用,修正的影响如图 5.40 所示,图中每个点代表各个运行中测量的 RPC 效率,在采用该种修正前,可以看到效率与环境条件存在明显的相关性,而采用修正后,效率与环境的相关性大大降低。

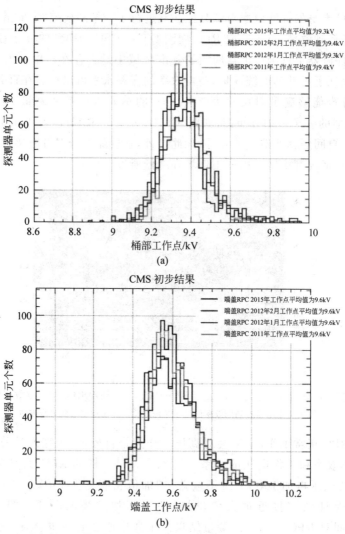

图 5.38　2011—2015 年间经 4 轮测试得到的 CMS RPC 桶部(a)和端盖(b)的工作点分布(有彩图)
由于探测器生产组装过程中不可避免的微小差异，可以看到桶部和端盖的工作电压都有大约 300V 的晃动。

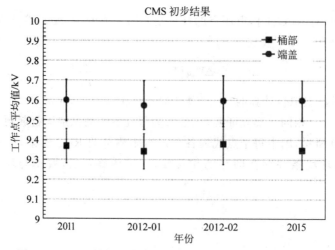

图 5.39　CMS 桶部和端盖 RPC 数年间的工作电压变化情况

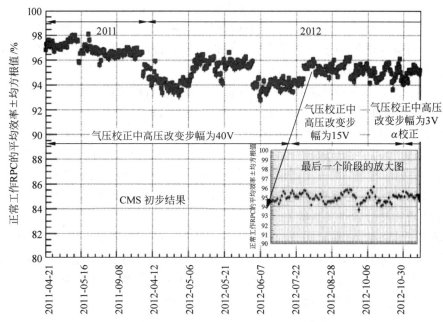

图 5.40　2011 年 4 月至 2012 年底期间的 CMS 桶部 RPC 平均效率

图中每个点代表一个运行的测试结果。图中右下小图中显示的是最后一个阶段的放大图,其中应用了更精细的气压校正算法,该图中最右侧的最后几个点是应用了式(5.4)后的测量结果,可以看到相较于早期,RPC 效率的稳定性得到了极大改进。

5.5.3　ATLAS 和 CMS 的 RPC 系统表现的一些共性问题

在 ATLAS 和 CMS 实验中都没有发现像以前 BaBar 实验中出现的探测器严重老化,但均存在气体泄漏这一主要问题。在 ATLAS 实验中,因进气口和出气口断裂,就造成 8000个 RPC 模块中大约有 400 个发生气体泄漏,直接造成一个或某些情况下多个 RPC 必须断开高压,成为在 Run1 和 Run2 运行期间的主要故障来源(Corradi,2016)。在 CMS 实验中也出现了类似的问题,不同的是漏气的原因与气体回路中 RPC 金属框架内(难以进行修复)的 T 形塑料气体连接器失效有关。即使研究人员尝试了各种修复方案,但 RPC 系统在实验中的泄漏量仍然保持在 500~1000L/h,具体数字取决于当时可以取出修复的 RPC 数量。

另一方面,由于需要大量的工作气体,为节省成本,两个实验都将排出 RPC 系统的气体混合物通入精密的过滤系统,过滤掉任何可能对系统有害的氟化氢(HF)或其他污染物,再对气体进行循环使用,该过滤系统每小时可以处理数百升的气体并将干净的气体重新注入回路中。气体泄漏率和系统的总流量(例如,在 ATLAS 中约为 5000L/h)的比值就是需要重新注入的新的工作气体的相对比例,为了节省成本应尽量降低该值。另外还需要考虑到所使用的气体混合物由于其温室效应会对环境造成潜在的危害,但是,用于替代的环保气体仍停留在研究阶段。总之,在以后的工作中人们还需在气体系统的可靠性上付出更多努力。

5.5.4　ALICE

ATLAS 和 CMS 实验都是通用实验,与它们不同,同样位于 CERN LHC 加速器上的

ALICE 实验（ALICE,2008a）旨在专门研究高能 Pb-Pb 碰撞中产生的强相互作用物质在极高温度和密度下的特性。在这样高温高密的条件下,理论预言会出现一种新的叫作夸克-胶子等离子体的物质状态,这被认为是大爆炸后最初几微秒内的宇宙状态。该实验也对轻原子核碰撞等内容开展了研究。

ALICE 探测谱仪的设计主要取决于高能离子碰撞事件的极高粒子通量,比相同能量下质子-质子碰撞的通量要高出 1000 倍。实验需要更大的动量动态测量范围,比数十个 MeV/c（研究长尺度范围的集体流效应、同时对共振衰减有良好的接收度）还要再高三个数量级,甚至远超 100GeV/c（研究射流物理学）。一系列具有各种功能且满足设计要求的探测器被布置在中央桶部和前端的 μ 子谱仪中。谱仪的中心部分处于螺线管磁铁产生的 0.5T 磁场中,在该区域设置了径迹探测器,包括基于硅探测器的内部径迹探测器、气体时间投影室、穿越辐射探测器和飞行时间探测器。

实现粒子鉴别是 ALICE 实验的重要任务,其中 TOF 探测器对中间动量范围内的带电粒子（图 5.41）进行探测,利用 TOF 得到的时间,结合径迹探测器的动量和径迹长度就能计算得出粒子质量。TOF 系统在 100ps 的时间分辨能力下将能够完成 3σ 条件下的能量为 2.2GeV/c 的 π/k 分辨以及能量为 4GeV/c 的 K/p 分辨。

图 5.41 ALICE 飞行时间探测系统在安装期间的照片

TOF 探测器呈圆柱形,在整个方位角上覆盖了 45°～135° 之间的极角。它采用了模块化的设计结构,每个分区沿束流方向都被分成 5 个模块。

ALICE TOF 系统是由多气隙 RPC 探测器组成的大面积桶状结构,覆盖总面积达到 141m², 内径为 3.7m,方位角覆盖范围为 ±45°。整个系统包含 1593 个对称（双室）多气隙 RPC (MRPC)（图 5.42）,每个探测器有 10 个 250μm 宽的气隙（详见图 5.43）,并通过 96 个 3.5cm× 2.5cm 的信号感应板读出（Akindinov et al., 2009a）,使得整个系统具有 157248 个读出通道（板）。MRPC 工作在比例为 90：5：5 的 $C_2H_2F_4$（商业上称为 R134a）、i-C_4H_{10} 和 SF_6 的气体混合物中。读出系统基于 NINO 集成电流放大器和比较器（参见 4.7 节和图 5.44）以及高性能时间数字转换器（HPTDC）（Akindinov et

图 5.42 ALICE TOF 中的一个 MRPC 超级模块

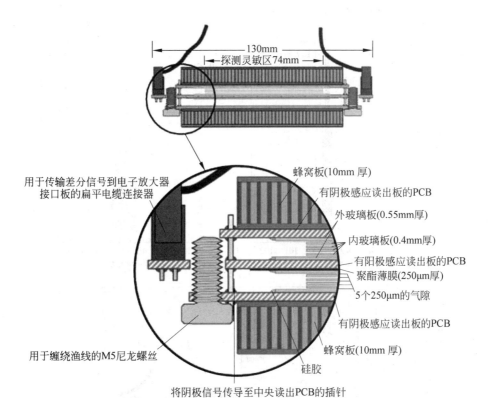

图 5.43　ALICE TOF MRPC 的横截面图

图中详细显示了其具体的结构和各个部件的功能。

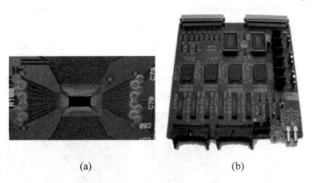

(a)　　　　　　　(b)

图 5.44　ALICE TOF 数据采集系统的主要组成部分包括(a)NINO 芯片(参见 4.7 节)和
(b)HPTDC 时间数字转换器(Akindinov et al.,2004)

al.,2004)搭建而成。

　　MRPC 本身的固有时间分辨率接近 50ps(Akindinov et al.,2009b),TOF 整体的系统分辨为 80ps(ALICE,2014)(图 5.45)。

　　TOF 系统结合磁谱仪实现的粒子鉴别能力的例子如图 5.46 所示。

　　同时,在 ALICE 实验(ALICE,2004)的前端 μ 子谱仪中,采用工作在流光模式下单气隙 RPC 探测器,组成 140m^2 的触发系统(Arnaldi et al.,2002)。这些 RPC 被证明具有非常好的稳定性(图 5.47),其触发性能令人满意(ALICE,2012)。

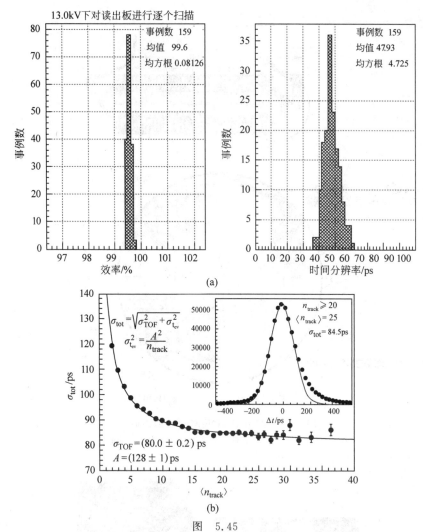

图 5.45

（a）所生产的 MRPC 探测器 159 个读出通道的效率和时间分辨率分布；（b）ALICE TOF 系统对动量接近 1GeV/c 的 π 介子测得的时间分辨率与径迹数量 n_{track} 的关系，图中插图为 $n_{track} > 20$ 时的分辨率（字母 A 代表拟合参数）

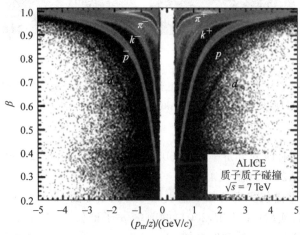

图 5.46　赝快度＜0.9 时 TOF 探测器得到的粒子速度 β 与刚度 p_m/z 的关系

其中 p_m 是粒子动量，z 是粒子电荷。

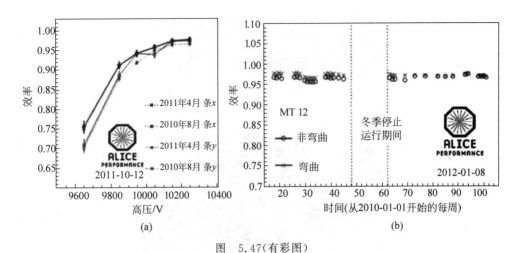

图　5.47(有彩图)

(a) 一个触发 RPC 在 8 个月内的效率与电压的关系曲线图;(b) 四个探测平面之一的平均效率随时间变化的关系,探测器工作点进行了温度和气压的校正

5.6　HADES 实验的 RPC-TOF 系统

HADES(高接收度双电子谱仪)是用于正负电子对精确谱测量和能量范围在 $1\sim$ 1.35GeV 的质子、π 介子及重离子反应中产生的带电粒子测量的多功能探测谱仪。其主要实验目标在于研究重离子碰撞过程中产生的致密核物质的性质,最终达到研究核物质中强子特性(如质量、衰变宽度)的目的。

HADES 谱仪环绕束流轴分为 6 个区,能够覆盖 $16°\sim88°$ 大范围的接收度。它由以下探测系统组成:零时刻定时金刚石探测器、环形切伦科夫探测器(RICH)、四组多丝漂移室(MDC)、超导环形磁铁、多重电子触发阵列和两个 TOF 墙(分别由闪烁体和 RPC 建成)。

RPC-TOF 墙分为 6 个梯形区域,其总面积约为 $8m^2$,由 1116 个单读出条、四气隙、对称的定时 RPC"单元"组成。每个单元都具有独立的电磁屏蔽设计,作为一个关键特征,这使其能够对多个同时击中的粒子分别作出响应。每个分区内的单元堆叠成相互重叠的两层,每层由 31×3 个单元组成。每个单元的宽度范围在 $22\sim50mm$ 之间,长度在 $120\sim520mm$ 之间,由三块铝电极板和两个玻璃(钠钙玻璃)电极组成,所有电极板均为 2mm 厚,电极之间由直径为 0.270mm 的聚醚醚酮(PEEK)丝分隔出 4 个气隙,整个单元被放置在铝盒内(图 5.48)。有关 RPC-TOF 系统更为详细的描述可见 Belver 等人的文章(2009)。

RPC-TOF 探测系统的总效率为 97%(Kornakov,2014),平均固有时间分辨率约为 66ps(图 5.49)(Blanco et al.,2012)。对电子径迹的平均定时精度约为 81ps,其中包含来自零时刻定时和径迹追踪系统引入的时间晃动。当重离子碰撞带来的占空比超过 30% 时,其时间分辨率仅降低了 10ps(图 5.50),其对多个击中仍能进行有效测量的特性得到了证明(Kornakov,2014)。

图 5.51 显示了由 TOF 系统得到的典型粒子鉴别图,证明了可以由 TOF 实现对稀有亚阈值产物 κ^- 的鉴别。

RPC 系统同时能够提供部分二维位置分辨能力,横向分辨由 RPC 单元的宽度(在 $2\sim$

(a)

(b)

图 5.48　HADES TOF 墙由全屏蔽的 RPC"单元"(a)组装成 6 个区(b)
每个区包括 186 个不同几何结构的 RPC 探测单元。

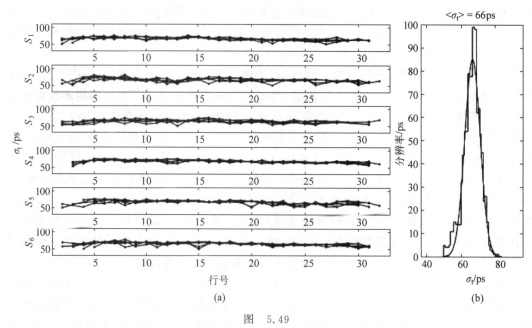

图　5.49

(a) RPC TOF 墙各个分区内每个上下重叠的探测单元对的固有时间分辨率在 50～80ps 之间；(b) 对质心系能量
为 1.25GeV 的 Au＋Au 碰撞产生的带电粒子测得的平均时间分辨率为 66ps

5cm 间变化)决定，纵向分辨通过测量探测器两端信号传播的时间差确定。位置分辨率会
受读出电路在测定不同形状信号时定时精度的影响，与粒子的飞行时间无关。整个 TOF
墙位置分辨率结果如图 5.52 所示，其平均值为 7.6mm。

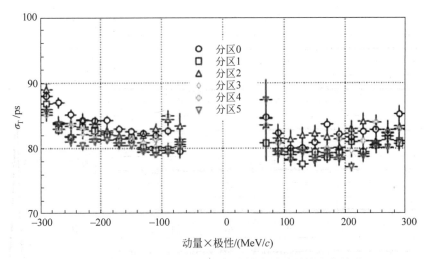

图 5.50　对电子和正电子的时间分辨率随动量的变化关系

其中包含来自零时刻定时和径迹追踪系统引入的时间晃动。

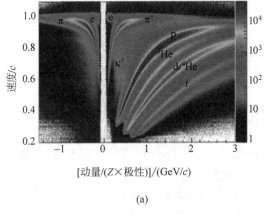

(a)

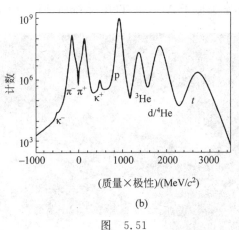

(b)

图　5.51

(a) 粒子速度与动量乘电极性的关系图,图中标记出了不同种类的粒子；(b) 利用飞行时间信息重建出的粒子分布,可见图中本底水平较低,因此可以实现对稀有亚阈值产物 κ^- 的鉴别。

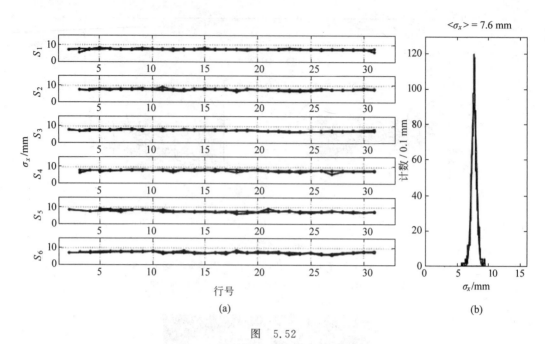

图　5.52

(a) HADES RPC TOF 墙各个分区内每个上下重叠的探测单元对的位置分辨率均分差在 7.0～7.8mm 之间；

(b) 所有位置分辨率的分布,平均值为 7.6mm。

5.7　极端能量事件实验

极端能量事件(Extreme Energy Events,EEE)实验是非常特别的。该项目负责人 A. Zichichi 在 2004 年提出该构想,作为一种广延大气簇射(EAS)阵列,专门用于宇宙射线谱中甚高能量部分(超过 10^{18} eV)相关问题的研究(图 5.53)。实验采用玻璃电极的多气隙 RPC 探测器,其结构和性能均非常类似于 ALICE TOF 系统所使用的 RPC。

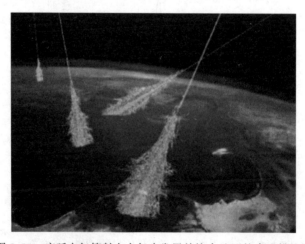

图 5.53　广延大气簇射在大气中发展并撞击地面的直观描述图

当初级粒子的能量超过 10^{16} eV 时,簇射范围的直径可超过几千米。

　　EEE 实验的特点在于 RPC 的组装完全由高中学生和教师团队完成,当然他们接受了 EEE 合作组中专业研究人员的指导(图 5.54),整个组装过程也在欧洲核子研究中心进行。接下来这些探测器被运送到各个学校,由老师和学生将它们组装成为宇宙射线望远镜系统,然后操作运行。这使得 EEE 项目成为将高中生和老师引入实际科研活动的桥梁,另一方面高中学校和研究机构之间的密切合作也为 EEE 网络的正常运作提供了有力保障。

图 5.54　参加 EEE 实验的团队之一,来自 Trinitapoli 的 Instituto Staffa 团队(有彩图)
照片中的后方就是他们刚刚完成组装的 RPC 探测器,其中还有本书的作者之一 Marcello Abbrescia。高中学生、教师和专业研究人员之间的合作是 EEE 实验取得重要成果的坚实基础。

　　截至 2016 年年底,EEE 网络涵盖了 52 个站点,其中 46 个站点来自高中,其余站点位于意大利国家核物理研究所(INFN)在多地的研究机构、一些大学的物理系实验室和 CERN。将来还会有更多学校加入 EEE 项目,安装宇宙射线望远镜系统,同时参与到已有系统的监测和相关的数据分析等工作中(图 5.55)。

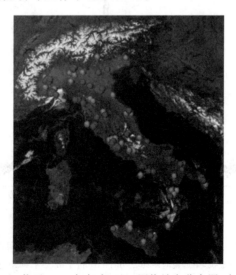

图 5.55　截至 2016 年年底 EEE 网络站点分布图(有彩图)
其中红色点代表装有宇宙射线望远镜的学校或机构,蓝色点代表参加系统监测和数据分析,但没有安装探测器的学校。

每个 EEE 宇宙射线望远镜系统由 3 个玻璃电极 MRPC 探测器组成,每个探测器有 6 个 $300\mu m$ 厚的气隙,工作气体是相对比例为 98:2 的 $C_2H_2F_4$ 和 SF_6 混合物,工作在雪崩模式下。它们与 ALICE TOF MRPC 探测器的主要区别在于尺寸不同,EEE 探测器采用单室结构,且仅在室的一侧布有铜读出条。

EEE 的所有站点在同一网络下整体运行,来自各个站点的信息通过全球定位系统 (GPS)以几十纳秒的精度互相同步,通过统一的协调运行最终获得相关数据,在此期间需要学校维持望远镜系统的正常运转。这些数据最终汇集到意大利国家网络分析中心(CNAF) (意大利最大的科学计算机构),并在那里进行数据重建,以实现系统监测和数据分析。第一次系统的联调运行在 2014 年年底完成,其后又进行了另外两次运行,直到 2016 年 5 月底, 已有 40 多套望远镜系统参与,共收集并重建了大约 250 亿条宇宙射线径迹。运行 3 已经于 2017 年夏季结束,其间采集的数据量等于之前运行所获得数据的总和。

在 EEE 实验中,需要通过符合结果确认 EAS 信号,即要求各 EEE 望远镜系统中几乎同时观测到大致平行的 μ 子径迹,才记录为有效信号,EAS 的能量越大,那么观测到该信号的两望远镜的相对距离就越远。此类事件的一个例子如图 5.56 所示。需要注意的是,由于宇宙射线能谱与其能量呈单调递减关系,由较近两个望远镜系统观测到的信号峰相对于本底噪声会更为明显。

EEE 望远镜还能够实时监测当地的宇宙 μ 子通量变化,精度可以达到百分之几,所以也可以用来研究一些有趣的天体物理现象,例如福布什降低现象,即观测到宇宙射线通量出现降低,这与太阳耀斑及其后几小时内日冕物质的喷发等太阳活动有关。图 5.57 展示了一对 EEE 望远镜观察到的福布什降低现象,这是该现象在学校中被首次探测到,将结果与芬兰

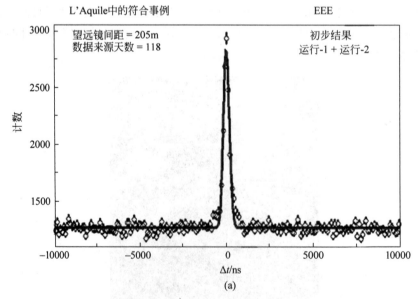

图 5.56　两个 EEE 望远镜系统所测 μ 子径迹的时间差分布

(a) 位于拉奎拉,望远镜间距约 200m；(b) 位于萨沃纳,间距为 1.2km

图中位于零点附近的主峰对应两个望远镜系统几乎同时记录下的 μ 子径迹事件,这标志着同一 EAS 击中了这两个望远镜。在 2009 年的地震中,拉奎拉的望远镜被部分损毁,现已重建并投入使用。

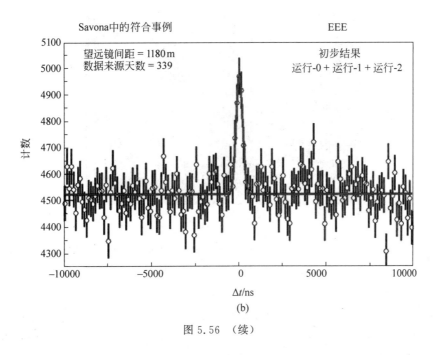

图 5.56　（续）

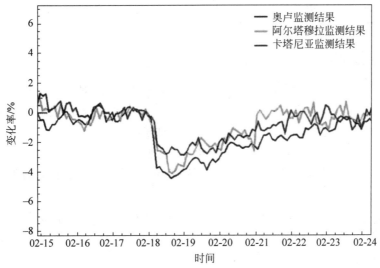

图　5.57（有彩图）

2011 年 2 月，位于阿尔塔穆拉和卡塔尼亚的两个 EEE 望远镜系统首次观测到福布什低现象，与奥卢在同一时间段内得到的中子监测数据进行了比较，结果非常一致。

奥卢中子监测网络中探测系统得到的宇宙中子通量进行比较，结果非常一致（Abbrescia et al.，2011）。

　　利用 EEE 网络还可以进行很多其他研究，例如寻找宇宙射线 μ 子角分布可能存在的各向异性，通过这些数据可以对月球的阴影进行定位。上行 μ 子（从地表飞向天空的 μ 子）也是非常有趣的一个研究方向。由穿过望远镜系统底部或其下方地面的下行 μ 子衰变产生的上行电子，可以确定上行事件的相对占比，同时也验证了 EEE 探测器的优秀性能（图 5.58）。

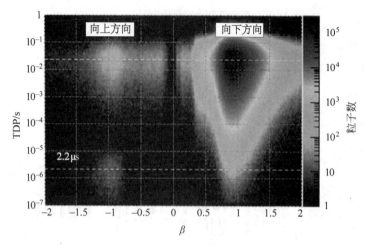

图 5.58　EEE 网络中的一套宇宙射线望远镜观测到相对于早期事件的时间差与速度 β 分布正(负)β 值分别对应向下(向上)发生的事例。图中落后前一个事例 2.2μs 白点中的事例就是 μ 子衰变出的向上运动的电子。

事实上,EEE 是目前基于 MRPC(在探测器面积而言)最大的实验,未来几年会进一步扩展;整个实验建设和运营规模与 LHC RPC 的系统升级相当。这个大型试验具有重大意义,并且在整个试验中还包含高中生参与的团队。

5.8　其他试验

正如在本章前面介绍中所述,我们并不打算描述所有使用 RPC 的实验,因为它们不胜枚举。这也证明了 RPC 在高能物理领域的成功应用。在这里,我们仅列举部分重要实验,如果读者有兴趣,可以根据后面的参考文献进行详细了解。

- BELLE(日本高能加速器研究组织(KEK)的粒子物理实验),使用工作在流光模式下的 2000m² 玻璃 RPC 来检测 K_L 和 μ 介子,并且发现了探测器老化的痕迹(Yamaga et al. ,2000)。
- OPERA,用来检测 CNGS(CERN Neutrinos to Gran Sasso)中微子束流中的中微子振荡,在 24 层 μ 子谱仪中使用了 3000m² 工作在流光模式的电木 RPC,并成功运行多年(Paoloni,2014)。
- BESIII(北京电子-正电子对撞机 II 的粒子物理实验),采用多层工作在流光模式的 RPC 作为 μ 子计数器,RPC 总面积达到 1200m²,其中制作 RPC 的电木是由中国制造的(在当时,是这个领域的首创)(Zhang et al. ,2007)。
- HARP(高接收度反转偏光仪),这是第一次使用类似于为 ALICE 开发的 MRPC(multi-gap RPC)的实验之一,MRPC 为四气隙结构,采用玻璃作为阻性电极,气隙宽度为 300μm(Bogomilov et al. ,2007)。
- PHENIX(先进高能核碰撞实验)是 RHIC(相对论重离子对撞机)上的一个实验,它采用了与 CMS 端盖系统类似的 RPC 升级了其 μ 子谱仪(He,2012)。
- STAR(RHIC 上的螺旋形径迹探测器),2009 年安装了面积为 50m² 的 6 气隙、气隙

宽度为 $220\mu m$ 的 MRPC 作为 TOF 系统(Llope,2012)。

- LEPS2,一个通过光核反应实现亚核物理的实验,其中的 TOF 系统也采用时间分辨率约为 50ps 的 RPC(Tomida et al.,2012)。
- FOPI(4π),位于 GSI 重离子研究中心的实验装置,MRPC 被用在桶部粒子鉴别升级中,MRPC 通过特殊的多条阳极读出信号,简称 MMRPC(Kis et al.,2011)。
- 大亚湾(Daya Bay)反应堆中微子实验,采用 1600 个电木 RPC 组成约 2500m^2 宇宙射线本底反符合探测器(Liehua et al.,2011)。
- BGOegg 实验,玻璃 MRPC 用于 TOF 系统来测量粒子能量,时间分辨率达 60ps (Tomida et al.,2016)。

值得一提的是,在不久将要建立的一些实验装置也预示了 RPC 的广泛应用,此处简单列举如下:

- GSI 的 CBM(压缩重子物质)试验,其中约 100m^2 的 TOF"墙"将由 MRPC 建成 (Herrmann et al.,2014)。
- INO(印度中微子观测实验),一个大型非加速器高能物理地下实验室(INO,2016),其中数千平方米的 RPC 将会用作铁量能器的读出单元。
- SHIP,CERN SPS 上的一个固定靶试验,用于寻找 HIdden 粒子和 τ 中微子(SHIP, 2015),其中电木 RPC 和时间分辨 MRPC 都将得到应用。

参考文献

Abbrescia, M. (2013) Operation, performance and upgrade of the CMS resistive plate chamber system at LHC. *Nucl. Instrum. Methods Phys. Res., Sect. A*, **732**, 195–198.

Abbrescia, M. *et al.* (1993) A horizontal muon telescope implemented with resistive plate chambers. *Nucl. Instrum. Methods Phys. Res., Sect. A*, **336**, 322–329.

Abbrescia, M. *et al.* (1995) Resistive plate chambers performances at cosmic ray fluxes. *Nucl. Instrum. Methods Phys. Res., Sect. A*, **359**, 603–609.

Abbrescia, M. *et al.* (1997) Resistive plate chambers performances at low pressure. *Nucl. Instrum Methods Phys. Res., Sect. A*, **394**, 341–348.

Abbrescia, M. *et al.* (2004) Study of long-term performance of CMS RPC under irradiation at the CERN GIF. *Nucl .Instrum. Methods Phys. Res., Sect. A*, **533**, 102–110.

Abbrescia, M. *et al.* (2011) Observation of the February 2011 Forbush decrease by the EEE telescopes. *Europhys. J. Plus*, **126**, 61. doi: 10.1140/epjp/i2011-11061-5.

Abbrescia, M. *et al.* (2016) A study of upward going particles with the extreme energy events telescopes. *Nucl. Instrum. Methods Phys. Res., Sect. A*, **816**, 142–148.

Adam, J. *et al.* (2015) *Eur. Phys. J. C*, **75**, 226. doi: 10.1140/epjc/s10052-015-3422-9.

Aielli, G. *et al.* (2006) New results on ATLAS RPC's aging at CERN's GIF. *IEEE Trans. Nucl. Sci.*, **53** (2), 567–571.

Aielli, G. *et al.* (2009) Temperature effect on RPC performance in the ARGO-YBJ experiment. *Nucl. Instrum. Methods Phys. Res., Sect. A*, **608**, 246–250.

Aielli, G. *et al.* (2012a) Calibration of the RPC charge readout in the ARGO-YBJ experiment. *Nucl. Instrum. Methods Phys. Res., Sect. A*, **661**, S56–S59.

Aielli, G. *et al.* (2012b) Highlights from the ARGO-YBJ experiment. *Nucl. Instrum. Methods Phys. Res., Sect. A*, **661**, S50–S55.

Aielli, G. *et al.* (2013) Performance, operation and detector studies with the ATLAS resistive plate chambers. *JINST*, **8**, P02020.

Akindinov, A. *et al.* (2009a) The ALICE time-of-flight system: construction, assembly and quality tests. *Nuovo Cimento Soc. Ital. Fis., B*, **124**, 235–253. doi: 10.1393/ncb/i2009-10761-3.

Akindinov, A. *et al.* (2009b) Final test of the MRPC production for the ALICE TOF detector. *Nucl. Instrum. Methods Phys. Res., Sect. A*, **602**, 709–712.

Akindinov, A.V. *et al.* (2004) Design aspects and prototype test of a very precise TDC system implemented for the multigap RPC of the ALICE-TOF. *Nucl. Instrum. Methods Phys. Res., Sect. A*, **533**, 178–182.

ALICE Collaboration (2004) Muon Spectrometer Technical Design Report. ALICE-DOC-2004-004 v.1, https://edms.cern.ch/document/470838/1 (accessed 26 October 2017).

ALICE Collaboration (2006) https://cds.cern.ch/collection/ALICE%20Photos (accessed 26 October 2017).

ALICE Collaboration (2008a) The ALICE experiment at the CERN LHC. *JINST*, **3**, 1–245.

ALICE Collaboration (2008b) The ALICE public pages, http://aliceinfo.cern.ch/Public/en/Chapter2/Chap2_TOF.html (accessed 26 October 2017).

ALICE Collaboration (2012) Performance of the RPC-based ALICE muon trigger system at the LHC. *JINST*, **7**, T12002.

ALICE Collaboration (2014) Particle identification with the ALICE time-of-flight detector at the LHC. *Nucl. Instrum. Methods Phys. Res., Sect. A*, **766**, 288–291. doi: 10.1016/j.nima.2014.05.059.

Aloisio, A. *et al.* (2000) Long-term performance of the L3 RPC system. *Nucl. Instrum. Methods Phys. Res., Sect. A*, **456**, 113–116.

Alviggi, M. *et al.* (2003) Results on long-term performances and laboratory tests of the L3 RPC system at LEP. *Nucl. Instrum. Methods Phys. Res., Sect. A*, **515**, 328–334.

Antoniazzi, L. *et al.* (1992a) The TRIGA board for a fast muon trigger for E771. *Nucl. Instrum. Methods Phys. Res., Sect. A*, **314**, 563–571.

Antoniazzi, L. *et al.* (1992b) The E771 RPC detector. *Nucl. Instrum. Methods Phys. Res., Sect. A*, **315**, 92–94.

Anulli, F. *et al.* (2002) The BaBar instrumented flux return performance: lessons learned. *Nucl. Instrum. Methods Phys. Res., Sect. A*, **494**, 455–463.

Anulli, F. *et al.* (2003) Performances of RPCs in the BaBar experiment. *Nucl. Instrum. Methods Phys. Res., Sect. A*, **515**, 322–327.

Anulli, F. *et al.* (2005) Performance of second generation BABAR resistive plate chambers. *Nucl. Instrum. Methods Phys. Res., Sect. A*, **552**, 276–291.

ARGO-YBJ (2000) The ARGO-YBJ offical web site: http://argo.na.infn.it/.

Arnaldi, R. *et al.* (2000) Study of the resistive plate chambers for the ALICE Dimuon arm. *Nucl. Instrum. Methods Phys. Res., Sect. A*, **456**, 73–76.

Arnaldi, R. *et al.* (2002) Spatial resolution of RPC in streamer mode. *Nucl. Instrum. Methods Phys. Res., Sect. A*, **490**, 51.

ATLAS collaboration (1992) Letter of Intent for a General-Purpose p p Experiment at the Large Hadron Collider at CERN, CERN/LHCC/92-4, LHCC/1, 21 October 1992.

Bacci, C. *et al.* (1993) A hodoscope made of resistive plate chambers to identify muons in a fixed target beauty hadroproduction experiment. *Nucl. Instrum. Methods Phys. Res., Sect. A*, **324**, 83–92.

Bacci, C. *et al.* (1995) Test of a resistive plate chamber operating with low gas amplification at high intensity beams. *Nucl. Instrum. Methods Phys. Res., Sect. A*, **352**, 552–556.

Belver, D. *et al.* (2009) The HADES RPC inner TOF wall. *Nucl. Instrum. Methods Phys. Res., Sect. A*, **602**, 687.

Biondi, S. (2015) Upgrade of the ATLAS Muon Barrel Trigger for HL-LHC. Proceedings of Science (EPS-HEP2015), p. 289.

Blanco, A. *et al.* (2012) Performance of the HADES-TOF RPC wall in a Au + Au beam at 1.25 AGeV. *J.INST*, **8**, P01004.

Bogomilov, M. *et al.* (2007) Physics performance of the barrel RPC system of the HARP experiment. *IEEE Trans. Nucl. Sci.*, **54** (2), 342–353.

Bohrer, A. *et al.* (1992) Status Report of the RD5 experiment. CERN/DRDC/91-53.

Bressi, G. *et al.* (1987) An apparatus to search for free neutron-antineutron oscillations. *Nucl. Instrum. Methods Phys. Res., Sect. A*, **261** (3), 449–461.

Camarri, P. (2009) Operation and performance of RPCs in the ARGO-YBJ experiment. *Nucl. Instrum. Methods Phys. Res., Sect. A*, **602**, 668–673.

Cataldi, G. *et al.* (1994) Performance of the E771 RPC muon detector at Fermilab. *Nucl. Instrum. Methods Phys. Res., Sect. A*, **337**, 350–354.

CMS collaboration (1992) Letter of Intent by the CMS Collaboration for a General Purpose Detector at the LHC, CERN /LHCC 92-3, LHCC/I 1, 1 October 1992.

CMS Collaboration (1997) The muon project technical design report. CERN/LHCC 97–32, 15 December 1997.

CMS Collaboration (2015) Technical proposal for the phase-II upgrade of the compact Muon solenoid. CERN-LHCC-2015-10, LHCC-P-008, CMS-TDR-15-02, 1 June 2015, ISBN: 978–92–9083-417-5.

Colaleo, A. *et al.* (2009) The compact muon solenoid RPC barrel detector. *Nucl. Instrum. Methods Phys. Res., Sect. A*, **602**, 674–678.

Corradi, M. (2016) Performance of ATLAS RPC Level-1 muon trigger during the 2015 data taking. *JINST*, **11**, C09003.

De Gruttola, D. *et al.* (2016) A multigap resistive plate chambers array for the extreme energy events project. *Nucl. Part. Phys. Proc.*, **279–281**, 31–38.

He, X. (2012) PHENIX RPC R&D for the fast RPC muon trigger upgrade. *Nucl. Instrum. Methods Phys. Res., Sect. A*, **661**, S86–S89.

Herrmann, N. *et al.* (2014) Technical Design Report for the CBM Time of Flight System (TOF). GSI-2015-01999, GSI publisher, Darmstadt, Germany.

INO (2016) http://www.ino.tifr.res.in/ino/ (accessed 26 October 2017).

Kis, M. *et al.* (2011) A multi-strip multi-gap RPC barrel for time-of-flight measurements. *Nucl. Instrum. Methods Phys. Res., Sect. A*, **646**, 27–34.

Kornakov, G. and for the HADES Collaboration (2014) Time of flight measurement in heavy-ion collisions with the HADES RPC TOF wall. *JINST*, **9**, C11015. doi: 10.1088/1748-0221/9/11/C11015.

La Rocca, P. *et al.* (2016) The EEE project: a sparse array of telescopes for the measurement of cosmic ray muons. *JINST*, **11**, C12056.

Liehua, M. *et al.* (2011) The mass production and quality control of RPCs for the Daya bay experiment. *Nucl. Instrum. Methods Phys. Res., Sect. A*, **659**, 154–160.

Llope, W.J. (2012) Multigap RPCs in the STAR experiment at RHIC. *Nucl. Instrum. Methods Phys. Res., Sect. A*, **661**, S110–S113.

Paoloni, A. (2014) The OPERA RPC system. *JINST*, **9**, C10003.

Pedraza, I. (2016) First results of CMS RPC performance at 13 TeV. *JINST*, **11**, C12003.

Pugliese, G. *et al.* (2014) CMS RPC muon detector performance with 2010-2012 LHC data. *JINST*, **9**, C12016.

SHIP (2015) Technical Proposal: A Facility to Search for Hidden Particles (SHiP) at the CERN SPS, CERN-SPSC-2015-016 SPSC-P-350, 8 April 2015.

Surdo, A. and on behalf of the ARGO-YBJ Collaboration (2008) Talk given at the 21 European Cosmic Ray Symposium (ECRS 2008).

Tomida, N. *et al.* (2012) *High Time Resolution Resistive Plate Chambers for the LEPS2 Experiment*, SPring-8 Research Frontiers.

Tomida, N. *et al.* (2016) Performance of TOF-RPC for the BGOegg experiment. *JINST*, **11**, C11037.

Yamaga, M. *et al.* (2000) RPC systems for BELLE detector at KEKB. *Nucl. Instrum. Methods Phys. Res., Sect. A*, **456**, 109–112.

Zhang, J. *et al.* (2007) The design and mass production on resistive plate chambers for the BESIII experiment. *Nucl. Instrum. Methods Phys. Res., Sect. A*, **580**, 1250–1256.

第6章
阻性板室的材料和老化问题

在本章中,将讨论两个在阻性气体探测器领域很少被关注的问题,即材料和探测器的老化问题。探测器的材料以及长时间使用后的老化过程研究很少的原因是对这些问题的透彻理解需要物理和化学的综合知识。此外,它们还是复杂的过程,需要同时考虑其中多个因素的影响以及各个作用因素之间的相互关联。不幸的是,阻性板室(RPC)在大型实验中安装和使用后,老化才被认为是一个不可避免的问题,这也给进行所有必要的老化测试增加了难度。在这里,我们报告了许多科研工作者所获得的经验,这些科研工作者出于某种原因进行了这些研究工作,我们试图提供所收集的各种观察结果的自洽结论。当然,当超出了我们的能力时,我们也邀请读者来共同完成此类研究,以收集更多实验数据或提供比目前可用的更详细的理论框架。

6.1 材料

在前面的章节中,我们介绍了用于不同设计的 RPC 的阻性材料的一些基本属性。在表 6.1 中列举了一些大型实验 RPC 的主要特征。可以看出,这些 RPC 中使用的主要阻性材料是玻璃和电木。下面将讨论这些材料的已知特性。

表 6.1　一些实验中 RPC 工作状态和使用的电极材料的总结

试验名称	状态	电极材料和电阻率	工作气体组分	工作状态;电荷/径迹	计数率和单位面积累计电荷
L3	完成	油性电木,$2 \times 10^{11} \Omega \cdot cm$	$Ar/i\text{-}C_4H_{10}/C_2H_2F_4$ 59/35/6	流光模式	宇宙射线入射强度
BaBar	完成	油性电木,$10^{11} \sim 10^{12} \Omega \cdot cm$	$Ar/i\text{-}C_4H_{10}/C_2H_2F_4$ 48/48/4	流光模式;$10^2 pC$	$10 \sim 20 Hz/cm^2$,$\leqslant 10C/cm^2$
Belle	进行中	浮法玻璃,$10^{12} \sim 10^{13} \Omega \cdot cm$	$Ar/i\text{-}C_4H_{10}/C_2H_2F_4$ 30/8/62	流光模式	$10 \sim 20 Hz/cm^2$
ALICE TOF	进行中	钠钙玻璃,约 $10^{13} \Omega \cdot cm$	$C_2H_2F_4/SF_6$ 93/7	雪崩模式;$\leqslant 10pC$	$\geqslant 7 Hz/cm^2$
ALICE (trigger)	进行中	油性电木,$3 \times 10^9 \Omega \cdot cm$	$Ar/i\text{-}C_4H_{10}/C_2H_2F_4/CF_4$ 49/40/10/1	部分流光	$< 100 Hz/cm^2$,$\leqslant 0.2C/cm^2$
ATLAS	进行中	油性电木,$2 \times 10^{10} \Omega \cdot cm$	$C_2H_2F_4/i\text{-}C_4H_{10}/CF_6$ 96.7/3/0.3	雪崩模式;$30pC$	$< 100 Hz/cm^2$,$\leqslant 0.3C/cm^2$

试验名称	状态	电极材料和电阻率	工作气体组分	工作状态；电荷/径迹	计数率和单位面积累计电荷
CMS	进行中	油性电木，$10^{10}\,\Omega\cdot cm$	$C_2H_2F_4/i\text{-}C_4H_{10}/CF_6$ 96/3.5/0.5	雪崩模式；30pC	$<100Hz/cm^2$，$\leqslant 0.3C/cm^2$
ARGO-YBJ	进行中	油性电木，$10^{11}\sim 10^{12}\,\Omega\cdot cm$	$C_2H_2F_4/Ar/i\text{-}C_4H_{10}$ 75/15/10	流光模式	宇宙射线测试
EEE	进行中	钠钙玻璃，约 $10^{13}\,\Omega\cdot cm$	$C_2H_2F_4/SF_6$ 98/2	雪崩模式；$\leqslant 10pC$	宇宙射线测试

材料的宏观参数(例如电阻率和温度依赖性)已经进行过精确测量。然而,对材料中电荷转移过程的微观描述却缺乏了解。通常认为沉积在 RPC 电极表面上的雪崩或流光电荷既可以通过电极体又可以沿着电极表面进行消散,少数电荷通过间隔物和边缘进行消散。现在分别研究以玻璃和电木为电极的探测器。

6.1.1　玻璃和玻璃 RPC

第一个玻璃 RPC 原型机使用的是掺铁元素的玻璃(Parkhomchuk et al. ,1971)。现在,玻璃的传导机制已得到了充分的研究(Horst,1990；Shelby,1997)。

玻璃的分子单元无序排列,但是具有足够的内聚力保证很强的机械硬度。有多种不同组成的物质会呈现这种状态。换句话说,玻璃是一种混合物。"玻璃"这个词只是一个通俗称谓,因此更适合谈论"各种各样的玻璃"而不是"玻璃",就像我们所说的"金属""纺织品"和"陶瓷"一样。图 6.1～图 6.5 显示出了玻璃状态特性。

石英晶体(即二氧化硅,SiO_2)分子结构的二维近似图如图 6.1 所示。从三维角度看,每个硅原子位于四面体的中心,并且与位于四面体顶点的四个氧原子结合。四面体在空间中对称排列,使得每个氧原子占据两个不同四面体的顶点。应当注意的是,在图 6.1(及以下各图)中,由于二维图表示 3D 结构的局限性在显示氧原子方面存在一些缺失,因此需要根据化学价规则来理解。

图 6.1　以二维结构(实际上是三维晶格)表示的石英晶体的分子结构图

黑色圆点是硅原子,空心圆圈是氧原子。可以看出,石英是一种结晶物质。

如果石英晶体加热至高温条件下(大约 1500℃),那么原子之间的化学键相互作用就会明显减弱,玻璃中的原子或小的原子团就会坍缩成熔融状态,这时候玻璃就具有了随机的无序结构。如果熔化的石英相对较快地冷却,一些原子可能不会回到原来的晶体结构中,就形成了如图 6.2 所示的二氧化硅玻璃结构。

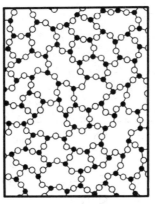

图 6.2　熔融的石英玻璃结构

实心圆点代表硅原子,而空心圆圈代表氧原子。

另一个例子中,二硅酸钠玻璃晶格的二维图像如图 6.3 所示。在该晶体中,交叉阴影的圆圈代表钠离子,其以规则的方式散布在硅酸盐链之间。若晶体熔化,晶体结构就会坍塌成液体的随机结构,如果慢慢冷却,它的原始晶体结构就可以恢复。然而,与前一种情况一样,相对快速的冷却会将 Na 原子捕获在玻璃状结构中,如图 6.4 所示。

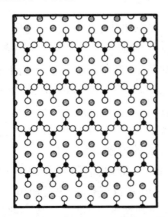

图 6.3　完美的二硅酸钠晶体的二维表示

交叉阴影圆圈代表钠离子,空心圆圈代表氧原子,实心圆点代表硅原子。

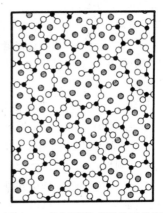

图 6.4　苏打石英玻璃的示意图

交叉阴影圆圈表示钠离子,空心圆圈表示氧原子,实心圆点代表硅原子。

在前面给出的各种玻璃的简要描述中,没有关于它们的化学成分的说法,因为玻璃的组分种类非常多。进一步举例,图 6.5 还描述了经典的罗马玻璃(即现在常用于珠宝的一种玻璃)的化学结构,其中可以注意到这种玻璃含有多种化学元素。同时,化学成分极大地影响了玻璃的物理和化学性质,包括它们的导电机制。

如果玻璃升温,一些键能较弱的化学键就可能会断裂,玻璃开始慢慢软化。在某些时候,结构坍塌到一定程度,带正电的阳离子(例如,Na^+,K^+,Ca^{2+},Fe^{3+})就会变成自由离子

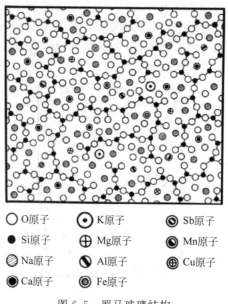

○ O原子	◉ K原子	◓ Sb原子
● Si原子	⊕ Mg原子	◒ Mn原子
◫ Na原子	◩ Al原子	⊕ Cu原子
◉ Ca原子	◉ Fe原子	

图 6.5　罗马玻璃结构

并且可以在软化的玻璃中作漂移运动。

　　根据 Souquet 等(2010)的研究,电导率的大小 σ_{dc} 取决于带电载流子的浓度 n_{cat} 及其迁移率 μ_{cat}:

$$\sigma_{dc} = n_{cat} q \mu_{cat} \tag{6.1}$$

其中,q 是载流子的电荷。

　　玻璃在室温下的电导率更加复杂,而且在很大程度上取决于它们的组成成分。例如,当增加 Na_2O 含量时,玻璃状二氧化硅的电导率会成数量级增加。一般而言,人们普遍认为,硅酸盐玻璃中的导电主要是由于一价阳离子(Na^+ 和其他离子)在外部电场的作用下通过玻璃网格位移造成的(Souquet et al. ,2010;Braunger et al. ,2012,2014;Morales et al. ,2012)。

　　室温下碱性二硅酸盐玻璃的有效带电载流子的迁移率接近 $10^{-4} cm^2 \cdot s^{-1} \cdot V^{-1}$ (Souquet et al. ,2010),而有效带电载流子的数量与碱金属阳离子的总数比值为 $10^{-8} \sim 10^{-10}$,这与离子晶体中的固有缺陷浓度或者弱电解质溶液的电解质浓度相当。

　　图 6.6 示例性地说明 RPC 中离子的运动。一般状况下,导电离子(例如 Na^+)在玻璃体内部进行迁移,直到它们到达电极表面。在阳极处,它们被来自气体中的雪崩电子中和,在阴极处,它们被连接到电源导电层中的电流中和。在这两种情况下,就会形成一些绝缘层和(或)耗尽区,导致电极极化。

　　图 6.7(Morales et al. ,2012)显示了玻璃和其他材料的电阻率在不同温度下随电荷转移大小的变化。一些材料显示出电阻率保持基本恒定而与转移电荷量无关。对于其他材料(例如,一些种类的玻璃),当达到一定的转移电荷值时,电阻率会突然增加。这与前面所提到的模型一致,这是由于到达电极表面的载流子会被阻挡而不再参与离子传导。

　　值得注意的是,许多非晶材料和一些玻璃在室温和较低温度下可能具有跃迁导电机制 (Ezz Eldin et al. ,1998;El-Desoky et al. ,2003;Ashwajeet et al. ,2015)。这种情况下当带电载流子从一种束缚态迁移到费米能级附近的另一个束缚态时发生导电。注意,由于费米能级附近的能级态起源于缺陷和掺杂,所以电导率随势阱密度而变化。

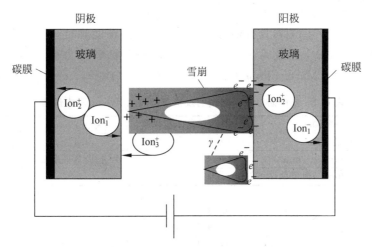

图 6.6　玻璃 RPC 中离子运动的一种可能解释

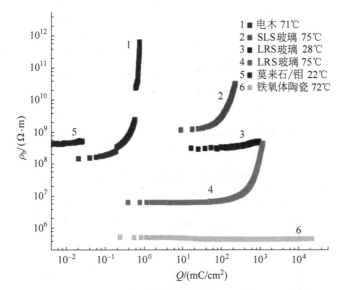

图 6.7　在不同温度下测量得到的玻璃和其他材料的电阻率与转移电荷的关系(有彩图)

SLS 玻璃：钠钙硅酸盐玻璃；LRS：低阻硅酸盐玻璃(清华大学研发)；莫来石/钼莫来石/钼陶瓷。电木在 71℃(当没有足够气体湿度提供 H^+ 载体时,转移电荷能力小于 $1mC/cm^2$)与 72℃ 的铁氧体陶瓷(即使电荷转移能力达到 22 000mC/cm² 后,仍然保持不变的电阻率)同时表现出极端的行为。

　　虽然看起来跃迁机制已经完美建立,但是仍然有人推测某些掺杂的玻璃可能具有 n 型半导体特性。例如,Pestov 玻璃被认为具有某种类型的电子传导性(Yu. Pestov,私人通信)。这个类型也包含一种低电阻率玻璃,即：中国制造玻璃,它是由清华大学的一个科研小组研发的(Wang,2012a)。

　　这种玻璃的主要性能如表 6.2 所示。该玻璃的电阻率随温度的变化如图 6.8 所示。DESY(Deutsches Elektronen-Synchrotron)初步测试表明,其电荷转移速率远高于普通玻璃(图 6.9),之前几乎没有这样的玻璃阻性板室能在 γ 源辐照(在第 7 章中会进行更详细描述)超过 1 年,并且在高辐射环境(约 $10^7\gamma/cm^2$)环境下,同时进行宇宙射线的效率测试。由这种玻璃制成的探测器还在 CERN 的 PS T10 束流上进行了试验。计数率、高压和阈值扫描表明,这种玻璃制成的探测器具有很高的探测效率和高精度的时间分辨能力。因此由这种材料制成的玻璃 RPC 也成为世界上几个大型实验的最有力候选者,如 CBM TOF (Compressed Baryonic Matter Time Of Flight,参见文献(Depner et al. ,2014))。

表 6.2　低电阻率掺杂玻璃的规格参数表（J. Wang,私人通信）

最大尺寸	50cm×50cm	表面粗糙度	<10nm
体电阻率	$10^{10}\,\Omega\cdot cm$	介电常数	7.5～9.5
标准厚度	0.7mm,1.1mm	直流测量	稳定状态下电荷转移速率为 $1C/cm^2$
厚度误差	<20μm（典型值为 5μm）		

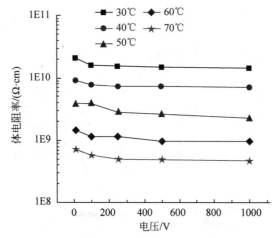

图 6.8　低电阻率玻璃的体电阻率随温度和电压的变化

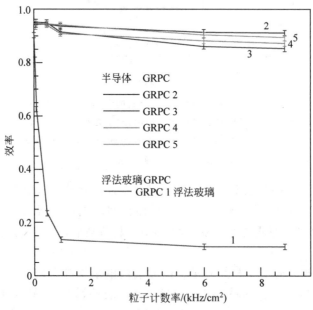

图 6.9　4 种低电阻率玻璃 RPC 的效率随计数率的变化（图中标记为 GRPC2～GRPC5）（有彩图）
为了比较,图中还给出了浮法玻璃 RPC 的数据。

6.1.2　电木

用于制作 RPC 的电木是一种含有多层纸质结构的浸渍合成树脂。当加热和加压时,聚合作用会将该结构转化为刚性酚醛片。由于电木材料的复杂性和不均匀性,所以对材料的导电机理了解不多。人们通常认为电木导电也是由离子运动引起的(Morales et al.,2012),图 6.7 观察到的耗尽效应就是最好的证明。此外,在 RPC 中,酚醛树脂通常涂有一层薄薄的亚麻籽油,亚麻籽油和酚醛树脂都是复杂的物质,它们的化学成分甚至不固定,因此电流流动成为一个更加复杂的过程。在此种类型的 RPC 中,电流很可能需要在气体、亚麻籽油和酚醛塑料中的不同种类离子之间交换载流子(见图 6.10);Va'vra(2003)描述了这个有趣但仍然含有很多模糊不清因素的过程。

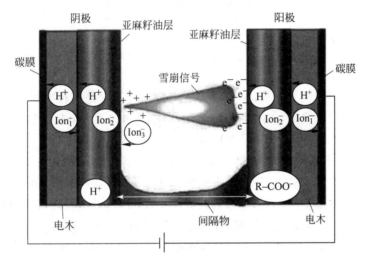

图 6.10　涂油电木 RPC 中的电荷转移模型(有彩图)

人们认为在电木 RPC 有效电阻率范围($10^{10} \sim 10^{12}\ \Omega \cdot cm$)中电木内积聚的水起着重要作用。当然纯净水是不导电的,但是当它含有一些杂质时,例如,当它与一些酸性物质混合时,它开始通过离子载流子进行导电,因此电木电极中的导电过程可能具有电解的性质。电木中含水量的变化会改变其电阻率,因此大型实验的电木 RPC 使用相对湿度为 30%～40%的气体混合物。在 BaBar 试验中,水蒸气的百分比首次凭经验确定,通过干燥气体混合物流入 RPC 并测量排出气体得到相对水蒸气含量。同时,电木板中的水含量是不固定的,水可以进入(或逸出)这种材料,也可以穿过亚麻籽油层到电木上。应当注意的是,因为电木具有微孔和随机尺寸的微/纳米毛细管不均匀结构,因此水的百分比含量不仅影响油和酚/三聚氰胺化合物电解过程的形成,而且可能是电木材料中的主要电荷转移体。

也有人认为,高电场里的含水电木可用图 6.11 所示的等效模型表示(Va'vra,2003)。电场中基于酚类的电解质可能经历以下过程:

(1) 苯酚电离为 H^+＋苯-O^-离子。

(2) 苯-O^-离子将其电荷输送到阳极,形成苯-O 返回流体,或苯-O^-离子通过反应将其电荷转移到 OH^-离子:苯-O^-＋H_2O ⟶ 苯酚＋OH^-。

(3) 苯酚返回循环,OH^-将其电荷转移到阳极;H^+离子将其电荷传递到阴极,在那里

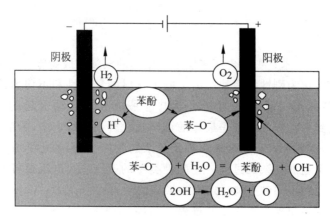

图 6.11 电木中电解过程的等效模型

它形成 H_2 分子并逃逸。

(4) 同样地,阳极也会发生以下过程：$2OH \longrightarrow H_2O + O$ 和 $2O \longrightarrow O_2$,氧气将会在阳极附近逸出。

亚麻籽油,特别是未完全聚合时,也能促进电流传导。它是一种有机酸分子,可以表示为 R-COOH。在这种情况下,文献(Va'Vra,2003)中给出如下的电解过程：

(1) R-COOH 电离为 $H^+ + R-COO^-$。

(2) $R-COO^-$ 离子漂移到阳极,然后被中和,电荷此时输送到阳极；然后 R-COO 返回流体。另一种可能性是 $R-COO^-$ 离子通过 $R-COO^- + H_2O \longrightarrow R-COOH + OH^-$ 将电荷转移到 OH^- 离子。R-COOH 返回酸溶液的循环中,OH^- 将其电荷转移到阳极。

(3) H^+ 离子将其电荷传递到阴极,在那里它形成 H_2 分子并逸出。

(4) $2OH \longrightarrow H_2O + O$ 和 $2O \longrightarrow O_2$,在阳极附近逸出氧气(图 6.11)。

应该强调的一点是该模型中水对电导率影响很大,如果没有水,$R-COO^-$ 或 OH^- 将不会传输任何电荷,同时 R-COO 将沉积在阳极上,并且 R-COOH 将不会返回电流循环中,这样就会引起循环电流慢慢减小直到停止,只有再加水,才能重新开始循环。实际上,实验多次观察到当材料逐渐干燥时电木电阻率随之增加的现象。

显然含水量不是调节电木电学性能的唯一参数,另一种方法是改进电木制造技术。例如,尝试掺杂酚醛树脂,在生产过程中将钠离子添加到环氧树脂中(Dai et al.,2014),这种电木的体电阻率可以降低到 $10^8 \Omega \cdot cm$。

6.1.3 电木电阻率的测量方法

一般而言,电木的电阻率不如玻璃电阻率稳定,因为它容易受到外部环境的影响,如环境湿度会影响材料的含水量或温度(图 6.12)。此外,根据电木在生产过程中的表面处理类型,对电阻率的影响也不一样,例如采用的亚麻籽油或者硅胶涂层。

由于上述原因,RPC 电极板的电阻率需要实时监测。在已经装配完成的 RPC 中,可以通过填充氩气并参照第 3 章中提供的方法进行监控。要在电木制造后立即测量电木的体电阻率,具体可以参照图 6.13(a)、(b)中所示的方法。被测量的电木片挤压在两个金属电极之间,如图 6.13(a)所示,在两个电极之间给定适当的电压差(通常在 100~1000V 范围内),

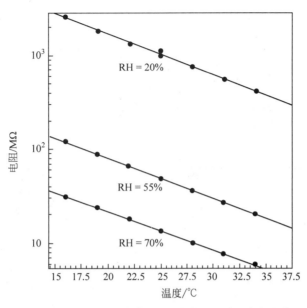

图 6.12　三种不同湿度值下,电木的电阻随温度的变化

然后测量电流。在测量过程中最关键的是确保金属电极和电木表面之间的良好接触,为此,常使用软导电层(例如导电橡胶或导电海绵),并且使用可产生高达约 10atm 压力的压力机来保持测试电极与样品的良好接触。这种测量的方法来自 Song 等(2012),见图 6.14。通常,采用较低电阻率值的导电海绵进行测量,这样能够保持与电木样品更好的电接触(图 6.15)。此外,为了尽可能减少表面漏电的影响,可以采用保护电极(图 6.13(b))。

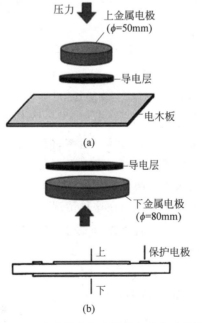

图 6.13　电木体电阻率测量方法的示意图

(a) 没有保护电极;(b) 带保护电极

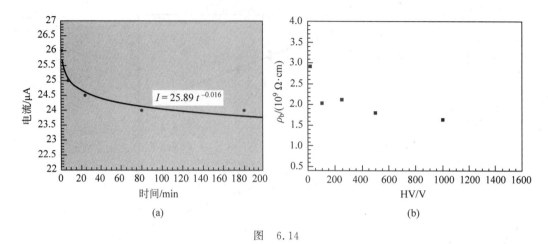

图　6.14
（a）在电木板电阻率测试过程中测得的电流随时间的变化；（b）在不同电压下测得的体电阻率

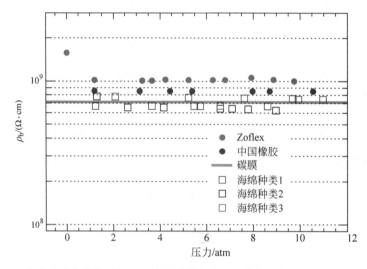

图 6.15　采用不同种类的导电层测量得到的电木电阻率与施加压力的关系（有彩图）
测试结果与碳膜电极获得的结果进行了比较，其中 Zoflex 是一种导电橡胶的品牌。

上面所描述的方法适合于测量电木的体电阻率，但已知在电木 RPC 中，沿电极表面也会有电流，因此，可以测量电木的面电阻率。面电阻率是指电流过电极表面所受到的电阻。它也可以定义为贴在所测材料表面的两个平行电极之间的电阻。

面电阻率的测量原理如图 6.16 所示，在这种情况下，测量连接到待测试面并且与其具有良好机械和电接触的两个平行金属条之间的电流。因此，面电阻率 ρ_s 定义为

$$\rho_s = (U/I_{sm})(D/L) \tag{6.2}$$

其中，U 是两个电极之间施加的电位差；I_{sm} 是测量的表面电流；D 是电极的长度；L 是它们的距离。比率 L/D 定义了被测量区域覆盖的面积的大小，因此在一般情况下，ρ_s 表示为每平方欧姆，单位

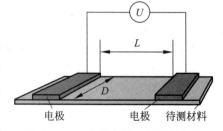

图 6.16　电木面电阻率的测量方法

为 Ω/□。

　　为简单起见,我们在测量时电极分开的距离通常等于电极的接触长度,使得电极的 4 个端部形成正方形。因此,以这种方式测量的电阻率会直接给出每平方欧姆的值。

　　通常,测量面电阻率时会使用各种方法或几何形状来减少体电流带来的测量误差。例如,在某些情况下,测试板下的电木底面保持接地。采用此方法测试得到的面电阻率如图 6.17 所示。通常测量面电阻率是困难的,因为它们不仅受到样品表面潮气和湿度的影响,而且还受到污染和表面瑕疵以及其上面存在的电解质膜的影响。

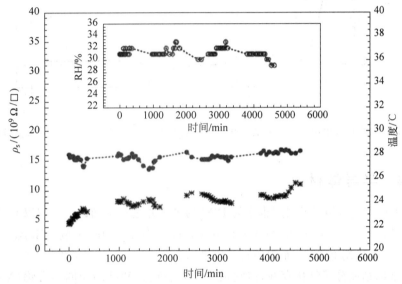

图 6.17　在两种不同温度下得到的电木面电阻率随时间的演变(环境相对湿度保持在 30% 左右)

　　最后,我们还要提及的是,对于用于位置分辨的条形读出 RPC,提供高压(HV)的石墨涂层的电阻率的大小非常重要:首先要求低电阻率以确保均匀的电场(HV)分布,同时石墨涂层的电阻率要足够高以保证其对雪崩感应信号的"透明"性。平衡起来电阻率在 0.1~1MΩ/□ 之间是最佳的。通常用于测量石墨层面电阻率的装置如图 6.18 所示。它由带两个金属条的夹具组成,理想情况下,金属条应具有 V 形横截面而且底部应用软导电材料,测量时软导电材料位于石墨层表面。

　　当然,这些测量方法不仅适用于电木,而且也适用于玻璃 RPC,因为这两种不同类型的RPC 工作高压施加方式基本相同。如图 6.19 所示(Jaiswal et al.,2012),沉积在浮法玻璃上的石墨涂层干燥后,可以观察到其面电阻率测量值随时间的变化。

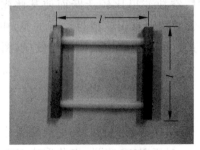

图 6.18　用于测量酚醛塑料或玻璃电极石墨层面电阻率的黄铜电极的照片

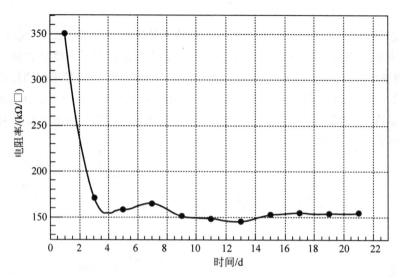

图 6.19　石墨层面电阻率随时间的变化(Jaiswal et al. ,2012；感谢 Venktesh Singh 教授)

6.1.4　半导体材料

不同于玻璃和酚醛塑料的材料也作为 RPC 的电极并进行了测试。我们以 GaAs(Francke et al. ,2003)或陶瓷(Lopes et al. ,2006；Laso Garcia et al. ,2016)为例。GaAs 是一种经典的半导体,其导电机制好理解,而陶瓷则要复杂些。

陶瓷通常以结晶分子结构存在,但它也可能是玻璃相和结晶相的结合物(Moulson and Herbert,2003)。大多数陶瓷材料是电介质,但其中有一些(特别是当它们被适当掺杂时,例如基于 ZnO 的陶瓷)可能具有半导体特性。

与大多数材料一样,陶瓷中的导电性有两种类型：电子型和离子型。电子型是自由电子通过材料进行传导。虽然原则上在陶瓷中将原子结合在一起的离子键不允许存在自由电子,但在某些情况下,类似于掺杂半导体,材料中可能包含不同价态的杂质,这些杂质可能成为电子的供体或受体。其他情况下,陶瓷可能包括过渡金属或不同价态的稀土元素,这些掺杂可以作为极化子的中心,即"准粒子",当它们从一个原子移动到另一个原子时会产生小区域的局部极化。电子导电陶瓷常用作电阻、电极和加热元件(Hench and West,1990)。

离子传导是离子(正电荷或负电荷原子)通过晶格中的点缺陷(也叫空缺)从一个位置传递到另一个位置进行导电。陶瓷在常温下,因为原子处于相对低的能量状态而很少发生离子的跃迁。然而在温度升高时,空缺变得比较活跃而使某些陶瓷表现出快速的离子传导。这些陶瓷在燃料电池、电池等领域特别有用。值得注意的是,由于陶瓷的半导体特性,有些陶瓷即使达到很高的转移电荷值,也不会产生任何极化效应(图 6.7)。

6.2　老化效应

气体探测器的老化效应一般指探测器在长时间电离辐射作用下造成性能下降。这是一个取决于许多参数的复杂现象。对于 RPC 来说,老化取决于电极的材料、气体组成(不易控制的杂质引起的细微影响）、辐射的状况以及许多不为人知的因素。

RPC 的老化通常表现为"暗"电流和噪声的增加。在最坏的情况下暗电流和噪声同时增加，直到 RPC 无法在工作电压下正常工作，或者噪声太大而导致腔室连续打火。与此同时，可以观察到探测器的探测效率的逐渐降低。当拆开这些老化探测器时，可以直接看到或通过显微镜观察到电极的腐蚀和/或在电极上沉积有聚合物的痕迹。

尽管已经有大量文献描述了老化现象，但要从机理上达到清晰而完整的理解还是较困难的。许多化学过程可能同时发生，因此，要做到对老化效应的定量描述，需要对所有气相和气体表面反应产物进行详细分析。目前要同时做到这些是非常困难的，充其量我们只能定性地描述。

6.2.1　在流光模式下运行的 RPC 的老化现象

6.2.1.1　L3 和 Belle

前面已经指出，第一次大规模用于高能物理实验的 RPC，并没有表现出任何由于探测器老化现象引起的相关性能下降，例如 L3 中的 LEP(Large Electron Positron)实验。实际上，在 L3 实验的 RPC 系统中观察到的效率降低的主要来源是一些电路通道的损坏、气体混合物的变化（探测器工作期间曾经发生过这些问题）以及气体泄漏（细节参见：第 5 章和文献(Alviggi et al.，2003)）。因此，在这里我们主要研究气体中、电极内部或在气体和电极交界处发生老化过程的物理机制。

首次观察到 RPC 老化现象是在 B-factory（即：Belle 和 BaBar）试验，它是 LEP 上的后续实验，它的亮度比 L3 实验高很多（大于 $3 \times 10^{33} cm^{-2} \cdot s^{-1}$），因此，与之前的加速器或宇宙射线实验相比较，RPC 输出信号计数率更高。同时，还要考虑 Belle 和 BaBar 实验中的 RPC 是工作在流光模式下。

Belle 实验 RPC 电极由普通浮法玻璃制成，电阻率约为 $10^{12} \Omega \cdot cm$ 或者更高。在最初成功全效率运行，RPC 的性能迅速恶化。

一旦出现大的暗电流，Belle 组就必须停止运行并立即调查问题。在第一次经过大规模调研后，他们确定 RPC 性能下降的潜在原因之一与四氟乙烷($C_2H_2F_4$)有关，后者是目前 RPC 气体工作混合物的主要成分，并且当探测器工作在流光模式时可产生氢氟酸(HF)。另外也有人认为，水蒸气促进了四氟乙烷电离和 HF 生成的相关过程，但是他们都没有令人信服的实验证据。

使用含有约 2000ppm[①]H_2O 的气体混合物运行数周后，RPC 的暗电流显著增加，效率相应降低(Abashian et al.，2000)。值得注意的是，水蒸气能够通过柔性聚烯烃管从空气中渗透到管内，然后和工作气体一起进入到 RPC。正如前面所说的那样，高暗电流是 RPC 中的一个严重问题。为了恢复效率而增加电压是没有意义的，因为这样只会导致暗电流增加。

后来的研究表明，老化效应是由于氟离子腐蚀玻璃和电极表面上沉积雪崩产物的结果。当我们拆开探测器时，发现阳极和阴极都被损坏。阳极表面具有大量的氟化物，而阴极则缺少钠。文献(Sakai et al.，2003；Kubo et al.，2003)采用阴极表面上的局部沉积物引起的尖端自发场发射电子来解释老化现象。

---

① 1ppm＝10^{-6}。

在一次试验中，观测到效率降低明显的区域位于气流最先流入的位置（Tonazzo，2002）。解决方案是采用铜管代替聚烯烃管能将水蒸气浓度从 2000ppm 降低到小于 10ppm。还观察到用通含有微量氨气的氩气的办法能够完全恢复受损的玻璃阻性板室（Kubo et al.，2003）。

有一些人认为，由于碱离子在强电场下的迁移而导致玻璃面电阻率的永久性增加，这会引起玻璃 RPC 长期不稳定（Va'vra，2003）。在包含导电离子的 D-263 玻璃制成的 MSGC（Micro Strip Gas Chambers，一种微结构气体探测器，见第 8 章）中就观察到了这种现象，最后被迫选择电子导电或涂有金刚石的玻璃（Bouclier et al.，1996）作为基材。

6.2.1.2　通过 BaBar 试验得到的经验

使用 RPC 的 BaBar 试验为"涂亚麻籽油的电木 RPC"的研究积累了经验。在第 5 章描述了 RPC 运行大事记及宏观解释。在本节，我们将专注于微观现象研究，尝试用基本的物理过程给出一些解释。

BaBar 实验中的 RPC 探测器电极由涂有薄层亚麻籽油的酚醛树脂制成。与其他情况一样，在最初成功运行之后，老化效应开始表现为一般的性能恶化：探测器电流开始增加并且效率开始变低（Anulli et al.，2003）。造成上述现象的主要原因是在运行期间持续数月的高温（约 35℃）。但无论如何，即使后来温度降低到 24℃，性能恶化现象一直在持续。

后来经过认真研究发现，RPC 内表面存在亚麻籽油的油滴，基本上确定了问题的三个来源：

（1）由于涂层质量差，这是液滴的来源，酚醛树脂表面的亚麻籽油过量，液滴没有完全聚合，触摸时还很黏稠（图 6.20）。

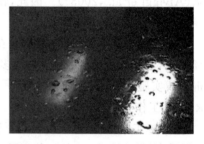

图 6.20　BaBar 实验一个发生故障的 RPC 电极内表面的照片

请注意，BaBar RPC 类似于 L3 实验的 RPC，但有一个小的但很重要的差异：L3 电极垫片和侧面支撑框是简单的平面；而在 BaBar 实验中，它们被改成了"蘑菇状"，以便最大限度地减少漏电流。然而，这些新的垫片包含隐藏的储存空间，会俘获没有完全聚合的亚麻籽油（图 6.21）。

（2）高温软化了油膜：油改变了黏度并从这些隐藏的空腔泄漏到腔室中。

图 6.21　从一个 BaBar RPC 腔室取出的间隔片，可以清楚地看到间隔片右下方棕色亚麻籽油（照片的黑白版本中的黑斑）的集聚；彩色图片请参阅文献（Va'vra，2012）

这样就会导致探测器间隙宽度发生变化，并且在一些情况下，会导致凸起状物的形成，甚至在两个电木电极之间引起桥接，这种情况特别容易在电极的垫片和腔室的边缘区域发生。此外,还发现 BaBar RPC 腔室内的未聚合亚麻籽油体电阻率(约 $2.1 \times 10^8 \Omega \cdot cm$)与新鲜亚麻籽油(约 $76.7 \times 10^8 \Omega \cdot cm$)和电木材料(约 $2 \times 10^{11} \Omega \cdot cm$)相比要低得多。因此,间隙桥就会表现出"短"路现象(图 6.22),导致局部的效率低下。

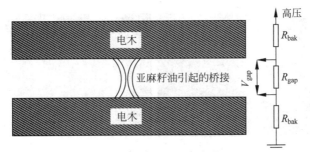

图 6.22　解释低效率机理的示意图

亚麻籽油滴连接了两个电木电极,减小了间隙内的电场。

还观察到电木电阻率随时间增加,这是因为,气体混合物中没有水蒸气,导致酚醛树脂逐渐变干。实际上,某些 RPC 中靠近进气口的效率比其他区域差得多,这是由于靠近气体入口的干燥过程更严重导致的。

电木电阻率的增加和积聚在气隙间隔物边缘未完全聚合的亚麻籽油的综合影响是巨大的,它们都会引起大的漏电流。图 6.23 显示了由上述影响导致的低效率的一些例子。

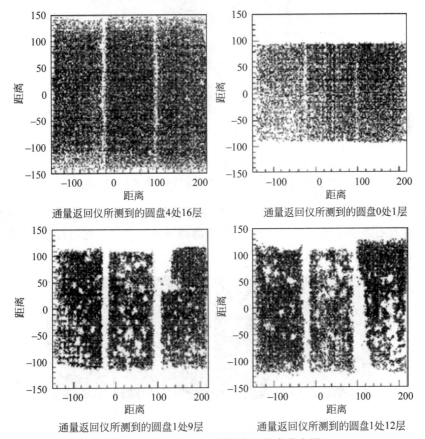

通量返回仪所测到的圆盘4处16层	通量返回仪所测到的圆盘0处1层
通量返回仪所测到的圆盘1处9层	通量返回仪所测到的圆盘1处12层

图 6.23　BaBar RPC 不同位置效率分布图

第一个直方图显示了一个高效率层(由 3 个 RPC 组成)的效率图;在其他直方图中,低效率区域来自于电极间隔物和探测器边缘附近。

（3）强电场会导致软油层从胶木板上脱离（软化的油在电场受到的力可以比重力大 70 倍）。软化油也会在阴极上形成长毛（图 6.24）。一些科学家推测,这些与电木中的高阻抗区域有关,并且局部地增强了基于氟利昂的化学反应而导致探测器的更多损害(Va'vra,2012)。

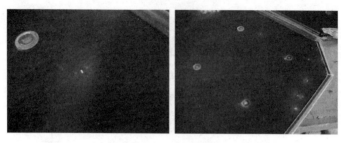

图 6.24　在两个 BaBar RPC 室阴极上形成的长毛

在其他方面研究中,BaBar RPC 小组通过测量电容发现了一个令人意外的事件：在电容、效率和暗电流的 3D 图中,相当数量的 RPC 位于低效率、低暗电流和低电容的角落区域（图 6.25）。

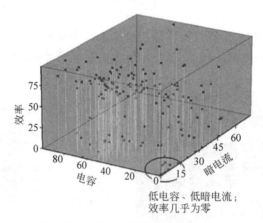

图 6.25　电容、效率和暗电流的 3D 图
相当数量的 RPC 位于低效率、低暗电流和低电容的角落区域。

这与之前的所有经验完全相反：通常,效率降低是高暗电流的直接后果。进一步研究发现,低电容与石墨膜上的不连续性有关,聚酯薄膜下的原本深色均匀石墨涂层颜色变浅并且变成半透明状态（图 6.26）。

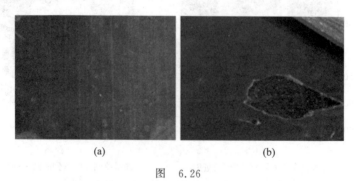

图　6.26

（a）一个失效 BaBar RPC 阳极上的石墨膜,该 RPC 的主要问题是低暗电流、低电容,效率几乎为零,石墨层看起来半透明,表明了石墨的消失；(b) 受损区域明显的证据：完整的石墨层看起来应该是黑色、均匀的

在经历了许多初期的问题之后,BaBar 实验对所有这些问题都进行了有效处理和解决:新的 RPC 在加高压之前使用较薄的亚麻籽油涂层进行了彻底的聚合,改善了石墨涂层的技术,并在工作气体中添加了水蒸气以降低电木的干燥效应。

6.2.2 没有涂敷亚麻籽油的蜜胺板和酚醛树脂 RPC

在 BaBar RPC 之后,人们尝试研发没有油涂层的 RPC。在实验室进行了用纤维素和蜜胺酚醛树脂研制的 RPC 实验(Crotty et al.,1993)。这里主要介绍无油酚醛树脂 RPC,因为它们已被详细研究而且还用于 BES-Ⅲ 实验中。

这些无油 RPC 的电极表面通常覆盖有塑料薄膜以降低表面粗糙度。在 BES-Ⅲ 中,薄膜厚度为 $50\mu m$,并且可以定制特定的电阻率以优化 RPC 性能。换句话说,这种薄膜起到与亚麻籽油涂层非常相似的作用,但它已在生产过程中与酚醛塑料薄片做成了一个整体。据称,这种层压材料的表面质量优于其他实验室制作 RPC 的电木板(Lu,2006)。在 BES-Ⅲ 实验中生产并安装了超过 $1300m^2$ 使用了这种电木板材的 RPC。

初步测试表明,这种没有使用亚麻籽油处理的电阻板制成的原型 RPC 可以达到与使用亚麻籽油处理的电木或阻性玻璃电极 RPC 性能相当的水平(Xie et al.,2009)。然而,后来在用 ^{60}Co 源进行的加速老化试验中观察到一些明显老化效应(Lu et al.,2012)。例如,对辐照前和辐照 23 天后的三个 RPC(编号为 RPC1,RPC3 和 RPC5)的效率进行了测试,测试结果如图 6.27 所示。

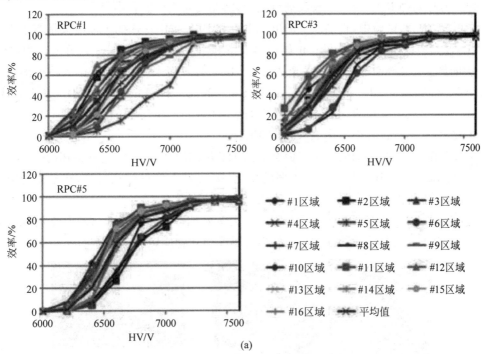

图 6.27 在没有亚麻籽油处理情况下,3 个 RPC 的加速老化试验中的效率(有彩图)

(a) 试验开始时;(b) 经过 23 天实验后

在 16 个监测区域(4×4 阵列)中用宇宙射线测量效率,相应的编号为 #1 至 #16。在 RPC 1 的 #1 区域中,严重老化已经出现。其他 3 个 RPC 的老化程度要小得多,因为它们的等效受照剂量较小。

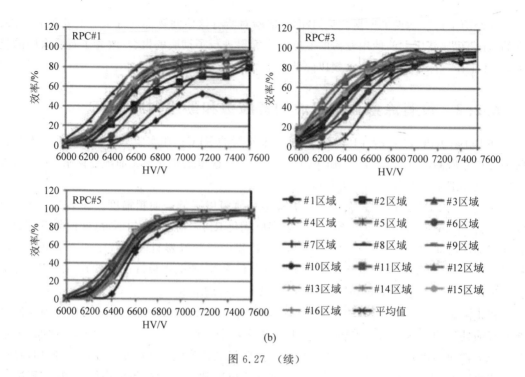

(b)

图 6.27 （续）

其中，RPC1 的等效剂量大致等同于实验运行 7.6 年的剂量，在这种情况下已经出现了严重的老化。另外两种 RPC 的等效吸收剂量较小，因此其老化程度要小得多。

在更"激进"的试验中，将油涂层的电木电极和 BES-Ⅲ 中使用的无油电极暴露于 HF 蒸汽中（Lu，2009）以比较测试结果。正如在第 5 章和本章前面提到的，一部分人认为，HF 在 RPC 中的产生是由气体混合物的主要成分 $C_2H_2F_4$ 分解而来，并且进行了大量的测试来阐明这个观点（Aielli et al.，2006；Abbrescia et al.，2008；Band et al.，2008）。还有人认为，在 RPC 所排出气中仅检测到氟离子的存在，这不能说明产生了 HF。要知道 HF 是一种强腐蚀性酸，会在运行过程中损伤 RPC 内表面。

正如预期的那样，无油的电木表面会受到 HF 蒸汽的严重侵蚀，这种损坏的一些影响如图 6.28 所示。此外，还测量了面电阻率的变化（图 6.29），值得注意的是，在暴露的第一个小时期间，面电阻率迅速下降了几个数量级。

由此得出结论，亚麻籽油涂层在某种程度上有效地减少了 HF 蒸气或其他腐蚀气体侵蚀的影响，而不是通常认为的涂油酚醛塑料片易受化学物质影响。

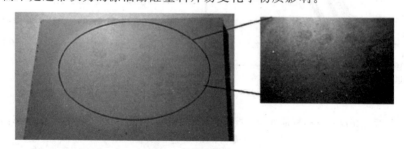

图 6.28　照片显示了 BES-Ⅲ 实验中安装的 RPC 中的电木受到的 HF 腐蚀作用

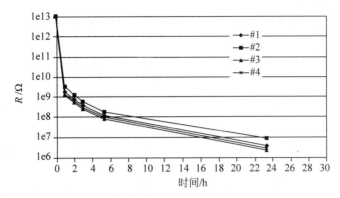

图 6.29　暴露于 HF 蒸汽中的 4 种 BES-Ⅲ电木样品的面电阻率变化

6.3　针对 LHC 实验设计的雪崩模式下 RPC 原型机的老化研究

大型强子对撞机(LHC)对 RPC 提出了新的挑战:在这些实验中,总面积约为 15 000m² 的 RPC 系统需要可靠且稳定地运行多年,并且其计数率远高于 BaBar 环境。为了应对这些挑战,几个研究小组开展了大量的研发工作,BaBar 的失败也是进行这些研究的一个重要动力。这些研究的成果之一是决定以雪崩模式运行 ATLAS 和 CMS RPC。因为这不仅可以提高它们的计数率,而且可以减少老化效应,因为老化效应与在固定工作条件下(气体流量、温度、湿度等)的积分电荷成正比甚至比正比还高(积分电荷是一种衡量 RPC 老化的测量单位)。这些特定老化研究的主要目标包括:

(1) 更详细地研究在电木电极上施加高压的石墨涂层的降解问题;

(2) 评估温度效应,即使是高质量的油涂层,温度也会影响电极的电阻率,并可能导致暗电流和噪声计数率的增加;

(3) 研究 HF 和其他油涂层上杂质的影响;

(4) 研究由于各种影响因素(例如干燥、辐照等)可能导致的电木电极性能的其他变化。

这些研究大多数在 RPC 安装之前(2003—2006 年)成功完成,期间进行了各种严格的测试:其中一些测试是采用宇宙射线进行的,但多数测试是加速老化实验,使用强 γ 射线或中子源辐照探测器,能够产生比 LHC 更强的本底,这样就会导致更高的累积电荷。通过这种方式,我们可以在较短时间的测试中推断出探测器长期运行的有关性能。

ATLAS RPC 原型机在 0.4C/cm² 的累积电荷下已观察到了老化的迹象,这相当于在 LHC 上运行刚刚超过 12 年的累积电荷量。更重要的是,观测到了 RPC 最大计数能力的显著降低,从 2kHz/cm² 降到几百赫兹每平方厘米(图 6.30)。这不仅是由于电木电阻率的增加,而且主要归因于 RPC 的阳极石墨涂层导电性能的下降。后来,对石墨涂层进行了改进,使用寿命有可能延长两倍(Aielli et al.,2003a)。对 CMS RPC 也进行了类似的试验,测试表明,至少在累积电荷达到 0.05C/cm² 时没有观察到电木电阻(图 6.31)和效率的显著变化(图 6.32)。所有这些测试证明,一旦探测器在制作期间采取了适当预防措施,即使在 LHC 实验的恶劣条件下,这些装置也能在所需的运行时间内正常运行。

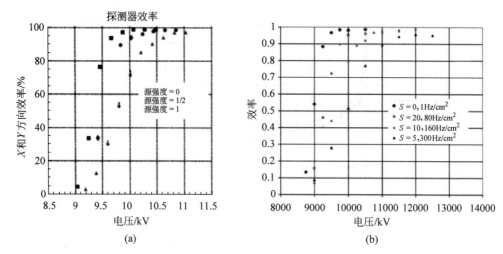

(a) (b)

图 6.30 ATLAS RPC 原型机效率与所加电压的关系曲线，这些曲线均是在探测器经过辐照后以图中所示的不同计数率进行测试的结果

（a）累积电荷 $0.1C/cm^2$ 等效于 ATLAS 运行 3 年的累积电荷量；（b）累积电荷 $0.4C/cm^2$ 等效于 ATLAS 运行约 12 年的累积电荷量

需要说明的是：ATLAS RPC 通过两组彼此垂直的读出条（X 和 Y）读出。左图中的源强度与各种背景计数率有关。首先采用 γ 射线源辐照探测器以累积必要的剂量和电荷量，然后测量不同计数率下的效率。

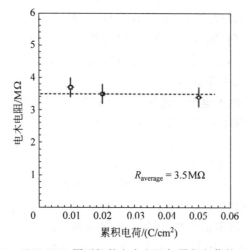

图 6.31 CMS RPC 原型机的电木电阻与累积电荷的函数关系

当然一个很自然的问题是，短时间高强度源的加速老化实验能否准确地预测探测器在长时间段内弱源辐照下发生的老化现象。关于这个问题存在很多争议，实际上可以设想到老化过程不仅取决于累积电荷，还取决于自探测器建造以来所经历的时间。然而从 LHC 运行期间积累的实验数据（参见 5.5 节）来看，至少在 RPC 上，加速实验的方法给出了非常可靠的预测，因为到目前为止 LHC RPC 没有发现明显的性能下降。

最后我们提一下 ALICE 的电木 RPC。与 ATLAS 和 CMS 相比，它们的总有效灵敏面积较小，约为 $150m^2$。RPC 电极由低电阻率的电木（约 $3\times10^9\Omega\cdot cm$）制成以充分满足重离子碰撞中的计数能力，还使用了亚麻籽油来改善电极表面的光滑度。ALICE 电木 RPC 与

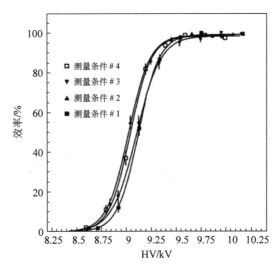

测量条件对应的老化因子

测量条件	剂量 /Gy	电荷 /(C/cm²)	离子通量 /(γ/cm²)
#1	0	0	0
#2	30	0.02	3×10^{12}
#3	100	0.05	1×10^{13}
#4	100	0.05	1×10^{13}

图 6.32　CMS RPC 在 4 种不同辐照通量下测量得到的效率与电压的函数关系

在两种高通量情况下,RPC 的累积电荷约为 $0.05C/cm^2$。

ATLAS 和 CMS 的主要差别是运行时会产生更大的信号电荷(工作状态处于纯雪崩和流光模式之间),原则上这可能会对设备的寿命产生一些影响。尽管如此,大量试验表明,直到累积电荷达到约 $50mC/cm^2$,RPC 性能表现仍然相当稳定。根据 LHC 10 年运行计划的要求,其安全系数也达到了 2(Arnaldi et al.,2004)。

应当注意的是,以上的老化实验都是使用 γ 源进行的。我们也应当注意在 LHC 运行环境中,RPC 预计也会受到高通量中子背景的辐照。为了验证这些探测器的安全运行,还使用高通量中子对 RPC 进行了中子辐射测试,累积剂量通常需达到 10 LHC 年运行的等效剂量(Abbrescia et al.,2003b)。在照射之前和之后都用宇宙射线 μ 子研究了探测器的性能,结果没有显示出相关的老化效应,而且在电极表面未观察到损坏或化学变化的迹象,原则上表明中子辐射不是 LHC RPC 损伤的来源。

6.3.1　温度效应

为了减少高温环境可能引起的问题,针对 LHC 试验特性对 BaBar 研制的 RPC 进行了一系列改进:边框由聚碳酸酯制成而且间隙垫片也采用相同的材料。亚麻籽油内涂层做得更薄,并且生产的更加精细,以使油充分聚合。此外,使用酚醛/蜜胺聚合物技术和更光滑的压板改善了电极板表面平整度。

无论如何,即使对于这些 RPC,电木电阻率也表现出很强的温度依赖性并随着温度的升高而降低。我们知道这是不可避免的,但也应该加以考虑,因为运行实验中 RPC 的温度可能会由于各种原因而升高,例如电子学发热引起探测器工作气体温度升高。这可能导致暗电流和噪声率的增加,从而导致效率的下降。因此,LHC 的 RPC 系统始终给前端电路配备了冷却系统。

在这种情况下需要研究高电阻率电极和低电阻率电极 RPC 在 35～45℃温度区间的工作状况(Aielli et al.,2003b)。正如预期的那样,信号计数率和工作电流随着温度的增加而增加,但对于高电阻率(室温下为 $5 \times 10^{11} \Omega \cdot cm$)和低电阻率(室温下为 $4 \times 10^{10} \Omega \cdot cm$)RPC,在温度分别达到 45℃和 35℃时,RPC 效率依然可接受。

6.3.2 HF 和其他化学物质的影响

正如前面已经提到的那样,在雪崩和(或)流光的模式下,可以在 RPC 排出的气体中检测出氟离子和极化氟化物成分(Santonico,2004)。特别是 HF 可以产生 F^- 自由基,如果它长时间滞留在探测器室内而没有被气流带走,F^- 自由基具有强酸性而可能损坏电极内表面。

此外,一些人认为水可以作为 HF 产生的催化剂,产生的 HF 还可能在电极的内表面上形成薄的导电层,增大暗电流。HF 还可能损害电极表面从而损坏聚合的油层。

几个科学家已经详细研究了 RPC 中 HF 的产生问题。提出的方法之一是将来自 RPC 的废气通入总离子强度调节缓冲液(total ionic strength adjusting buffer,TISAB)中产生气泡,并通过电极探针测量 F^- 离子浓度。但是从获得的结果中很难得到整体自洽的结论,一般认为,F^- 离子的产生与 RPC 电流成比例,而且产生的大多数 F^- 离子会滞留在探测器内。

毋庸置疑,详细了解在这些条件下产生的损坏类型非常重要。这些研究一般使用具有相对较高暗电流 RPC 的电木样品。通常对其表面的目视检查显示至少能看到两种不同的表面缺陷:"白色"斑点(图 6.33(a))和"橙色"斑点(图 6.33(b)),因为它们来自不同的产生或损伤机制。

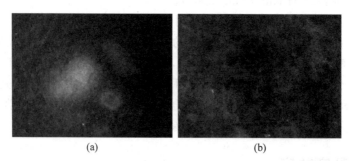

(a)   (b)

图 6.33 油涂层电木电极内表面出现的斑点照片,可能是与 HF 的化学相互作用形成的(有彩图)
(a) "白色"斑点(浅灰色); (b) "橙色"斑点(在黑白版照片中的深灰色斑点)

使用一种称为 EDS 的方法(即能量色散 X 射线光谱)分析这些斑点(并将它们与未损坏的电木比较)是很有用的。这种分析一般使用外部 X 射线源激发给定原子元素得到正确的原子线谱。例如对于普通电木,得到的一组光谱如图 6.34 所示。

标准酚醛塑料和所提的"白色"和"橙色"斑点分析得到的各种化学物质的种类以及相对浓度显示在图 6.35 和图 6.36 中。尽管对得到的结果很难解释,但记录了所有不同类型

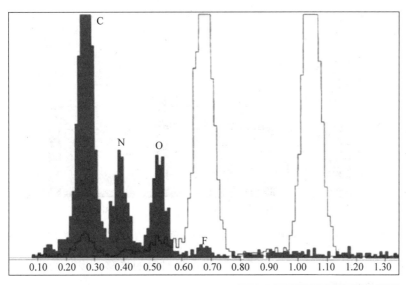

元素	净强度	背景强度	强度误差	P/B(净强度/背景强度)
C K	9.88	0.06	3.20	164.67
N K	3.06	0.07	5.85	43.71
O K	3.28	0.08	5.65	41.00
F K	0.31	0.08	22.12	3.88

图 6.34　正常电木表面(深色直方图)和上述斑点(亮色直方图)的 K_a X 射线 EDS 光谱

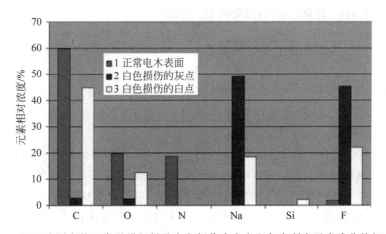

图 6.35　EDS 法测定的正常酚醛塑料及白色损伤内白点和灰点所含元素成分的相对浓度

的受损区域中 F(和 Na)的浓度升高。

　　然而从长远看,尽管在实验室进行的高强度老化测试中观察到了局部的表面损伤,但到目前为止,LHC RPC 整体上仍然具有良好的性能,并没有表现出明显的性能退化的迹象。

6.3.3　电木电极的其他可能变化

在大型强子对撞机实验的研发阶段,人们有理由担心因为干燥、电场下的内部电荷极化

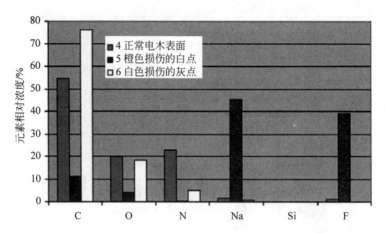

图 6.36　正常电木及位于橙色损伤内的白点和白色损伤内的灰点中所含元素的相对浓度

效应、电离辐射等因素导致电木的电性能可能会随时间的推移而发生变化。Va'vra(2003)也研究了一些特殊的物理机制。

然而在实践中，人们发现导致电阻率变化的主要原因是电木中水分的蒸发，并且电极中流动的电流和腔室中流动的干燥气体又增加了这种蒸发效应(Carboni et al.，2004)。为了使酚醛塑料的电特性保持稳定，通常在 LHC RPC 的气体混合物中加入水蒸气，实践证明这是非常有效的。

6.3.4　LHC RPC 的闭环气体系统

LHC RPC 的一个显著特征是它使用了闭环再循环气体系统。因为所使用的气体混合物相对昂贵(约 60 欧元/m³)，总气体体积达到了几十立方米，并且还必须保持腔室内的气体流量大约为每小时交换一个体积。当然，该系统必须能够有效地去除任何不需要的杂质，因为一些研究表明 RPC 性能与混合气体质量之间存在明显的相关性(Capeans et al.，2011；Abbrescia et al.，2004)。

通常，如果混合气体中污染物的量增加超过一定值，则腔室的电流会迅速上升。此外，在 LHC 的高辐射环境中，RPC 气体中会产生许多不同的化学反应性质的杂质，主要是碳氢化合物，如 HF、F⁻、氟利昂型分子和其他化学物质等，它们对于探测器材料甚至是气体系统本身具有很大的危害性。可以通过色谱技术得到 RPC 废气中的杂质的分布，如图 6.37所示。

因此，这些系统的运行需要用特殊的净化器，并需要对气体系统质量进行严格的在线监测。为了优化系统运行，我们设计了一个原型样机，并采用安装在 CERN 的 RPC 进行专门测试来验证其可行性和效率。通过调节净化器，一旦杂质浓度足够低，这些受到强烈辐照的 RPC 的性能将长期不受影响：在对由于环境条件(由压力和温度变化引起的电流波动)引起的变化进行校正后，连接到优化的闭环气体系统的 RPC 的电流在整个测试期间是非常稳定的(Altuntas et al.，2012)。

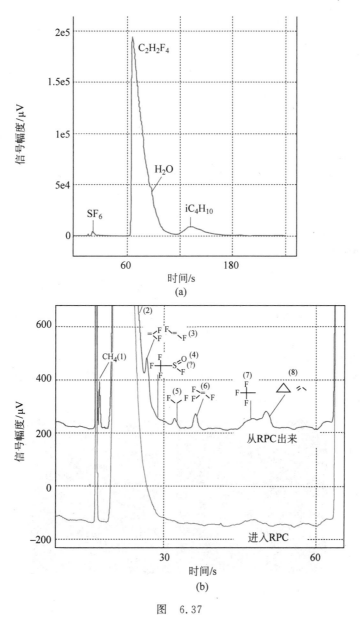

图　6.37

（a）用 PoraPlotU 色谱仪测得进入 RPC 的气体混合物的气相色谱图，可以看到 RPC 混合气体的主要成分；（b）流进 RPC 的清洁气体以及从辐照的 RPC 探测器出来的混合气体的色谱图的放大图，可以明显看出辐照出来的气体中出现了污染物

6.4　多气隙 RPC 的老化研究

老化也是定时多气隙玻璃阻性板室长时间运行的主要关注点之一，因此人们已经开展了很多关于多气隙 RPC 老化效应的系统研究并且相关结果已在多篇文章发表。例如 Akindinov 等人 2004 年和 Alici 等人 2007 年的文章，RPC 在 CERN 的 γ 辐照装置（图 6.38）辐照前后，利用粒子束流分别测量了 RPC 的探测效率和时间分辨能力等主要特性变化。即使

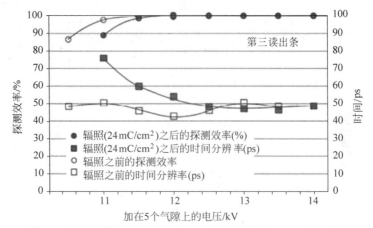

图 6.38 在 CERN 的 GIF 辐照之前和之后的一个 RPC 的探测效率(上面两条曲线)和时间分辨率(下面两条曲线)

辐照之前的气体组分是 90% 的氟利昂、5% 的六氟化硫和 5% 的异丁烷，辐照之后的组分是 93% 的氟利昂和 7% 的六氟化硫。之前和之后测量的时间间隔大概有一年。

辐照累积电荷达到 $24\,mC/cm^2$ 也没有观察到对性能的相应影响。

Gramacho 等人 2009 年也进行了一些长期老化研究。将 $0.3\,mm$ 气隙宽度的定时 RPC 在相当于 $300\,Hz/cm^2$ 计数率下辐照 790 天，累积电荷大于 $20\,mC/cm^2$。RPC 的工作气体组分为 85% 的氟利昂、10% 的六氟化硫和 5% 的异丁烷，尽管目视检查时在玻璃电极上发现了蓝色沉积物(图 6.39)，没有证据表明暗电流有任何系统性的增加。

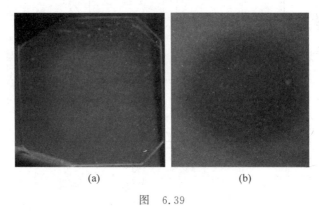

(a)　　　　　　　　　　　　　　(b)

图　6.39

(a) 电极玻璃上发现的沉积物，它们均匀分布在整个灵敏表面，甚至发现了一些点的沉积物密度较高；

(b) 这张是其中一个点放大了 60 倍的图

为了识别沉积物质的成分进行了一个有趣的研究，用有机溶剂进行了液体萃取，然后用气相色谱仪结合质谱仪对这些液体进行后续分析。因为这种分析方法需要大量的沉积材料，所以在一个星期内又进行了"加速老化"实验，相应的实验条件变为：环境温度增加到 $50℃$，气体间隙减小到 $120\mu m$，RPC 工作在流光(放电)模式。工作气体组分是纯氟利昂或者 90% 氟利昂＋10% 六氟化硫混合气体。

质谱仪得到的质谱图上的每个峰给出了化合物(M＋)的相对分子质量信息，以及分子中原子组成信息。质谱仪的测量结果见图 6.40，其中 m 是成分的质量，z 是分子离子电荷。能够辨别出来的主要是四氟乙烯的低聚物。

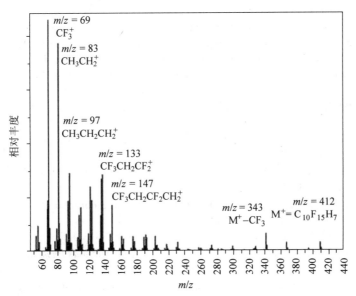

图 6.40　质谱图

按照文字部分描述的步骤从色谱峰的每个峰获得。给出了化合物（M+）的相对分子质量和分子中的原子群组。m/z 的峰值 69，83，97，133 和 147 处分别对应了 CF_3^+，$CH_3CH_2^+$，$CH_3CH_2CH_2^+$，$CF_3CH_2CF_2^+$ 和 $CF_3CH_2CF_2CH_2^+$（或者 $CF_3CH_2CH_2CF_2^+$），图中也显示出 $m/z=412$ 处的 M+ 峰和位于 $m/z=343$ 处失去了 CF_3 群后的分子峰。

Wang 等人（2012b）的老化研究中累积电荷达到 $50mC/cm^2$ 但未观察到 RPC 性能的下降。根据 Akindinov 等人的估计（2004），这相当于在 LHC 条件下 ALICE—TOF RPC 运行 16 年的累积电荷。

模拟 LHC 的测试条件，使用气体色谱法对多气隙阻性板室（MRPC）的排出气体进行了进一步的化学分析，测量了探测极限条件下氟利昂的浓度（Alici，2012）。假设减少了的电荷是产生在 MRPC 里面，并且事实上这个探测器工作于纯雪崩模式，探测器气隙很小（由于空间电荷效应雪崩被局限在有限尺寸上，即使有流光产生也很小），这将强烈抑制气体分子的解离和 HF 的产生。此外，在玻璃 RPC 的气体组分中没有使用水蒸气，而水蒸气一般作为生成 HF 的催化剂，这也是在 MRPC 中生成的 HF 减少的原因之一。

对本章中所提及的材料进行全面总结，可以说我们对于制造 RPC 所用的电极材料中以及 RPC 内部气体工作时发生的过程的了解是有限的。可以确定的是电化学现象起着重要的作用，在某些情况下细节可以完全改变结果。然而学者们积累的大量经验性实验表明，如果采取适当的预防措施，这些装置可在较长时间内运行而无显著的性能下降。

参考文献

Abashian, A. *et al.* (2000) The KL/μ detector subsystem for the BELLE experiment at the KEK B-factory, *Nucl. Instrum. Methods Phys. Res., Sect. A*, **449**, 112.

Abbrescia, M. *et al.* (2003a) Aging study for resistive plate chambers of the CMS muon trigger detector, *Nucl. Instrum. Methods Phys. Res., Sect. A*, **515**, 342.

Abbrescia, M. *et al.* (2003b) Neutron irradiation of RPCs for the CMS experiment,

Nucl. Instrum. Methods Phys. Res., Sect. A, **508**, 120.

Abbrescia, M. *et al*. (2004) Study of long-term performance of CMS RPC under irradiation at the CERN GIF, *Nucl. Instrum. Methods Phys. Res., Sect. A*, **533**, 102.

Abbrescia, M. *et al*. (2008) Results about HF production and bakelite analysis for the CMS Resistive Plate Chambers, *Nucl. Instrum. Methods Phys. Res., Sect. A*, **594**, 140, 147.

Aielli, G. *et al*. (2002) RPC ageing studies, *Nucl. Instrum. Methods Phys. Res., Sect. A*, **478**, 271.

Aielli, G. *et al*. (2003a) Further advances in aging studies for RPCs, *Nucl. Instrum. Methods Phys. Res., Sect. A*, **515**, 335.

Aielli, G. *et al*. (2003b) RPC operation at high temperature, *Nucl. Instrum. Methods Phys. Res., Sect. A*, **508**, 44.

Aielli, G. *et al*. (2006) Fluoride production in RPCs operated with F-compound gases, *Nucl. Phys. B (Proc. Suppl.)*, **158**, 143–148.

Akindinov, A.V. *et al*. (2004) Study of gas mixtures and ageing of the multigap resistive plate chamber used for the Alice TOF, *Nucl. Instrum. Methods Phys. Res., Sect. A*, **533**, 93.

Alici, A. (2012) Status and performance of the ALICE MRPC-based Time-Of-Flight detector, *JINST*, **7**, P10024.

Alici, A. *et al*. (2007) Aging and rate effects of the Multigap RPC studied at the Gamma Irradiation Facility at CERN, *Nucl. Instrum. Methods Phys. Res., Sect. A*, **579**, 979.

Altuntas, E. *et al*. (2012) Long-term study of optimal gas purifiers for the RPC systems at LHC, PH-EP-Techn Note 2012-001, 13/01/2012.

Alviggi, M. *et al*. (2003) Results on long-term performances and laboratory tests of the L3 RPC system at LEP, *Nucl. Instrum. Methods Phys. Res., Sect. A*, **515**, 328.

Anulli, F. *et al*. (2003) Performances of RPCs in the BaBar experiment, *Nucl. Instrum. Methods Phys. Res., Sect. A*, **515**, 322.

Arnaldi, R. *et al*. (2004) Aging tests and chemical analysis of Resistive Plate Chambers for the trigger of the ALICE dimuon arm, *Nucl. Instrum. Methods Phys. Res., Sect. A*, **533**, 112.

Ashwajeet, J.S. *et al*. (2015) Electrical conduction in Borophosphate glasses doped with CoO and Li_2O, *Res. J. Mater. Sci.*, **3** (4), 1–6.

Bailey, P. *et al*. (2008) Quality Assurance Tests on Bakelite Produced for Station 3, Station 1 Prototype, and Station 1 RPCs of the PHENIX Forward Upgrade, unpublished report.

Band, H.R. *et al*. (2008) Study of HF production in BaBar Resistive Plate Chambers, *Nucl. Instrum. Methods Phys. Res., Sect. A*, **594**, 33–38.

Bouclier, R. *et al*. (1996) Ageing of microstrip gas chambers: problems and solutions, *Nucl. Instrum. Methods Phys. Res., Sect. A*, **381**, 289.

Braunger, M.L. *et al*. (2012) Electrical conductivity of silicate glasses with tetravalent cations substituting Si, *J. Non-Cryst. Solids*, **358**, 2855–2861.

Braunger, M.L. *et al*. (2014) Electrical conductivity of Ag-Na ion exchanged soda-lime glass, *Solid State Ionics*, **265**, 55–60.

Brill, R.H. (1962) A Note on the Scientist's Definition of Glass, *J. Glass Stud.*, **4**, 127.

Capeans, M. *et al*. (2011) Long term validation of the optimal filters configuration for the Resistive Plate Chambers gas system at the Large Hadron Collider experiments, Proceedings IEEE NSS7MIC, p. 1775.

Carboni, G. *et al*. (2004) Final results from an extensive ageing test of bakelite Resistive Plate Chambers, *Nucl. Instrum. Methods Phys. Res., Sect. A*, **533**, 107.

Crotty, I. *et al*. (1993) Investigation of resistive parallel plate chambers, *Nucl. Instrum. Methods Phys. Res., Sect. A*, **329**, 133.

Dai, T. *et al*. (2014) Low resistance bakelite RPC study for high rate working capability, *JINST*, **9**, C11013.

Deppner, I. *et al*. (2014) Report at the 11 Workshop on Resistive plate chambers, Frascati, http://agenda.infn.it/conferenceTimeTable.py?confId=3950 (accessed 30 October 2017); Deppner I. *et al* (2014) The CBM Time-of-Flight wall – a conceptual design, JINST 9 C10014.

El-Desoky, M.M. *et al*. (2003) DC conductivity and hopping mechanism in V_2O_5-B_2O_3-BaO glasses, *Phys. Status Solidi A*, **195** (2), 422–428.

Ezz Eldin, F.M. *et al*. (1998) Electrical conductivity of some alkali silicate glasses, *Mater. Chem. Phys.*, **52**, 175–179.

Francke, T. *et al*. (2003) Potential of RPCs for tracking, *Nucl. Instrum. Methods*, 83.

Gramacho, S. *et al*. (2009) A long-run study of aging in glass timing RPCs with analysis of the deposited material, *Nucl. Instrum. Methods Phys. Res., Sect. A*, **602**, 775.

Haddad, Y. *et al*. (2013) High rate resistive plate chamber for LHC detector upgrades, *Nucl. Instrum. Methods Phys. Res., Sect. A*, **718**, 424–426.

Hench, L.L. and West, J.K. (1990) *Principles of Electronic Ceramics*, John Wiley & Sons, Inc., New York.

Horst, S. (1990) *Glass Nature, Structure and Properties*, Springer, New York.

Jaiswal, M.K. *et al*. (2012) Study of Surface Resistivity of Resistive Plate Chamber Detectors, *Proc. DAE Symp. Nucl. Phys.*, **57**, 968.

Kubo, T. *et al*. (2003) Study of the effect of water vapor on a glass RPC with and without freon, *Nucl. Instrum. Methods Phys. Res., Sect. A*, **508**, 50.

Laso Garcia, A. *et al*. (2016) High-rate timing resistive plate chambers with ceramic electrodes, *Nucl. Instrum. Methods Phys. Res., Sect. A*, **818**, 45.

Lopes, L. *et al*. (2006) *Nucl. Phys. B (Proc. Suppl.)*, **158**, 66–70.

Lu, C. (2005) RPC Experience: Belle, BaBar and BESIII, http://www.slac.stanford .edu/econf/C0508141/proc/pres/ALCPG1001_TALK.PDF (accessed 30 October 2017).

Lu, C. (2006) RPC Experience: Belle, BaBar and BESIII, SLAC-pub-11744 March 2006, http://www.slac.stanford.edu/cgi-wrap/getdoc/slac-pub-11744.pdf (accessed 30 October 2017).

Lu, C. (2009) RPC electrode material study, *Nucl. Instrum. Methods Phys. Res., Sect. A*, **602**, 761.

Lu, C. *et al*. (2012) Aging study for the BESIII-type RPC, *Nucl. Instrum. Methods Phys. Res., Sect. A*, **661**, S226.

Morales, M. *et al*. (2012) Aging and Conductivity of Electrodes for High Rate tRPCs from An Ion Conductivity Approach POS (RPC 2012) 024.

Moulson, A.J. and Herbert, J.M. (2003) *Electroceramics: Materials, Properties*, 2nd edn, John Wiley & Sons, Inc.

Neog, H. *et al*. (2016) Building of a Bakelite resistive plate chamber prototype, in *XXI DAE-BRNS High Energy Physics Symposium. Springer Proceedings in Physics*, vol. **174** (ed. B. Bhuyan), Springer, Cham.

Parkhomchuk, V.V. *et al*. (1971) A spark counter with large area, *Nucl. Instrum. Methods*, **93**, 269.

Sakai, H. *et al*. (2003) Study of the effect of water vapor on a resistive plate chamber with glass electrodes, *Nucl. Instrum. Methods Phys. Res., Sect. A*, **484**, 153.

Santonico, R. (2004) RPC understanding and future perspectives, *Nucl. Instrum. Methods Phys. Res., Sect. A*, **533**, 1.

Shelby, J.E. (1997) *Introduction to Glass Science and Technology*, The Royal Society of Chemistry, Cambridge, UK.

Song, H. *et al.* (2012) Development of 1mm low resistivity bakelite plate for thin-gap RPC detector. Presented at the XI workshop on Resistive Plate Chambers and Related Detectors (RPC 2012 Workshop) @ Frascati, Italy February 7, 2012.

Souquet, J.-L. *et al.* (2010) Charge carrier concentration and mobility in alkali silicates, *J. Chem. Phys.*, **132**, 034704.

Tonazzo, A. (2002) Ageing measurements on glass RPCs. Conference Record, 2002 IEEE NSS Symposium, vol. **1**, 2002, pp. 605–609.

Va'vra, J. (2003) Physics and chemistry of aging – early developments, *Nucl. Instrum. Methods Phys. Res., Sect. A*, **515**, 1–14.

Va'vra, J. (2012) Some comments about possible problems of well-made RPCs and remediation of the old RPCs, BaBar Muon Detector Workshop, November 14, 2002, https://www.slac.stanford.edu/BFROOT/www/Detector/IFR/IfrUpgradeReview2002/021114Workshop/07.Vavra.RPCProblems.pdf (accessed 30 October 2017).

Wang, J. (2012a) Conceptual design of the CBM TOF wall with real size high rate MRPC modules based on the newly developed Chinese doped glass, Talk given during. The 11 Workshop on Resistive Plate Chambers and Related Detectors, Frascati, 2012 (see also https://pos.sissa.it/159/015/).

Wang, J. *et al.* (2010) Development of multi-gap resistive plate chambers with low-resistive silicate glass electrodes for operation at high particle fluxes and large transported charges, *Nucl. Instrum. Methods Phys. Res., Sect. A*, **621**, 151–156.

Wang, Y. *et al.* (2012b) Aging test of a real-size high rate MRPC for CBM-TOF wall, *JINST*, **7**, P110117.

Xie, Y. *et al.* (2009) First results of the RPC commissioning at BESIII, *Nucl. Instrum. Methods Phys. Res., Sect. A*, **599**, 20.

第 7 章

先进的设计：高计数率、高位置分辨率的阻性板室

本章我们将要讨论阻性板室研究领域热门话题之一的有关探测器计数能力的一些问题。该问题的解决不仅需要深入理解 RPC 工作所涉及的物理过程，还需要对探测器进行一定的技术革新。此外，我们还将讨论近年来关于 RPC 另外一个有意义的研究话题，亚毫米空间分辨 RPC，特别是它在高能物理之外的领域的可能应用。

7.1 计数率能力问题

阻性气体探测器通常在本质上计数率能力是有限的。这个缺点与使用的阻性材料有关，但是另一方面，阻性材料具有打火保护的重要优势，这是该类型探测器的典型特征。

我们对 RPC 工作的基本过程已经有一些了解：一个带电粒子通过探测器会发生电离，当其路径上产生的一次雪崩过程到达一个或者两个阻性电极时会中和部分表面极化电荷，引起气体中的局部电场降低，只有与带电粒子径迹邻近的有限部分的电极发生了放电，而其他电极基本上没有受到影响。

电极再次被外部电源充电的时间取决于探测器的时间常数，即它的等效电阻和电容的乘积（例子见图 1.15 或者图 7.7）。探测器的电容取决于它的几何形状，等效电阻则是由使用的特定材料的电阻率决定，原则上可以跨越几个数量级，例如用于建造 RPC 的玻璃的电阻率在 $10^{10} \sim 10^{13} \, \Omega \cdot cm$ 之间。因此即使探测器结构相同，其时间常数可以相差几十倍。

如果另外一个带电粒子碰巧穿过探测器进入上一个粒子刚刚通过的气体区域，此处的电场强度要比正常低，如果场强太弱而不足以产生电子倍增过程。在这种情况下粒子将不会被探测到。从宏观角度看，我们预计当入射粒子的计数率超过一定限值的时候，阻性气体探测器的探测效率将会逐渐恶化。

这种效应是众所周知的，例如在 20 世纪 90 年代初的 RPC 实验就观测到该现象。这种效应的最新观察结果见图 7.1，它是一个 $20cm \times 20cm$ 的玻璃 RPC 的测试结果（Bilki et al. ,2009）。图中显示的是在束流强度不同的一个粒子束流持续期间带电粒子的探测效率随时间的变化。可以明显地看出平均效率随着流强的增加而减小，并且需要一定时间才能到达稳定状态，这表明这是一个电极放电过程，在这种特殊情况下需要接近 1s 才能完全达到稳定状态。

通常要在一个合适的工作电压下来估计探测器的计数率能力，此时探测效率在坪区，在工作电压保持不变的条件下增加粒子通量直到效率低于某个值，例如 90%，此时的粒子通

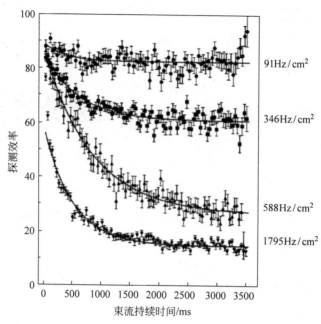

图 7.1 不同束流强度时，最小电离粒子（MIP）的探测效率随束流持续时间的变化关系
曲线采用指数加一个常数来拟合数据。探测器室工作于雪崩模式。

量就是计数率能力估计值（见本章所有剩余的图）。

20 世纪 90 年代初，计数率的限制严重阻碍了 RPC 在高亮度加速器上的应用。因此，有限的计数率能力是所有阻性气体探测器的共同特征，下面我们仍将重点放在 RPC 上，因为我们已经进行了许多研究来解决计数率低的问题。

当然，当探测器时间常数较大时计数率能力会降低。因此调节计数率能力一个自然的方法是使用不同电阻率的电极材料，图 7.2 给出一个例子。关于这一点的许多研究已经并且仍在进行中（一项最近的研究见 Affatigato 等人 2015 年的文章和图 7.3）。本章后面将对该问题进行更详细的讨论。

工作模式在确定阻性气体探测器的计数率能力中起到了非常重要的作用。当流光在气体中发生时，到达极板表面的电荷量能够达到几百皮库，远远大于该探测器工作于雪崩模式的电荷。这将导致相应的局部电场减少更多，并引起较大区域的电极放电。因此，工作在流光模式探测器的计数率能力比工作于雪崩模式的探测器低很多。

事实上，在 20 世纪 90 年代初使用的 RPC 就工作在流光模式，其典型计数率能力最多可以达到 $100\,Hz/cm^2$，通常不能用于设计大型强子对撞机（LHC）的 μ 子实验系统的很多部分（见图 7.2，RPC 工作于流光模式）。正如第 6 章所提到的，让同样的探测器工作在雪崩模式就可以解决这个问题。事实上，现在用于超环面仪器（ATLAS）、大型离子对撞设备（ALICE）和紧凑型 μ 子螺线管探测器（CMS）中 μ 子系统的 RPC 都非常相似，从探测器的角度看与 Santonico 和 Cardarelli（1981），以及 Cardarelli 等（1988）的最初文献中所描述的一样。要付出的代价就是把部分所需的放大从气体中转移到前端电路，这样前端电路必须足够灵敏而且复杂。这一步的重要性，以及必须研发的更先进的电子学，已在本书的 4.7 节中进行了描述。Crotty 等人（1994）报道了流光模式和雪崩模式的计数率能力的有趣研究。

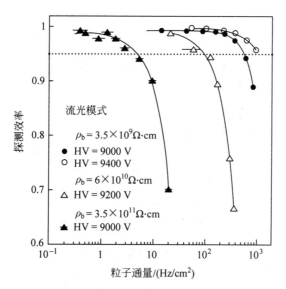

图 7.2　工作于流光模式的不同电阻率的电木 RPC 样机的探测效率与入射粒子通量的关系
随着电阻率的降低计数率能力增加。

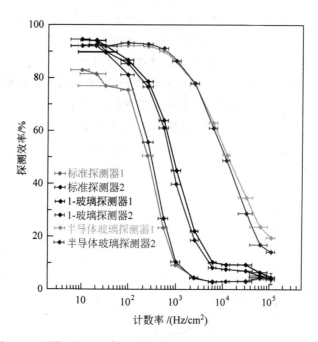

图 7.3　不同电极电阻率的玻璃 RPC 样机的计数率能力（有彩图）

标准探测器 1 和标准探测器 2 是指电极由 1.1mm 厚的钠钙浮法玻璃制作的两个样机。1-玻璃探测器指的是一
个电极由同一种玻璃制作的 2 个样机，气隙另一侧直接由阳极读出板形成电极并读出信号。计数率能力最好的
是一种从 Schott Glass Technologies 公司购买的"半导体"玻璃（型号是 S8900）制作的探测器。

从该文章中获得的重要结论之一已经在本书的图 3.22 中给出。在图 7.4 中给出了相似的
结果，图中的 RPC 计数率能力几乎与图 7.2 所示的相同，但是工作于雪崩模式。

需要强调的一点是，当用点状源辐照探测器（例如准直了的粒子束流）时，RPC 的计数

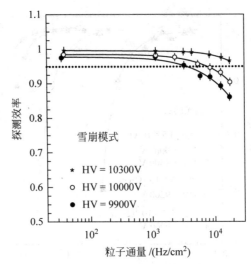

图 7.4　探测效率与局部粒子通量的关系

RPC 与图 7.2 中的非常相似，只是工作于雪崩模式。计数率能力明显增加了。

率能力与均匀照射相比会有变化，甚至是数量级上的改变。原理上为了对阻性电极由于雪崩或者流光而放电的那一部分区域重新充电，必然需要电流流动，而充电电流源于石墨层（连接到电压源）至电极或者电极仍然带电的其他区域，一般第二种电流在阻性电极的表面流动。

　　实际上，在点状源辐照情况下，这两种电流能够同时产生。但是当探测器被均匀辐照时，在同一阻性电极表面上的所有点均处于相同电位（因为它们都被或多或少的同等电量的放电），这大大减少了表面电流的产生。这个重新充电的过程并不像第一种情况那样有效，这样导致计数率能力下降。计数率能力的减小量取决于体电阻与表面电阻的比值，并且不容易估计。然而我们已经发现了这种效应的几个实验验证，其中之一见图 7.5，摘自 Crotty 等人（1994）的文章。

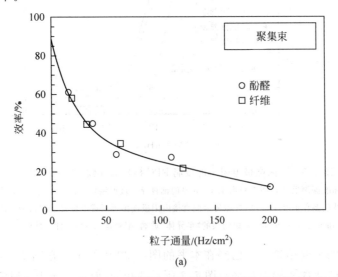

(a)

图 7.5　面积为 25cm×25cm 的 RPC 分别在两种不同条件下测量的效率与粒子通量的关系

（a）使用散集束，粒子几乎达到在整个腔室上均匀照射。在这种特定情况下，相对于均匀照射，点状照射的计数率能力几乎比均匀照射高一个数量级；（b）使用聚焦束，束斑为 4cm×5cm

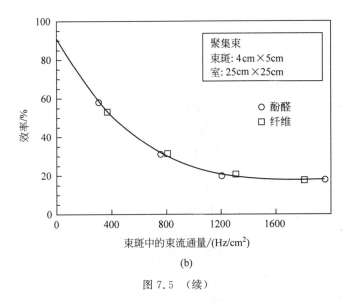

(b)

图 7.5 （续）

　　这就是为什么大部分可靠的计数率能力的测量是在均匀辐照探测器的情况下得到的原因。20 世纪 90 年代和 21 世纪初均选择我们已经提到过的 CERN 的 γ 辐照装置(GIF)，在那里探测器可以同时暴露于^{137}Cs 源的光子和 SPS 西区的 X5 束流线上的高能粒子中(Agosteo et al.，2000)。在^{137}Cs 源前面放置合适的屏蔽体来调整照射到需要研究的探测器的光子通量，产生不同的计数率条件(图 7.6)。通过探测器对来自束流的粒子的响应研究探测器性能。GIF 的新版本称为 GIF++，坐落于 CERN 的 H4 束流线上，并装配了一个强度更高的放射源，从 2014 年开始运行，现在为高光度 LHC 设计的探测器就在这里进行测试。

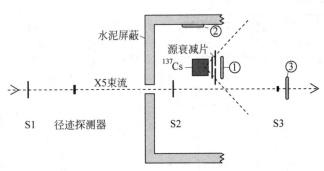

图 7.6　CERN 的 GIF 示意图

探测器在这里能够被^{137}Cs 放射源均匀辐照，同时用 X5 束流线的粒子测试其性能

7.2　高计数率下 RPC 的"静态"模型

　　Santonico 于 2014 年提出一种定量解释 RPC 在高计数率情况下发生过程的方法，并成功应用于真实情形(Carboni et al.，2003)。

　　该方法没有考虑过多的复杂过程，只考虑了由于电流流经电极时产生的欧姆压降 ΔV_{el}。气隙上的电压 ΔV_{gap} 是 $\Delta V_{gap} = \Delta V_{appl} - \Delta V_{el}$，$\Delta V_{el}$ 可以表示为

$$\Delta V_{el} = R_b I = \rho_b \frac{2d}{S} \Phi S \langle q_{aval} \rangle = 2\rho_b d\Phi \langle q_{aval} \rangle \tag{7.1}$$

其中,R_b 是电极电阻;ρ_b 是电极材料的电阻率;d 是每个极板的厚度(这里考虑最简单的情况,即单室 RPC);S 是面积;Φ 是入射粒子的通量(Hz/cm^2);$\langle q_{aval} \rangle$ 是由入射粒子引起雪崩(或者流光)过程时气隙中产生的平均电荷。

在静态条件下,ΔV_{appl} 几乎等于 ΔV_{gap},而当计数率高的时候,ΔV_{el} 与 ΔV_{appl} 相比将不能够忽略不计,由于放大过程取决于 ΔV_{gap},这样显著地减小放大倍数,因此探测效率也降低了。

正如前面所阐述的,这种方法通常称作"静态",从概念上讲非常简单,但缺点是不能直接计算 RPC 的计数率能力。必须在低计数率时测量效率曲线,然后利用上面的方程计算在要求计数率下的 ΔV_{gap},再从低计数率测量得到的效率曲线以及刚刚计算的 ΔV_{gap} 推断出该计数率的探测效率,理论上 ΔV_{appl} 在计数率低和高时会有很大差别。ΔV_{gap} 本质上是影响参数,因此画不同计数率的效率曲线与 ΔV_{gap}(而非 ΔV_{appl})关系时,应使它们保持一致。

事实上 I 和 R_b 都不是先验已知,而是必须通过其他方式测量的,这样就造成这个过程非常复杂。I 可以从供电电源直接测量,R_b 必须从其他测量中间接得到。测量 R_b 的一种方法是从拟合工作电压的函数关系图中的线性部分得到。

图 7.7 给出了一个 $50cm \times 50cm$ 的 RPC 在不同计数率时的探测效率,该 RPC 是为 LHCb μ 子系统的 RPC 老化研究而设计。图中画出了效率与外加电压 ΔV_{appl} 的函数关系,并给出了在这些情况下的预期性能:随着计数率的增加,坪区效率越来越低,显示出存在一个极限计数率能力。而且在效率与 ΔV_{appl} 的关系曲线中,效率曲线逐渐向右移动,表明 ΔV_{gap} 开始明显低于 ΔV_{appl},这得归因于电极的欧姆压降。另一方面,我们用同样的实验数据画出与 ΔV_{gap}(按照上面的步骤算出)的关系时,所有的曲线重合在一起。

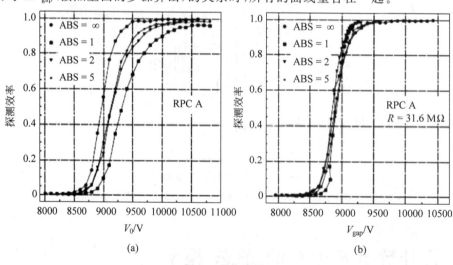

图 7.7(有彩图)

(a) 一个 $50cm \times 50cm$ 的 RPC 在不同计数率条件下测量得到的效率与 ΔV_{appl}($\Delta V_{appl} = V_0$)的关系,工作气体是比例为 $95:4:1$ 的 $C_2H_2F_4$、C_4H_{10} 和 SF_6。这是在欧洲核子研究中心的 GIF 辐照装置上,同时用[137]Cs 源的 γ 辐照的情况下测量的。图中给出的吸收因子(ABS)指的是放在放射源前面的屏蔽体的衰减系数,ABS 大即 γ 通量低。(b) 使用同样的数据画出的效率与 $\Delta V_{gap} = \Delta V_{appl} - RI$ 关系曲线,R 是通过 I 与 ΔV_{appl} 关系拟合得到的不过使用这个模型不能先验地（即不经过测量）直接给出一个探测器的计数率能力的极限。但是可以肯定的是该模型可以用于推断计数率能力一般如何增加。如果给定入射粒子的通量，必须使 ΔV_{el} 保持尽可能小，由式（7.1）可以得出：为了减小 ΔV_{el}，可以减小电极电阻率 ρ，或者厚度 d，或者平均雪崩电荷 $\langle q_{aval}\rangle$，或者这些因素的组合。

在合理的限度内减小电极电阻率是提高计数率能力最显著的方法。无论电木或者玻璃，它们的电阻率都有数量级的变化范围，这取决于使用的特定材料和制作过程。在 CERN LHC 实验中使用的电木的特征电阻率略大于 $10^{10}\,\Omega\cdot cm$，理论上，稍微改变生产工艺就可以把这个值减少为原来的 $\frac{1}{10}\sim\frac{1}{5}$。实际上，目前在 ATLAS 和 CMS μ 子系统升级的计划中正在使用该方法，实验要求 RPC 的计数率能力达到 $2\,kHz/cm^2$。对于玻璃来说，新型低电阻率玻璃是一个很有趣的研究领域，相关的研究见第 6 章。

此外，LHC 实验中使用的电木 RPC 的电极厚度是 $2\,mm$，对于未来的气室原则上可以减小到大约 $1\,mm$（可能会出现意料之外的有关机械刚性问题），这样可以使 ΔV_{el} 减小到原来的一半，由此会提高计数率能力（不易估算）。值得注意的是，降低电极厚度超过一定限度将意味着由于局部电容增加而导致淬火性能降低（图 1.15）。其他几何因素，如间隙厚度，因为它没有出现在式（7.1）中而似乎不会发挥任何作用。但这并不完全正确，我们将在本章的后面论述。

最后，减小 $\langle q_{aval}\rangle$ 也是增加 RPC 计数能力的一种方法。然而，由于 $\langle q_{aval}\rangle$ 的减小也就意味着读出电极产生的感生电荷 $\langle q_{ind}\rangle$ 更小，因此可能会使某些信号低于读出电路的阈值 $\langle q_{thr}\rangle$。这就要重新设计前端电路，这与 20 世纪 90 年代的情况非常类似，当从流光模式转变成雪崩模式时，部分增益从气体转移到了前端电路器件。然而这是一种相当有效的方法，因为它也减少了探测器老化的相关问题，老化通常与探测器寿命期间的积分电荷成正比，事实上这也是 LHC 实验中一些 μ 子系统升级可能采用的另一种途径。

7.3　高计数率条件下的 RPC"动态"模型

当然，RPC 在高计数率下真正发生的过程比先前描述的要复杂得多。为了方便理解，RPC 中 $\Delta V_{gap}(t)$ 随时间变化见图 7.8。在同一图中还画出了对应于使用静态模型计算得到的 ΔV_{appl} 和 ΔV_{gap} 的值作比较。由图可以看出，$\Delta V_{gap}(t)$ 会突然发生变化而且与后续信号的幅度具有相关性。如果使用静态模型的典型平均值时，所有这些信息都将丢失。

如果要更深入地了解 RPC 在高计数率下真正发生的过程，就必须使用描述在这些装置中发生的物理过程的基本方程，即，初始离子-电子对产生，电子输运和雪崩过程，以及我们在第 3 章和第 4 章已经阐述过的读出电极上的信号感应。尤其是要参考根据式（3.8）和式（3.9）计算得到雪崩电荷量，该电荷量已由式（4.6）和式（4.7）得到的定量描述的空间电荷效应进行了修正。

我们再次使用图 1.15 所示的简单电路来模拟雪崩周围的电极区域，请注意现在这个电路只代表极板面积 S_a 中的一小部分，相当于雪崩接触到电极的面积。开始时，气隙的压降 ΔV_{gap} 等于外加的电压 ΔV_{appl}，C_g 上的电荷是

$$q_{el}=\varepsilon_0\,\frac{S_a}{g}\Delta V_{gap} \tag{7.2}$$

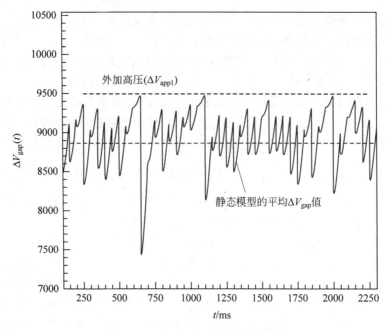

图 7.8　$\Delta V_{\text{gap}}(t)$ 随时间的变化曲线

即两个 RPC 电极板之间的瞬时压降。在这种特殊情况下，模拟的入射粒子的计数率是 $20\,\text{Hz/cm}^2$，因为考虑到单元的面积是 $1\,\text{mm}^2$，这大概相当于 $2\,\text{kHz/cm}^2$。

其中，g 是间隙厚度。

当电离粒子穿过 RPC 时，C_g 被部分放电，间隙上实际电压的减小正比于雪崩到达电木极板的总电荷 q_{aval}。

$$\Delta V_{\text{gap}} = \frac{g}{\varepsilon_0} \frac{q_{\text{el}} - q_{\text{aval}}}{S_a} \tag{7.3}$$

然后 C_g 被外加电源重新充电至接近 ΔV_{appl}，充电过程服从以“电极时间常数”为特性值的指数规律，这与第 1 章中的引用是一致的，如下：

$$\tau = 2R_b\left(\frac{C_b}{2} + C_g\right) = \rho_b \varepsilon_0\left(\varepsilon_r + 2\frac{d}{g}\right) \tag{7.4}$$

其中，ε_r 代表电极相对介电常数，其余符号都已经定义过了。注意到 τ 与单元尺寸无关，但是 q_{el} 与其有关。

接下来的雪崩根据其产生实际时刻的条件发展，这些条件包括与前一个穿过的粒子的时间延迟，还包括有效的 ΔV_{gap}。所有这些过程都难以进行建模分析，但可以使用与第 3 章和第 4 章中类似技术简单地进行模拟。

不同入射粒子计数率下“有效的”ΔV_{eff}，即 $\Delta V_{\text{gap}}(t)$ 在每个雪崩开始时刻用该方法计算得到的值见图 7.9。需要指出的是 ΔV_{eff} 的平均值随着粒子通量的增加而减小，这正如欧姆模型预言的那样。但是它的分布越来越宽，这是简单的欧姆模型无法预见到的。换言之，高计数率时雪崩在较低的平均电场强度下即可发展（相应的增益较低），而且随着计数率的增加，增益的涨落也会增加。

单气隙 RPC 工作于基于 $C_2H_2F_4$ 的混合气体时，模拟得到的探测效率与工作电压的关系见图 7.10。图中显示了入射粒子的计数率分别为 $2\,\text{Hz/cm}^2$（典型的宇宙射线实验）和

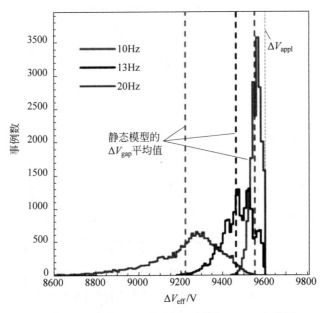

图 7.9　不同入射粒子计数率下"有效的"ΔV_{eff}（有彩图）

这两套曲线证明了 RPC 的特性：当入射粒子计数率增加时，进入坪区的工作电压越来越高。而且，高计数率时坪区的效率值较低（Abbrescia，2004）。

在 $1.5\mathrm{kHz/cm^2}$ 的条件下，模拟结果和来自 Aielli 等人（2002）实验结果的对比。

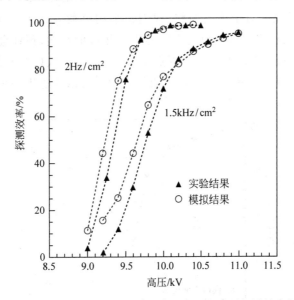

图 7.10　单室 RPC 在计数率分别为 $2\mathrm{Hz/cm^2}$ 和 $1.5\mathrm{kHz/cm^2}$ 时探测效率与工作电压的关系
图中分别显示了实验结果和模拟结果。

　　一定工作电压下，模拟的探测效率与计数率关系见图 7.11。作为比较，Bacci 等人（1995）实验测得的探测效率也画在同一张图中。效率保持不变直到后续入射粒子之间的延迟相对于电极时间常数 τ 不可忽略时。这时气隙内的平均有效电场迅速减小。注意，为了

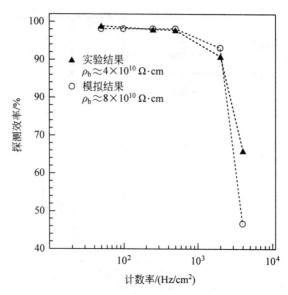

图 7.11　一定工作电压下探测效率与入射粒子计数率的关系

图中显示了实验结果和模拟结果。

合理地再现数据，模拟曲线使用的电阻率是标称值的两倍。这说明为了达到模拟与实验的一致性，我们需要改进所使用的模型，或者需要改进电木电阻率测量的精度。

图 7.12 给出了固定 ΔV_{appl} 时效率随计数率的变化，但是在这种情况下两条计算曲线分别对应雪崩和流光事例。对于流光曲线，我们把平均电荷 q_{aval} 乘以 10 以模拟雪崩超出 Raether 极限而转化为流光。这会对计数率能力有相应的影响，预计会降低到大约几百赫兹每平方厘米。同一张图上画的实验数据点摘自 Arnaldi 等人（2000）的文章，它们与预测值符合很好。正如前面多次提及的那样，这直接表明了可以通过进一步减少 q_{aval} 来提高计数率能力（Abbrescia，2016）。

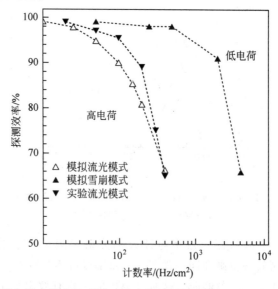

图 7.12　雪崩和流光模式下，固定工作电压时探测效率与入射粒子计数率的关系

模拟时感应电荷提高了 10 倍，图中的实验点摘自文献（Arnaldi et al.，2000）。

图 7.13 是模拟得到 3 种入射粒子计数率时的时间分布，选择这 3 种计数率是为了与实验结果（Bacci et al.，1995）对比。高计数率时，时间分布向时间延迟大的方向移动，主要是由于电子的漂移速度（Colucci et al.，1999）随着粒子计数率的增加而减小。高计数率时间分布的分辨率变差（图 7.13 中的时间分布越来越宽），原因是 ΔV_{eff} 减小并随时间快速的变化。然而，不出意外的是模拟时间分辨率相对于实验结果更窄，是因为没有考虑到仪器本身的影响。

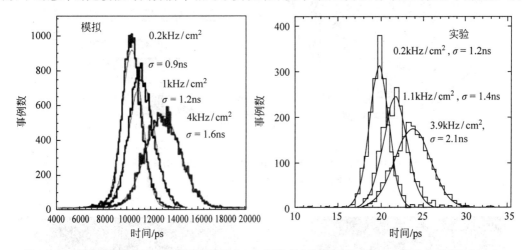

图 7.13　不同入射粒子计数率下的模拟（a）和实验（b）的时间分布。（a）摘自文献（Abbrescia，2004）。（b）摘自文献（Bacci et al.，1995）。（a）的时间零点对应于模拟粒子的进入时间点，而（b）的时间零点是触发

最后需要提醒注意的是，从式（3.14）得出，计数率能力也与权重电场有关。当然探测器构造的变化会影响 ΔV_w，同样影响计数率能力，因为会在给定相同的雪崩电荷 q_{aval} 值的情况下改变感生电荷 q_{ind} 的大小。这与使用简单的欧姆模型预测的情况相反，可以推测出如果保持其他不变只改变间隙宽度 g，也会影响计数率能力。例如，减小 g，q_{ind} 将减小，因此计数率能力也会降低。相反，如果比值 d/g 保持尽可能低，计数率能力通常会得到改善。

7.4　ATLAS 和 CMS 实验的 μ 子系统升级

前面提到的一些理论会在 LHC 的 ATLAS 和 CMS 实验的 μ 子系统的升级中验证。在大型强子对撞机的高亮度阶段（HL-LHC），为延长 LHC RPC 的使用寿命必须进行该升级。LHC 实验最初计划在 $10^{34}\,cm^{-2}\cdot s^{-1}$ 设计瞬时亮度下工作 10 年，总计积分 500fb^{-1}。HL-LHC 阶段预计瞬时亮度约为 $5\times10^{34}\,cm^{-2}\cdot s^{-1}$，相应的积分亮度约为 300fb^{-1}/年，并且预计至少再持续工作 10 年。

在这些新的恶劣条件下运行将是 ATLAS 和 CMS 实验面临的主要挑战。因此，两个合作组都在努力研究应对它们的最佳策略。μ 子系统、径迹系统和量能器都将升级。官方升级文件中概述了 ATLAS 和 CMS 在这些方面的计划（ATLAS，2015；CMS，2015）。

对于 ATLAS 的 RPC 系统而言，将在 μ 子谱仪的内层安装一层新的 RPC 室，这将解决旧探测器自身效率降低带来的整个触发系统效率降低的问题，并且补上接收漏洞，但是这样带来了系统冗余度的增加（图 7.14 和图 7.15），通过模拟估算，在保证一定的安全系数下所

需的计数率能力约为几 kHz/cm²。

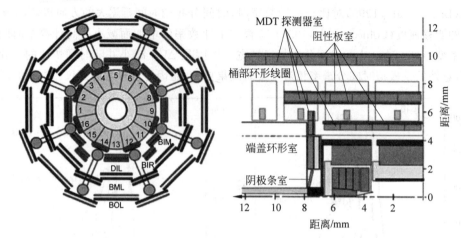

图 7.14　ATLAS 实验中 RPC 系统的升级方案
两个投影图中显示出了新加的 RPC 层。

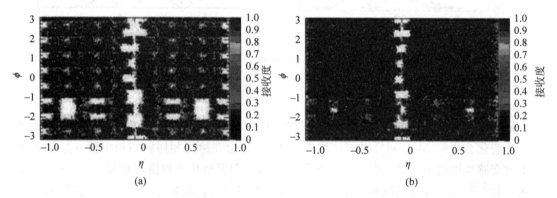

图 7.15　模拟得到的 ATLAS μ 子触发系统接收度
(a) 目前的 RPC 系统接收度；(b) 目前的 RPC 系统和升级附加 RPC 层后的总接收度

　　特别提出使用一种气隙宽度是 1mm 的三室新型 RPC(与当前 2mm 的 RPC 相比)和新型高灵敏度的前端放大器,该放大器基于硅锗技术,可确保噪声远低于 1000 个电子。已经生产出了一些原型机,目前正处于测试阶段(Cardarelli et al.,2013)。图 7.16 给出证明这些气室计数率能力的结果图。

　　对于 CMS 的 RPC,其计数率能力的要求与 ATLAS 的类似,目前正在研究几种解决方案,预计使用低电阻率电极(用电木或者玻璃制成),几何形状与目前使用的标准 2mm 双气室 RPC 不同,并使用更高性能的电子学。

　　图 7.17(a)为韩国探测器实验室 (KODEL) 为此研发的电木 RPC,它的结构很特别,是单气隙和多气隙结构的混合结构,读出条夹在两侧的两个气隙之间(Lee,2014)。这种几何形状增强了读出条上的电荷感应,计数率能力能够达到每平方厘米大约几千赫兹,如图 7.17(b)所示。

　　另外我们在第 6 章引述过使用清华大学研制的低电阻率(约 $10^{10}\,\Omega \cdot cm$)玻璃制成的单气隙 RPC 开展了一些实验研究(Wang et al.,2008)。在 GIF++用 γ 射线辐照整个探测器

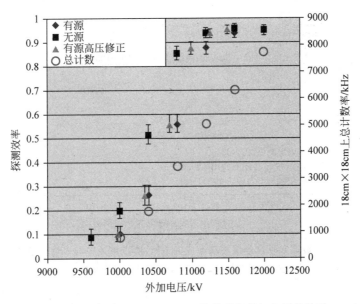

图 7.16　双气隙(1+1mm)RPC 的效率与外加电压的关系

与探测器匹配的是快速电荷前置放大器。效率曲线分别是在有 X 射线源和无源情况下测量得到的,源强相当于大约 12kHz/cm² 的粒子计数率。三角形的点是"有源"时经过电极板的欧姆压降修正之后,效率与施加在气隙上的实际电压的关系。同时也给出探测器的输出计数率(噪声计数率+X 射线光子脉冲)。

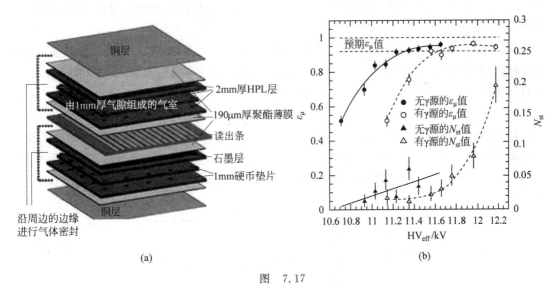

(a)

(b)

图　7.17

(a) KODEL 大学研制的 RPC 原型示意图;(b) 没有辐照(实心点)和完全暴露于大约 3kHz/cm² 辐照率(空心点)的情况下,效率坪和流光比例与工作电压的关系

得到的计数率能力实验见图 7.18,通过与标准浮法玻璃制成的 RPC 进行对比,可以看出由低电阻玻璃制作的 RPC 计数率能力有显著改善。

　　CMS 最终考虑采用更标准的解决方案包括保持双间隙的几何形状(可能减少电极和(或)间隙厚度),但使用高级的放大电路,OMEGA 组研发了基于 PETITROC(或者类似)的集成电路(Fleury et al.,2014)。所有这些方案似乎都能满足 HL-LHC 阶段安全运行的需要。

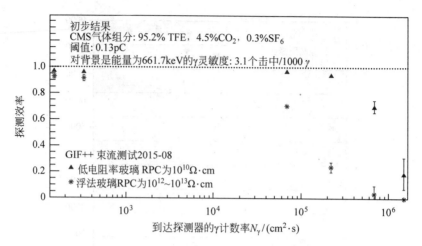

图 7.18　清华大学玻璃和标准浮法玻璃制成的 RPC 的探测效率与入射粒子计数率的关系
使用的 γ 源的转换概率是 1%，因此计数率是 X 轴上的值的 1/100 左右。

7.5　特殊高计数率 RPC

现在，我们比较一下雪崩模式下 RPC 和使用金属电极的平行板室（平行板雪崩室，PPAC）。二者有一定的相关性，因为从某种意义上说，PPAC 代表理论上 RPC 能达到的计数率能力的最大限值。

对于 RPC，即使在每平方厘米几十赫兹的情况下就可以观察到计数率能力限制的迹象（取决于材料、工作模式和探测器结构）；PPAC 则不同，其计数率可高达至少 $10^5 \sim 10^6\,\mathrm{Hz/mm^2}$，并且脉冲幅度不会减小。这表明它们可以用作特定的高计数率探测器（Fonte et al.，1998）。

PPAC 的一些特性见图 7.19。当固定电极上的电压时，气体增益随计数率保持不变。图中的水平箭头表示该增益在一定计数率值范围内保持不变。相反，增益能达到的最大值取决于选定的增益，在同一张图中用空心圈表示，当达到这个计数率值时，探测器会反复发生击穿。

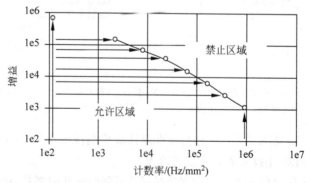

图 7.19　采用 ^{55}Fe 放射源测量得到的金属电极平行板室的增益（箭头表示）与计数率的关系
顶部电极是与漂移区域结合在一起的网格，与图 7.20 所示的结构非常相似，但带有金属阳极。如文中所述，即使在某些临界计数率击穿的情况下，PPAC 间隙的每一个电压所对应的信号幅度不会随计数率变化。带圆圈的曲线表示可实现的最大增益与速率的关系。

很多工作研究总结了这些现象背后的物理原理，例如 Peskov 等人（2009）的文章。主要是以下两种物理机制导致 PPAC 在高计数率下的击穿现象。

（1）雪崩在时间和空间上重叠；

（2）偶尔来自阴极板上的电子发射。

我们简短讨论一下这些效应，因为它们从机理上导致了计数率对增益的限制关系，这不仅仅是针对阻性探测器而言，对许多气体探测器都是成立的（Ivaniouchenkov et al.，1999）。

计算表明，雪崩在统计上会发生重叠，并且重叠的概率随计数率增加而增大。虽然每个雪崩的大小均低于 Raether 极限，但重叠区域中的总电荷可在短时间内达到 Raether 极限（Peskov et al.，2009）。这将导致在临界计数率处发生击穿，而临界计数率取决于雪崩的平均大小。

第 1 章已经讨论了阴极偶尔会发生电子发射的现象。这是一个有趣但还不被完全理解的效应，不仅导致了气体探测器的击穿，甚至会造成真空高压设备的击穿。根据 Lalham（1995）的观点，在实践中，即使是在极其干净的金属表面都会包含各种类型的介电物体，如氧化层、微粒等。在非常强的电场下，来自金属阴极的电子可以穿过这些薄的介电层/杂质并沉积在那里。然后在某个时刻，这些沉积电荷突然发生自发喷射，或者甚至依次发生几次喷射。每次喷射的电子数可以很高。在 Fonte 等人（1999b）的论文中，试图通过这种机制解释探测器工作于高计数率情况下正好出现在击穿之前的大幅度脉冲现象。即使外部辐射产生的雪崩的平均尺寸远低于 Raether 极限，但当这些喷流产生的雪崩中的总电荷超过 Raether 极限时，也会发生击穿。

这是本质上限制 PPAC 计数率能力的两个主要影响因素，甚至带有金属电极的微结构探测器的计数率也受该因素的限制（见第 8 章）。当然，微结构探测器的计数率上限比 RPC 高多了，而且本质上是不一样的（Fonte et al.，1998，1999a，b；Ivaniouchenkov et al.，1999）。

原则上，将 RPC 的阻性放电与金属电极平行板室的高计数率能力结合起来将非常有吸引力。因此，优化电极电阻率从一开始就是一种提高计数率的有效方法，虽然其数学原理还不清楚，但可以采取折中方案，因为一方面我们要求电阻率足够低以减小间隙上压降的影响，但同时要有足够高阻值以实现限制放电电流、维持放电保护的优点。

这里我们给出一些专门用于开发能在高计数率情况下（远高于 $1kHz/cm^2$）工作的 RPC 的研究，例如在 LHC 上进行的实验。大多数情况下，这些研究涉及使用不同于电木或玻璃的材料，这些材料是构成目前所使用的大部分 RPC 的电极材料。

该方向已经有了很有趣的进展，使用定制的中等电阻率材料（一种 Araldite 环氧树脂和 MOLIN 的混合物，就像圆珠笔黑色墨水生成的黑色橡胶状材料），它的电阻率能控制在 $2 \times 10^7 \sim 3 \times 10^{12} \Omega \cdot cm$ 范围内，可以使气室的计数率性能有很宽的范围，图 7.20 给出这种探测器的混合结构（Fonte et al.，1999c）。探测器由漂移区和随后的放大气隙构成。漂移区厚 15mm，由 2 块金属网构成。放大间隙宽 3.5mm，由下部漂移网（阴极）和电阻板（阳极）构成。大部分测试已经完成，初级电荷是通过配备有 Fe 阳极的小焦点（0.1mm）X 射线管产生的准直 X 射线束，该管产生轫致辐射光子，其能量分布的峰值是 5.5keV，最大值约为 10keV，X 射线束流可由准直器开口来控制，束流直径可为 2mm 和 5mm。

使用该原型探测器得到的一些结果见图 7.21。当高于一定的计数率阈值时能够观察到增益减小，这表征该仪器的计数率能力的极限。每一种材料样本（和每一种电阻率）的计

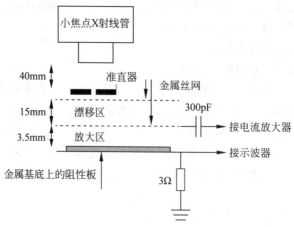

图 7.20　文章中描述的高计数率混合型探测器的示意图

其主要特征是存在漂移区和放大区，两区被金属网分开。

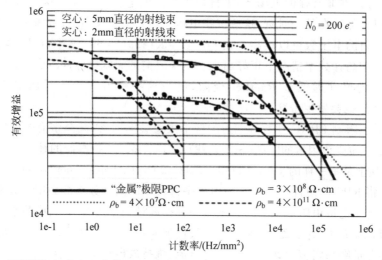

图 7.21　不同阳极板的电阻率值，以及束流直径 2mm 和 5mm 情况下，图 7.20 所示的探测器的增益-计数率特性

对于最低电阻率材料，增益在 $10^4 \sim 10^5$ 之间时，计数率能够达到 10^5 Hz/mm^2。细线是根据模型绘制，计数率和增益有相关性的原因是雪崩电流通过时，阳极板的欧姆压降引起了气隙电场有效强度的降低。粗实线标记了相似结构的全金属 PPAC 的本征计数率极限。

数率不同，但似乎不受探测器工作电压或束流直径的影响。对于所研究的最低阳极电阻率，在 10^4 和 10^5 之间的增益下实现了高达 10^5 Hz/mm^2 的计数率。该值实际上甚至略高于在类似结构的金属 PPAC 中得到的本征计数率-增益极限。

　　Crotty 等人（2003）、Francke 等人（2003）和 Iacobaeus 等研究组（2003）继续了该方向的研究工作，着重测试研究了各种可以买到的低电阻率材料。取得的结果充分证实了 Fonte（1999c）等人的主要结论，表明在某些条件下低电阻率 RPC 可以接近甚至达到金属 PPAC 的计数率极限。

　　图 7.22 给出了由 GaAs 和硅制成的低电阻率窄气隙（0.3～0.5mm）RPC 的增益与计

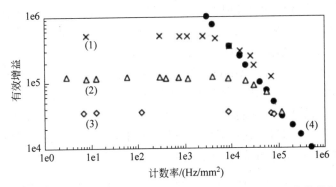

图 7.22　用 X 射线束进行测量得到的由不同低电阻材料制成的 RPC 的增益与计数率关系

(1) $\rho_b = 3 \times 10^8 \Omega \cdot cm$；(2) $\rho_b = 4 \times 10^7 \Omega \cdot cm$；(3) $\rho_b = 3 \times 10^4 \Omega \cdot cm$（GaAs 和硅）；(4) 金属 PPAC 的最大可实现增益与计数率的关系

数率关系曲线，图中也显示出一个金属 PPAC 能够达到的最大增益。可以看出，当增益高于 10^4，能够有高达 $10^5\,Hz/mm^2$ 的计数率。原理上讲，这些计数器可以在更高的增益下工作，但代价是可达到的计数率更低。

研究发现，"中等"电阻率 RPC 的击穿特性与金属 PPAC 或者高电阻率 RPC 有很大不同。特别是在 $10^7 \sim 10^8 \Omega \cdot cm$ 电阻率范围内会出现一个新现象：连续辉光放电（Francke et al.，2003）。回想一下，有各种类型的气体稳态放电：电晕放电、电弧和辉光放电。它们中每一个都具有特定的电压与电流特性，以及不同的典型电流值。在电晕放电中，典型的数量级约为 $1\mu A$，辉光放电是 $1 \sim 100\,mA$，电弧是几安培或者更大。这些界限不是很清晰，而且取决于气体组分和压力。一个大气压下，一些气体辉光放电的电流可以达到几安培（Karabadzhak，Peskov，1987）。这可能是导致仅在某些特定电极电阻率范围内观察到 RPC 辉光放电的主要原因，这样其电流须在所述范围内。

从可能造成的电子设备损坏的角度来看，因为辉光放电是连续的，因此在某些情况下甚至比火花更危险。为了确定 RPC 中发生火花或辉光放电的条件，我们使用了各种淬灭剂浓度低于 20% 的混合气体，对大范围电阻率的电极进行了研究。这些测量的结果在图 7.23 中进行了展示。可以看出，打火出现在电极电阻率 ρ_b 低于 $10^3 \Omega \cdot cm$ 或者高于 $10^8 \Omega \cdot cm$ 时。电阻率在 $10^3 \sim 10^8$ 之间时主要发生辉光放电。

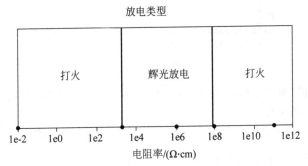

图 7.23　不同电极电阻率的 RPC 的放电类型

在高电阻率时的"打火"实际上是限流放电，在 RPC 领域通常称之为流光（正如第 3 章中已经提到过的）。

研究还发现，辉光放电的持续时间能减小到几分之一毫秒，甚至如果使用高淬灭混合气体则辉光放电可被完全抑制，例如在氩气中混入 20%～25% 的乙烷。作为对比的是：在打火区域加入高淬灭混合气体是不起作用的(Fonte et al.,1991)。

Lopes 等人(2006)和 Laso Garcia 等人(2016)的文章中研究了窄气隙（宽度 250～300μm）陶瓷 RPC。与前面使用单气隙低电阻率 RPC 研究不同的是，这个组研究了多气隙（4～6 个气隙）RPC 的性质。在制作过程中，陶瓷的体电阻率 ρ 可以在 10^7～$10^{13}\Omega\cdot cm$ 之间调节。作者特别关注测量了在不同粒子通量、不同外加电压以及不同电极体电阻率下多气隙 RPC 的探测效率，相应的结果总结见图 7.24 和图 7.25。

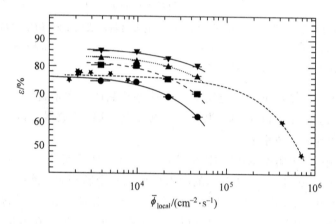

图 7.24　体电阻率为 $9\times10^9\Omega\cdot cm$ 的多气隙陶瓷 RPC 的效率与入射粒子通量的关系

图中，★是质子束，气隙中电场强度是 $E_{gap}=95kV/cm$；电子束●的 $E_{gap}=92kV/cm$，■的 $E_{gap}=94kV/cm$，▲的 $E_{gap}=96kV/cm$，▼的 $E_{gap}=98kV/cm$

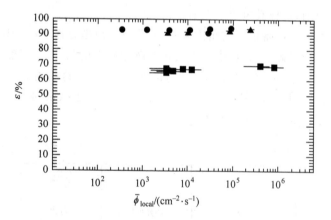

图 7.25　采用电子束和质子束测量体电阻率是 $9\times10^9\Omega\cdot cm$ 的多气隙陶瓷 RPC 的效率与粒子通量的关系

对于电子束，●代表的 $E_{gap}=100kV/cm$，▲的 $E_{gap}=106kV/cm$；质子束■的 $E_{gap}=100kV/cm$

在 Naumann 等人(2011)的文章中对比了陶瓷 RPC、半导体玻璃和浮法玻璃制成的 RPC 的计数率能力(图 7.26)，正如预期的那样，作者指出陶瓷的计数率能力超过浮法玻璃 2 个数量级。

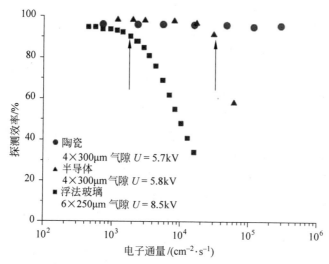

图 7.26　不同电极材料（陶瓷、半导体和浮法玻璃）RPC 的效率与粒子通量的关系
测量的是电子束流。

近期还有一些其他人的工作（Petrovici et al.，2012；Lei，2014；Dai et al.，2014）尝试用低电阻率电极实现 MRPC 在高计数率下工作。例如 Petrovici 等人（2012）发现效率下降 10％左右的计数率极限 $\approx 10^5\,\mathrm{Hz/cm^2}$，这个实验中的多气隙 RPC 的电极由 Pestov 玻璃制成。

为了对这一领域得到的结果有一个整体概念，图 7.27 给出了一个"RPC 计数率世界分布图"（Gonzalez-Diaz 2006 的改编版）。像二氧化硅玻璃这样的高电阻材料通常表现出较低的计数率性能。有时把这些材料加热，会使它们的电阻率有某种程度的降低，可以达到一个相对较高的计数率能力。对于像半导体掺杂玻璃或者陶瓷这样的低电阻材料，能够实现更高的计数率能力。此外，Fonte 等人（1999c）、Crotty 等人（2003）、Iacobaeus 等人（2003）、Francke 等人（2003，2004），以及 Lopes 等人（2004）描述的探测器原型似乎达到了更高的 $10^6\,\mathrm{Hz/cm^2}$。

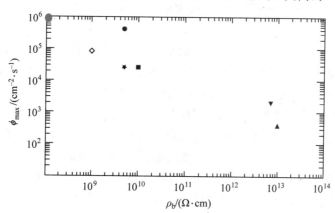

图 7.27　"RPC 计数率世界分布图"（Gonzalez-Diaz 2006 的改编版）（有彩图）
表示效率下降 10％的最大通量与材料体电阻率的关系图。红色圈和红色方块是陶瓷，上三角是加热的硅玻璃，下三角是硅玻璃（Gonzalez-Diaz et al.，2005），星号是半导体掺杂玻璃（Wang et al.，2010），◇号是低电阻率陶瓷。绿色点代表具有 GaAs 或者陶瓷阴极 RPC 的计数率能力（Naumann et al.，2011）。

关于低电阻率 RPC 另外一个有趣的进展,是通过微带读出条读出信号(已经在第 4 章末尾处叙述过),原则上能使器件实现很高的计数率能力和极佳的位置分辨率。这样做的第一个优点是简化了在高计数率下粒子位置的确定。

Crotty 等人(2003)、Iacobaeus 等人(2003)、Francke 等人(2003,2004)描述了这个方向的研究,微带条放置在气体间隙内的阳极板上。这些研究是与第 4 章末尾已经阐述过的研究同时进行的,区别在于不经常使用 CsI 层。

与读出条放在外面相比,把读出条放置在气体间隙中的优点是感应电荷产生的区域更窄。因此可以分别探测到同时入射到相同区域中的更多粒子,这不仅提高了位置分辨率,而且实现了更高的计数率,图 7.28 给出一个良好准直的 X 射线束(30μm 宽)入射到平行于阴极的气体放大间隙产生的感应电荷分布。放大间隙距离阴极表面 50μm 并且平行于条宽为 50μm 的阳极读出条。可以看出电荷分布的半高全宽(FWHM)$\approx$200μm。

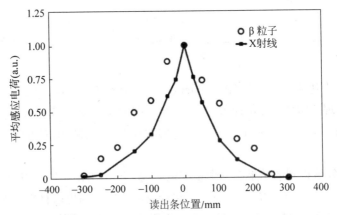

图 7.28　准直的 X 射线和 β 粒子在读出条上产生的感应电荷分布
探测器为 0.3mm 气隙宽度的低电阻 RPC,工作气体是 40% Xe+40% Kr+20% CO_2 的混合气体。

工作于纯雪崩模式(没有强烈的空间电荷效应出现)的雪崩 RPC(或者 PPAC)的另一个特性是靠近阴极产生的初级电子能得到最大的放大倍数,因为雪崩的大小与阴极的距离成指数关系。基于这个原因,这些探测器主要对与粒子穿过阴极内表面的点对应的坐标敏感。

因此一个有趣的结果是,如果一个 X 射线束紧贴着阴极平行入射,即使光子有足够高的能量产生长的光电子径迹,探测器也能以极佳的精度($\approx$50μm)记录 X 射线光子的坐标。

用能量约 30keV 的 X 射线获得的一些实验结果如图 7.29 所示。这些实验中使用了一个 0.3mm 气隙宽度的高计数率 RPC(具有 GaAs 阴极),位于陶瓷阳极内表面上的金属阳极条宽 50μm。图 7.29(a)给出测量 X 射线束时各个读出条上(数字图像)的计数值;射线束沿着阳极第 8 条定向入射,因此正如预期的那样,该条带上的计数率最大。图 7.29(b)给出在垂直于读出条的方向上移动 25μm(朝向第 9 读出条)后同一狭缝的图像,在这种情况下,来自两个相邻读出条的计数率是可比的。当射线束沿着读出条进一步移动时,该特征周期性地重复。从图像对比度(邻近读出条计数的比值)可以得出结论,虽然实际感应区域宽度大得多,但位置分辨率好于 30μm。图 7.29(c)是一个 7 线对/毫米线对卡的图像,能够很容易分辨出相距 70μm 的 3 条缝。

高计数率、高位置分辨率的 RPC 也可以作为低剂量乳房 X 光检查设备的敏感元件,详

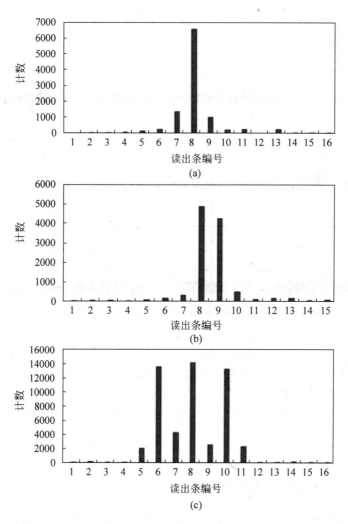

图 7.29　X 射线经过一个 $30\mu m$ 狭缝平行于阴极入射 RPC，射线离阴极 $50\mu m$，图中显示不同
　　　　入射情况下各读出条上的计数值

(a) 射线束沿着第 8 条方向入射；(b) 射线束沿着第 8 条和第 9 条之间入射，可以看出，当射线垂直于读出
条的方向移动时该特征周期性重复出现；(c) 7 线对/毫米线对卡的 X 射线图像的各读出条计数值

见第 9 章(Francke et al.，2001；Maidment et al.，2006)。

高计数率、高位置分辨率 RPC 也可应用于高计数率条件下的粒子径迹探测 (Francke et al.，2003)。这些探测器得到的测试结果见图 7.30，探测器使用了由 GaAs（电阻率 $\approx$ $10^{8}\Omega\cdot cm$）制成的电极，宽度为 $30\mu m$ 或者 $50\mu m$ 的读出条放置在气隙中以减小感应信号区域（如前面解释的，为了能够同时记录到很多非常接近的径迹）。这些探测器的另一个特征是使用涂有 CsI 层的阴极，用作二次电子发射器。第 4 章已经描述了多孔 CsI 转换器，它能够增加 RPC 的效率，但由于该发射器的充电效应会限制计数率能力。Iacobaeus 等人(2003)测试了一种薄的($0.5\sim0.6\mu m$) 均匀 CsI 转换器，尽管与多孔相比探测效率低，但是它的计数率能力很好，在 $10^{5} Hz/cm^{2}$ 的计数率下没有观察到充电效应。数字化位置分辨率大约为 $50\mu m$。

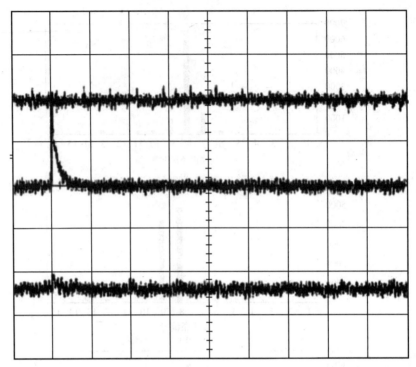

图 7.30　当粒子垂直 RPC 电极并在中心条附近入射到有 CsI 涂层的 RPC 时,3 个邻近读出条的示波器波形图

横轴显示比例是 0.5ms/div,纵轴是 0.5V/div。可以看出,在这种特定情况下,感应信号的面积约为读出条宽度(参见图 4.36)。

7.6　高位置分辨率定时 RPC

提高 RPC 性能的另一个合乎逻辑的探索是开发高位置分辨率定时 RPC,在一个探测器上同时实现亚毫米空间分辨率和 100ps 的时间分辨率。

Blanco 等人(2012)首先进行了这个方向的研究。作者建造了一个由定时 RPC 组成的望远镜,每个 RPC 的间隙宽度为 0.35mm,电极板为厚度 0.4mm 的钠钙玻璃。通过一种叫作 SEMITRON 的半导体聚合物加高压,RPC 的信号通过电荷灵敏和定时电路的电极读出(图 7.31)。

这些测试的计数率较低(宇宙射线实验),因此没必要在气体间隙中添加读出条。为简单起见,读出条放置在外表面并且用 Kapton 膜与读出电极隔离。上表面(图 7.31 中的 X 方向读出条)和下表面(Y 方向读出条)的读出条互相垂直,读出条宽为 4mm。每个 X 方向读出条通过一个 40pF 电容将部分感应电荷传送到一个公共印制电路板(PCB),其余部分通过一个扼流线圈(MURATA BLM21BB201SH1)传送到电荷放大器,以滤除差分传输中可能存在的共模噪声。通过两根长度相同的电缆将公共 PCB 连接到定制的定时放大器和比较器。这样布置将高频信号分量导向定时放大器,将低频信号分量导向电荷放大器。需要注意的是,通过这种方式可以使用总感应电荷确定位置而不仅仅是雪崩电子所感应的快信号。Y 方向读出条只用于定时。

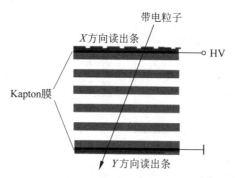

图 7.31　具有高位置分辨率的飞行时间多气隙 RPC 的结构图

外层电极配备有连接定时和电荷灵敏电路的读出条。

读出条的信号通过扼流圈馈送到积分放大器，积分时间为 10ms，通过一个 40MHz 模数转换器（ADC）进行数字化，并通过一个 2ms 上升时间、1ms 峰保持时间以及 2ms 下降时间常数的梯形滤波器在时域中进行数字滤波。粒子的通过时间由道宽为 100ps 的时间数字转换器（TDC）记录。

当然，3 个（或更多）一样的探测器可以垂直堆叠，形成一个多层望远镜（图 7.32），以提高粒子径迹测量精度。能够同时精确测量位置和时间的径迹测量系统具有一些优点。例如，每个粒子都进行多次测量提高了定时精度，并且不需要外部起始时间探测器，因为它有时会出问题。

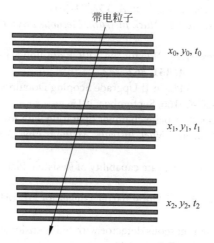

图 7.32　包含 3 个 5 气隙定时 RPC 的望远镜示意图

可以使用每层中测量的坐标值进行直线拟合。

一个 3 层望远镜系统测量的 X 和 Y 分布见图 7.33，通过 $\pm 1\sigma$ 的高斯拟合得到，X 方向的分布为 $47\mu m$ 宽，Y 方向的分布为 $86\mu m$ 宽。完成一些系统校正后，可以得到以下结果：X 方向的分布宽度 σ 是 $38\mu m$，Y 方向的分布宽度 σ 是 $71\mu m$。平均单层探测器的时间分辨率是 77ps，总的望远镜系统的时间分辨率是（综合 3 层探测器）$77/\sqrt{3}=44ps$。

上面几个实例涉及的内容清楚地表明，窄气隙 RPC 可以在一个设计中综合几个特征：极佳的时间分辨率和位置分辨率，以及高计数率能力，为将来的应用提供了可能性。

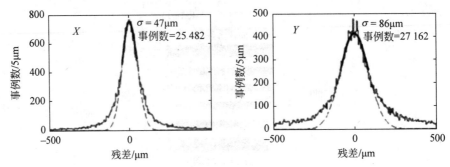

图 7.33　用文中描述的宇宙望远镜系统测量，经过直线拟合后 X 和 Y 的残差
这种情况下只考虑了几乎垂直穿过望远镜的径迹。

参考文献

Abbrescia, M. (2004) The dynamic behaviour of Resistive Plate Chambers. *Nucl. Instrum. Methods Phys. Res., Sect. A*, **533**, 7–10.

Abbrescia, M. (2016) Improving rate capability of Resistive Plate Chambers. *JINST*, **11**, C10001.

Affatigato, M. *et al.* (2015) Measurements of the rate capability of various Resistive Plate Chambers. *JINST*, **10**, P10037.

Agosteo, S. *et al.* (2000) A facility for the test of large area muon chambers at high rates. *Nucl. Instrum. Methods Phys. Res., Sect. A*, **452**, 94–104.

Aielli, G. *et al.* (2002) RPC ageing studies. *Nucl. Instrum. Methods Phys. Res., Sect. A*, **478**, 271.

Arnaldi, R. *et al.* (2000) A low-resistivity RPC for the ALICE dimuon arm. *Nucl. Instrum. Methods Phys. Res., Sect. A*, **451**, 462–473.

ATLAS collaboration (2015) ATLAS Phase-II Upgrade Scoping Document. CERN-LHCC-2015-020, LHCC-G-166, September, 2015.

Bacci, C. *et al.* (1995) Test of a resistive plate chamber operating with low gas amplification at high intensity beams. *Nucl. Instrum. Methods Phys. Res., Sect. A*, **352**, 552.

Bilki, B. *et al.* (2009) Measurement of the rate capability of Resistive Plate Chambers. *JINST*, **4**, P06003.

Biondi, S. (2015) Upgrade of the ATLAS Muon Barrel Trigger for HL-LHC. PoS(EPS-HEP2015), 289.

Blanco, A. *et al.* (2012) TOFtracker: gaseous detector with bidimensional tracking and time-of-flight capabilities. *JINST*, **7**, P11012.

Carboni, G. *et al.* (2003) A model for RPC detectors operating at high rate. *Nucl. Instrum. Methods Phys. Res., Sect. A*, **498**, 135–142.

Cardarelli, R. *et al.* (1988) Progress in resistive plate counters. *Nucl. Instrum. Methods Phys. Res., Sect. A*, **263**, 20–25.

Cardarelli, R. *et al.* (2013) Performance of RPCs and diamond detectors using a new very fast low noise preamplifier. *JINST*, **8**, P01003, 106.

CMS collaboration (2015) Technical proposal for the phase-II upgrade of the Compact Muon Solenoid. CERN, LHCC-2015-10, LHCC-P-008, CMS-TDR-15-02, 1 June 2015. ISBN: 978-92-9083-417-5.

Colucci, A. *et al.* (1999) Measurement of drift velocity and amplification coefficient in C2H2F4–isobutane mixtures for avalanche-operated resistive-plate counters.

Nucl. Instrum. Methods Phys. Res., Sect. A, **425**, 84.

Crotty, I. *et al.* (1993) Investigation of resistive parallel plate chambers. *Nucl. Instrum. Methods Phys. Res., Sect. A*, **329**, 133–139.

Crotty, I. *et al.* (1994) The non-spark mode and high rate operation of resistive parallel plate chambers. *Nucl. Instrum. Methods Phys. Res., Sect. A*, **337**, 370–381.

Crotty, I. *et al.* (2003) High-rate, high-position resolution microgap RPCs for X-ray imaging applications. *Nucl. Instrum. Methods Phys. Res., Sect. A*, **505**, 203–206.

Dai, T. *et al.* (2014) Low resistance bakelite RPC study for high rate working capability. *JINST*, **9**, C11013.

Fagot, A. *et al.* (2016) R&D towards the CMS RPC Phase-2 upgrade. *JINST*, **11**, C09017.

Fleury, J. *et al.* (2014) Petiroc and Citiroc: front-end ASICs for SiPM read-out and ToF applications. *JINST*, **9**, C01049.

Fonte, P. *et al.* (1991) *Nucl. Instrum. Methods Phys. Res., Sect. A*, **305**, 91.

Fonte, P. *et al.* (1998) Thin gap parallel mesh chamber: a sparkless high-rate detector, arXiv:physics/9803021.

Fonte, P. *et al.* (1999a) Rate and gain limitations of MSGCs and MGCs combined with GEM and other preamplification structures. *Nucl. Instrum. Methods Phys. Res., Sect. A*, **419**, 405–409.

Fonte, P. *et al.* (1999b) The fundamental limitations of high-rate gaseous detectors. *IEEE Trans. Nucl. Sci.*, **46**, 321.

Fonte, P. *et al.* (1999c) A spark-protected high-rate detector. *Nucl. Instrum. Methods Phys. Res., Sect. A*, **431**, 154–159.

Francke, T. *et al.* (2001) Dose reduction in medical x-ray imaging using noise free photon counting. *Nucl. Instrum. Methods Phys. Res., Sect. A*, **471**, 85–87.

Francke, T. *et al.* (2003) Potential of RPCs for tracking. *Nucl. Instrum. Methods Phys. Res., Sect. A*, **508**, 83–87.

Francke, T. *et al.* (2004) High rate (up to 105Hz/cm2), high position resolution (30 μm) photosensitive RPCs. *Nucl. Instrum. Methods Phys. Res., Sect. A*, **533**, 163.

Gonzalez-Diaz, D. (2006) Research and developments on timing RPCs. Application to the ESTRELA detector of the HADES experiment at GSI. PhD thesis. Universidade de Santiago de Compostela.

Gonzalez-Diaz, D. *et al.* (2005) The effect of temperature on the rate capability of glass timing RPCs. *Nucl. Instrum. Methods Phys. Res., Sect. A*, **555**, 72.

Iacobaeus, C. *et al.* (2003) The development and study of high-position resolution (50 μm) RPCs for imaging X-rays and UV photons. *Nucl. Instrum. Methods Phys. Res., Sect. A*, **513**, 244–249.

Ivaniouchenkov, Y. *et al.* (1999) Breakdown limit studies in high-rate gaseous detectors. *Nucl. Instrum. Methods Phys. Res., Sect. A*, **422**, 300–304.

Karabadzhak, G.F. and Peskov, V.D. (1987) Properties of glow discharges at high pressures. *J. Tech. Phys.*, **57**, 891 (in Russian).

Lagarde, F. *et al.* (2016) High rate, fast timing Glass RPC for the high η muon detectors. *JINST*, **11**, C09006.

Lalham, R. (1995) *High Voltage Vacuum Insulation*, Academic Press, New York, pp. 1–663.

Laso Garcia, A. *et al.* (2016) High-rate timing resistive plate chambers with ceramic electrodes. *Nucl. Instrum. Methods Phys. Res., Sect. A*, **818**, 45–50.

Lee, K.S. (2014) Rate-capability study of a four-gap phenolic RPC with a 137Cs source. *JINST*, **9**, C08001.

Lei Xia (2014) Development of High Rate RPCs, https://indico.cern.ch/event/192695/contributions/353406/ (accessed 30 October 2017).

Lopes, L. *et al.* (2004) *Nucl. Instrum. Methods Phys. Res., Sect. A*, **533**, 69.

Lopes, L. *et al.* (2006) *Nucl. Phys. B (Proc. Suppl.)*, **158**, 66–70.

Maidment, A., Ullberg, C., Lindman, K. *et al.* (2006) Evaluation of a photon counting breast tomosynthesis imaging system, in *Proceedings of SPIE International Symposium on Medical Imaging*, SPIE, San Diego, CA, p. 2006.

Naumann, L. *et al.* (2011) High-rate timing RPC with ceramics electrodes. *Nucl. Instrum. Methods Phys. Res., Sect. A*, **635**, S113.

Peskov, V. *et al.* (2009) Research on Discharges in Micropattern and Small Gap Gaseous Detectors, arXiv:0911.0463.

Petrovici, M. *et al.* (2012) High Counting Rate, Differential, Strip Read-Out, Multigap Timing RPC, JINST POS (RPC 2012) 067.

Santonico, R. (2014) RPCs for high radiation environment. presentation given at the 2nd ECFA Workshop on HL-LHC, Aix-les-Bains, October 21–23, 2014.

Santonico, R. and Cardarelli, R. (1981) Development of resistive plate counters. *Nucl. Instrum. Methods Phys. Res.*, **187**, 377.

Vari, R. and On behalf of the ATLAS collaboration (2015) A proposal to upgrade the ATLAS RPC system for the High Luminosity LHC. 13th Pisa Meeting on Advanced Detectors, May 24–30, 2015, La Biodola, Isola d'Elba, https://cds.cern.ch/record/2021484/files/ATL-MUON-SLIDE-2015-301.pdf (accessed 30 October 2017).

Wang, J. *et al.* (2010) Development of multi-gap resistive plate chambers with low-resistive silicate glass electrodes for operation at high particle fluxes and large transported charges. *Nucl. Instrum. Methods Phys. Res., Sect. A*, **621**, 151.

Wang, Y. *et al.* (2008) Study on the performance of high rating MRPC. Nuclear Science Symposium Conference Record, NSS âAZ08, IEEE, pp. 913–916. doi: 10.1109/NSSMIC.2008.4774543

第 8 章

气体探测器家族的新发展：基于阻性电极的微结构探测器

8.1 基于金属电极的"经典"微结构探测器

本章将介绍微结构气体探测器。在 20 世纪末,它的发明标志着气体探测器领域的第三次突破(第一次为多丝正比室(MWPC)的发明,第二次为阻性板室(RPC)的发明)。已经有数百篇文献描述了以多种不同形式繁荣发展的微结构探测器,Francke 和 Peskov 于 2014年发表的综述文章对该领域的最新成果进行了生动翔实的总结。

微单元结构探测器是一种气体放大结构,集合了以下特点:

(1) 电极之间的距离非常小,通常小于 $100\mu m$。

(2) 使用微电子技术制造。

(3) 电极通常为分隔的微结构。

微结构探测器的经典实例是微条气体室(MSGC)、微网气体探测器(通常称为 MICROMEGAS)和一些孔型探测器,如气体电子倍增器(GEM)和微点气体探测器等。

由 Oed 在 1988 年发明的微条气体室的示意图如图 8.1 所示。它主要由一排宽窄交替排列的金属条组成,其中窄条为阳极,宽条为阴极。这些金属条安装在绝缘基座上(Oed,1988)。当这些电极加上适当的电压时,由粒子电离产生在漂移气隙(是指漂移面和探测器表面之间的区域,在图 8.1 中表示为"气体区域")内的电子朝向金属条方向漂移,在阳极周围的强电场区域中倍增。

微网气体探测器从根本上说就是气隙宽度为 $50\sim100\mu m$ 的具有雪崩的平行板电离室(在概念上类似于图 7.20,不同之处在于其具有金属阳极)(Charpak et al.,1995)。探测器由金属读出电极(阳极)和在其上方的薄金属网(阴极)组成。通过在两极施加相对较低的电压(600~700V)就可以在间隙中产生非常强的电场,通常在 30kV/cm 以上。在上面漂移区域中产生的电子通过网格中的开口进入漂移区,并在这里倍增。使用微电子技术制造的绝缘支撑柱阵列,以确保气隙的厚度均匀。

GEM 膜由金属包覆的 Kapton 薄膜组成,通常厚为 $50\mu m$,使用化学方法在上面打孔,密度大约为每平方毫米 100 个(Sauli,1997)。将 GEM 膜插入漂移电极和收集电极(图 8.2)之间,给这些电极加上合适的高压,使得上层气隙中电离产生的大部分电子都漂移到孔中,在电场的作用下,它们在孔中通常以电荷雪崩的过程实现倍增。此后,在雪崩中产生的部分电子漂移到读出板所在的下层区域。

微点、微柱、微像素探测器(所有这些名称用于指代基于相同原理的探测器)由单个小半

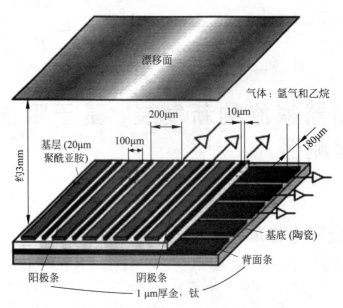

图 8.1 微条气体室(MSGC)的示意图(主要尺寸如图所示)

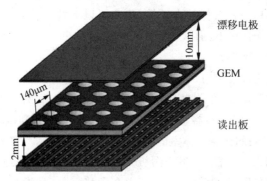

图 8.2 GEM 探测器的简化图,包括 GEM 膜、漂移电极和读出板

径的圆点阳极阵列制成,阳极被环形阴极包围,小的阳极半径可以确保用于电荷倍增的电场足够强。通常,阳极在背板上相互连接以提供一维坐标,从正交的阴极条中可以得到第二维坐标,如图 8.3 所示。虽然像大多数其他微结构探测器一样,在通电初始阶段,由于电介质基板的充电(图 8.3 中显示为白色部分)会导致增益发生变化,但这些探测器仍然得到了广泛应用,例如用于时间投影室(TPC)的读出和基于时间分辨率的中子成像。

一般而言,微结构探测器的主要优点是它们使用微电子技术生产,使探测器具有高粒度,因此具有低至 $20\sim40\,\mu m$ 的优异的二维位置分辨率,这对于其他传统探测器来说是难以实现的。由于阳极和阴极之间的距离减小,在某些情况下甚至低至 $50\,\mu m$,因此所需的工作电压远低于传统的探测器。因而这些探测器在许多应用中都具有很强的竞争力。如本书末尾所述,这些探测器还为高能物理领域之外的新应用提供了可能性。另一方面,电极之间的薄气隙以及精细电极结构导致它们电性能脆弱,实际上它们极易在意外故障中损坏。例如,典型的 MSGC 损伤照片如图 8.4 所示。

许多原因均可导致微结构探测器故障,在众多原因中特列举如下：

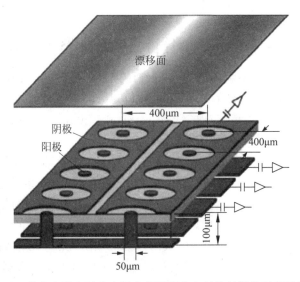

图 8.3　带有金属电极和电极之间圆形介电结构的微单元室示意图

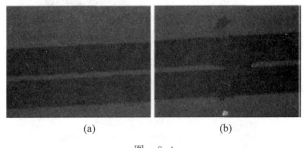

(a)　　　　　　　　(b)

图　8.4

(a) MSGC 损坏但仍能工作的照片；(b) MSGC 阳极严重受损，导致该探测器部分区域无法正常工作

（1）由于某些特定的探测器设计导致部分区域电性能存在电学弱点问题（例如，锋利的边缘等）。

（2）实际结构中的各种缺陷。这些缺陷表现在制造、储存或安装过程中均有可能出现（当然这对于任何窄气隙探测器都至关重要）的尖端、微粒（如灰尘）或污垢。

（3）如果探测器具有极好的质量，但在雪崩中的总电荷超过临界值的情况下也可能会发生放电，我们知道临界值通常约为 10^7 个电子（Fonte et al.，1999）。这实际上与前面讨论的 Raether 极限有关。

（4）在高计数率下，雪崩可能相互重叠，因此即使在低气体增益下也可达到 Raether 极限。由于这种效应，微结构探测器可达到的最大增益随着粒子通量增大而下降。

（5）在高计数率下，如果总电荷超过 Raether 极限，则来自阴极的射流发射也可能触发击穿。

可以通过很多方法保护微结构探测器免受放电造成的损坏：分割阴极以减少放电过程中的总电容；通过在电极上加二极管或串联几兆欧电阻保护前端电路。所有这些措施只是部分有效，并不能彻底保护探测器免遭放电所造成的损害。

因此，当引入阻性电极的放电淬灭时，这些探测器的使用便获得了新的动力。以下几节描述了这些令人兴奋的进展。

8.2 经过打火验证的具有阻性电极的类 GEM 探测器

如果遵循时间顺序,那么在由印制电路板(PCB)制成的类 GEM 探测器首先实现了阻性电极方法,通常被称为"厚"阻性 GEM(Bidault et al. ,2006)。之后,研制出几种不同种类的原型探测器并成功进行了测试(如 Oliveira et al. ,2007；Peskov et al. ,2009,2012,2013)。这里聚焦阻性类 GEM 探测器的最先进设计。

其中一个设计如图 8.5 所示。在这种探测器中,GEM 膜不像标准 GEM 那样涂有金属,而是涂有阻性材料。迄今为止,使用阻性 Kapton(100XC10E5 型,厚为 $50\mu m$)和阻性剂(Encre MINICO)得到的结果最佳,该阻性剂通常也用于印制电路中的晶体管。常规的制造工艺如下,首先,使用光刻技术在 PCB(0.5~1.5mm 厚)的两侧制造电荷收集铜网(图 8.5)。然后使用丝网印刷技术在这些内部网状电极的顶部沉积阻性层。之后将电路板放入 200℃的烘箱使其硬化。在这些过程之后,使用计算机数控(CNC)机床在金属条之间钻孔。孔直径通常在 0.8~1mm 范围内,间距在 1.2~1.3mm 范围内。

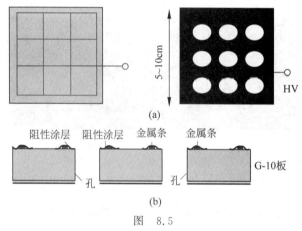

图 8.5

(a)不同制造阶段的厚阻性 GEM 的顶视图；(a)左图为带有金属条的印制电路板；(a)右图显示了已经涂覆有阻性层并且已经钻孔的阻性 GEM；(b)厚阻性 GEM 的横截面

借助图 8.6 可以理解在标准 GEM 探测器和具有阻性电极的 GEM 探测器中放电发展过程的差异。在前者中,存储在与探测器相关的电容中的能量在打火中全部被释放；而在后者中,放电过程类似于 RPC 的方式发展,由于电阻层的存在,相关电流受到了很大的抑制。

此外,采用阻性材料的设计,可以将与雪崩相关的电荷收集到最靠近雪崩发生的孔的内部金属条上(图 8.5(a)),从而使电极表面的电流最小化,这样就可以制作尺寸相对更大的探测器,如图 8.7 所示。在一些原型探测器中,电阻层下方的金属网格电极就是这样设计的,这种设计为从金属条上的测量信号获得雪崩位置的二维信息提供了可能。这种探测器能在高达 $10^4\,Hz/cm^2$ 的计数速率下运行而没有明显的充电效应(图 8.8)。

用于微结构探测器的阻性电极技术已经完成了测试,许多实验组对其进行了进一步的开发(Razin et al. ,2009；Akimoto et al. ,2010；Yu et al. ,2011)。这其中 Yoshikawa 等人描述了最令人激动的成果,详见 2017 年发表的文章。如文章所述,作者使用激光蚀刻技术制作阻

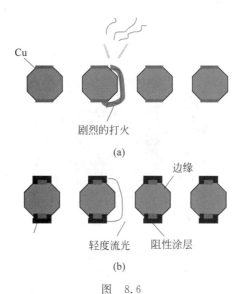

图　8.6

(a) GEM 的横截面示意图；(b) 具有内金属电极(网格)的阻性 GEM 的横截面示意图

图 8.7　带有阻性电极和内部金属网格的 10cm×10cm 的厚 GEM 照片

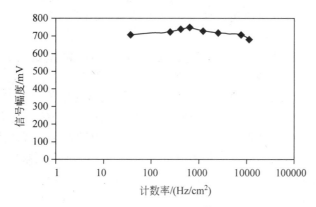

图 8.8　厚 GEM 探测器的信号幅度(来自 ^{55}Fe 源)与计数率的关系

该探测器使用阻性 Kapton 膜，气体增益大概为 1400。

性 GEM，其特点是几何形状非常接近"经典"GEM，孔间距为 $140\mu m$，电极之间的介电层厚度为 $100\mu m$（图 8.9）。

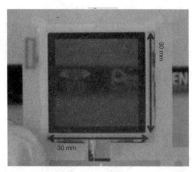

图 8.9　使用激光蚀刻技术制造的阻性 GEM 的照片

Di Mauro 等人在 2006 年报道的工作中提出了另一种厚阻性 GEM。在其设计中，厚阻性 GEM 的阳极与读出板直接机械接触，因此它们之间没有间隙（图 8.10）。该方法的优点如下：

（1）与普通的 GEM 相比，由于在孔中产生的雪崩电子没有损失，因此在气隙间电压相同的条件下，信号幅度几乎高出两倍。

（2）由于对层厚度的要求更为宽松而且对其模式结构的要求不同，因此阳极板可以使用更多种类的电阻材料。

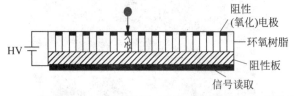

图 8.10　厚阻性 GEM 的示意图，其阳极与读出板直接机械接触

其他几个研究组的研究使该方法得到进一步改进（Rubin et al.，2013；Arazi et al.，2013 及其中的参考文献）。这些探测器通常具有不同的名称，但它们都有相同的工作原理，并且设计非常相似。本节以一种大面积探测器（通常称为"阻性微井"或"R-microwell"）为例进行介绍。该探测器被建议用于紧凑 μ 子线圈（CMS）第二阶段 μ 子系统的升级计划。其示意图见图 8.11。

在这种设计中，探测器的结构是把一个蚀刻之后的 GEM 膜和一个已经涂覆阻性层的读出 PCB 合并。由于几何学上这种结构类似于一排井，因此被称为微井。把 GEM 膜底部的铜做出图样，形成对应于每个井结构的小铜点。探测器使用前面已经介绍过的丝网印刷技术进行阻性涂覆。原则上可以使用诸如类金刚石镀膜（DLC）等更复杂的溅射技术，实现精确的阻性层喷绘。在这种情况下，在 $50\mu m$ 厚的聚酰亚胺箔上形成阵列矩阵井。GEM 的锥形孔的顶部直径为 $70\mu m$，底部直径为 $50\mu m$，间距为 $140\mu m$。用限定气体转换/漂移间隙区域的阴极电极实现探测器结构封装。

微井结构的放大图如图 8.12 所示，大面积读出板的照片如图 8.13 所示。

第一批阻性 GEM 原型探测器取得的成功引发了该领域的进一步发展和研究（De Araujo，2016）。如今，阻性电极方法已经实际应用于所有类型的微结构探测器。我们将在以下几节中回顾一些具体的例子。

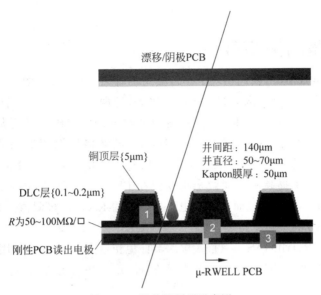

图 8.11　微井探测器示意图

1—GEM 圆锥形结构（类似于井）；2—阻性层；3—基于 PCB 的读出电极

图 8.12　微井结构的放大照片

图 8.13　为 CMS 实验 μ 子系统的第 2 阶段升级提出的，利用微井探测器技术研
　　　　发的大面积读出板的照片

8.3　阻性微网探测器

在本书的较早章节中,我们引入了平行板雪崩计数器(PPAC)的概念,即工作在雪崩模式下的平行板探测器。该探测器有一个改进版本,即两个电极中的一个由金属网制成。该探测器在环形成像切伦科夫(RICH)探测器的早期设计中用作前置放大装置(已在第1章中提及),典型的电极之间的气隙为3～5mm。该网格形探测器的微结构版本被称为MICROMEGAS(参见8.1节),它的气隙宽度几乎是原来的1/100,使得工作电压也相应地降低,且将空间分辨率提高到了亚微米水平。在PPAC和MICROMEGAS中都会因雪崩中的总电荷达到Raether极限而出现放电。PPAC的Raether极限值约为10^8个电子,但由于MICROMEGAS的气隙窄得多,这个极限值要小一个数量级。

为了保护MICROMEGAS及其前端电路器件免受打火损坏,建议使用阻性阴极网而不是金属阴极网。例如,可以使用阻性(碳化处理的)Kapton并采用激光钻孔技术制造(Oliveira et al.,2010)。

后来由不同研发团队并行开发的替代设计是使用阻性阳极而不是阻性网(Jeanneau et al.,2012),示意图见图8.14。

设计思路是使用双层PCB读出电路板。面向网格的顶层PCB由阻性层或阻性条制

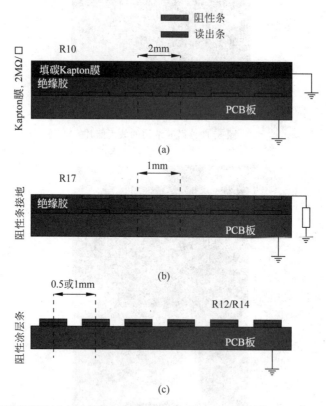

图8.14　用于MICROMEGAS打火保护的不同阻性阳极技术的几何结构(标记为(a),(b),(c))(有彩图)

根据实验要求,阳极条的电阻率可以在0.5～100MΩ·cm范围内调整。

成,该层 PCB 同时用作电荷收集和放电保护。读出金属条位于下方约 0.12mm 处,它们的作用是探测来自阻性层或阻性网格的感应信号。通常使用 $60\mu m$ 厚的感光膜作为阻性条和金属条之间的绝缘层。绝缘膜由一层固态聚酰亚胺片和一层柔性黏合剂组成,通过加热加压使其覆盖在电路表面上。它用于封装和保护柔性电路板的外部电路。

可以看出,在这种设计中,探测器自身和连接到读出条的前端电路设备都得到了很好的保护。这些探测器的最大计数率特性与使用阻性 GEM 测得的最大计数率特性非常相似：当计数率达到 $10^4\,Hz/cm^2$ 左右之后,信号幅度开始下降(图 8.15)。

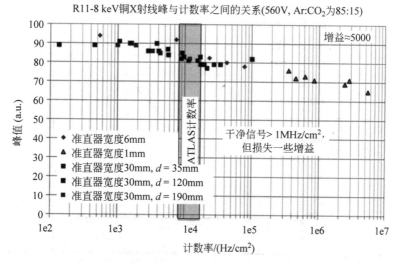

图 8.15　阻性 MICROMEGAS 对准直入射的 8keV X 光子的响应与计数率的关系
显示了几组 MICROMEGAS 和准直器(30mm)之间的不同距离 d 的数据。

最近,一种带有阳极板的大面积阻性 MICROMEGAS($1m\times2.4m$)已经被研制出来并进行了测试(图 8.16),证明了建造这类大尺寸探测器的可行性(Bianco,2016)。

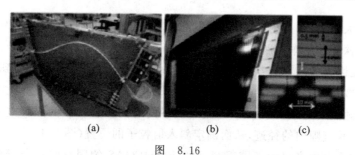

图　8.16
(a) 用于 ATLAS 小扇区的阻性 MICROMEGAS 原型机的照片；(b) 读出板；(c) 阻性条的结构放大图

大面积阻性 MICROMEGAS 将首次应用于高能物理中,用于欧洲核子研究中心 ATLAS 实验的 μ 子谱仪的升级。μ 子谱仪的前向区域将配备 8 层阻性 MICROMEGAS 模块,每个模块的表面积为 $2\sim3m^2$,总有效面积约为 $1200m^2$。阻性 MICROMEGAS 和细条窄气隙室一起组成两个新的小扇区,将在 2018/2019 年停机期间替换 ATLAS 端部 μ 子寻迹系统最里面的位置。用于小扇区的一个 MICROMEGAS 原型机的一些照片如图 8.16 所示。

图 8.17 给出阻性条宽为 $300\mu m$、条间距为 $115\mu m$ 的 MICROMEGAS 的空间分辨率的测量结果。在垂直径迹的情况下，可以根据探测器击中条的电荷加权很好地估计出粒子穿过点位置。垂直径迹的空间分辨率可以从成对的阻性 MICROMEGAS 室中测量得到的击中条的簇团的中心偏差来估计。当然，假设两个探测器的分辨率相同，则高斯拟合的标准偏差除以 $\sqrt{2}$ 就可以得到单个室的位置分辨率。测量结果表明，在平均簇团大小为 3.2 的情况下，可以获得约 $73\mu m$ 的位置分辨率。

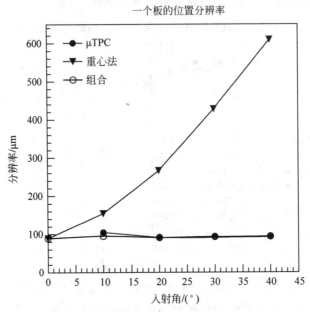

图 8.17　使用 3 种不同方法测量的阻性 MICROMEGAS 的位置分辨率与粒子入射角之间的关系：标准电荷重心法（三角形）、文中描述的所谓 μTPC 法（实心圆）以及两种方法的组合（空心圆）

然而对于大于 $10°$ 的入射角，击中条电荷重心法不能保证所要求的分辨率。因此，一个解决方案是让探测器工作在所谓的微时间投影室（μTPC）模式下，进而得到来自每个条的时间信息，这是因为可以在几纳秒的时间分辨率下测量得到电离电子的到达时间（Iodice，2015）。使用 93∶7 的氩气和二氧化碳的混合气体和 600V/cm 的电场（此类探测器的典型值），此时漂移速度约为 47mm/μs。通过将测量的时间信息转换为漂移电子的起始位置信息，可以重建漂移气隙内的径迹，从而确定斜入射粒子的位置（图 8.17）。

原则上，由于电极之间的气隙很窄，MICROMEGAS 的固有时间分辨率会非常好。然而在实践中达到理论极限并不那么简单，因为与窄气隙 RPC 相比 MICROMEGAS 有漂移区域。在该区域中通过电离辐射产生的初级电子在到达时间上具有相当大的抖动，使得极限时间分辨率不会小于几纳秒。

当然，如果所有电子产生的位置对于阳极是固定的，例如漂移电极的阴极网格表面，则可以实现更好的定时。但即使在这种情况下，只有产生足够多的初级电子才能获得良好的时间性能，因为对于定时测量，即使使用电流放大器，也要求原始信号幅度必须足够大。

8.4　阻性微条探测器

GEM 和 MICROMEGAS 在很长一段时间是最受欢迎的微结构探测器，其他类型的微结构探测器则被认为在实际应用中不太可靠，并且随着时间的推移它们几乎被抛弃。然而，在引入阻性电极方法后，一些几乎被遗忘的微结构设计又获得了第二次生命。

一个相关的例子就是本章开头已经提到的微条气体室(MSGC)。该探测器的打火保护方法是制造一块 0.5mm 厚的传统多层 PCB，其顶面覆有 5μm 厚的铜层(图 8.18(a))。

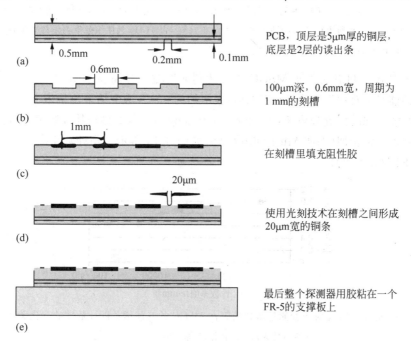

图 8.18　阻性 MSGC 制造工艺的示意图

板的两个底层由 0.1mm 厚的 FR-4 层组成，每层都有平行的金属读出条，读出条的宽度为 200μm，周期为 1mm。第二层的读出条(从顶部开始算起)垂直于第三层的读出条。随后在 PCB 的顶表面上刻出深为 100μm、宽为 0.6mm、周期为 1mm 的平行凹槽。这些凹槽的方向与第三层的读出条平行(图 8.18(b))。然后用阻性胶(ELECTRA 聚合物)填充凹槽，并对阻性 MSGC 表面进行化学清洁(图 8.18(c))。之后使用光刻技术在凹槽之间形成 20μm 宽的铜条(图 8.18(d))。最后将该探测器粘在 2mm 厚的 FR-5 支撑板上(图 8.18(e))。用保护膜覆盖阳极条和阴极条的边缘部位以避免发生表面放电。

图 8.19 给出阻性 MSGC 的增益随所加电压的变化。用 α 源测量了气体增益为 1～100 的区间。结果是，即使增益为 1，仍可以清楚地看到信号 S_{ich}(低电压情况下探测器工作在电离室模式，参见第 1 章)，并且这个结果可以进一步被用于标定增益。在更高电压下，增益 A 可以被简单地定义为 $S_{obs}(V)/S_{ich}$，其中 S_{obs} 是在给定电压下测量到的信号。由于存在 Raether 极限，当气体增益高于 100 时测量 α 粒子会导致击穿。因此对于气体增益高于 100 后，需要使用来自 ^{55}Fe 的 6keV 光子进行测量。在这种情况下可实现的最大增益约为 10^4，

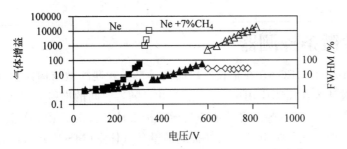

图 8.19　阻性 MSGC 的气体增益随所加电压的变化

分别在纯氖气和氖气＋7％CH₄ 中进行了测试,使用 α 源(实心三角形和实心正方形所示)和 ⁵⁵Fe 源(空心三角形和空心正方形所示)。空心菱形的曲线表示在氖气＋7％CH₄ 气体组分下测量的能量分辨率(在 6keV 下的半高宽)。

这与在玻璃基板上制造的普通 MSGC 所能达到的增益一样高。

测得的能量分辨率以半高宽(FWHM)表示约为 25％,这个结果也接近 MSGC 的典型值。此探测器所能实现的位置分辨率约为 $200\mu m$(Peskov et al.,2011),其计数率特性与其他阻性微结构探测器非常相似(例如 MICROMEGAS,如图 8.15 所示),当计数率高于 $10^5\,Hz/cm^2$ 时增益开始下降(图 8.20)。

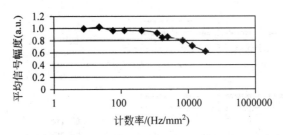

图 8.20　用 X 射线管测量得到的阻性 MSGC 的气体增益随计数率的变化关系

工作气体为氖基混合物,初始气体增益为 5×10^3。

阻性 MSGC 的设计相对于其他打火保护微结构探测器的设计具有许多优点。例如,与 MICROMEGAS 相比它们的设计更简单(没有阴极网),更容易制造,并且更容易清除不需要的灰尘颗粒。相反,在阻性 MICROMEGAS 中,灰尘颗粒堆积在网格和阳极板之间可能会引起问题。

8.5　阻性微像素探测器

现在介绍另一种阻性微结构探测器,名为打火保护型微像素探测器(前面已经提到,参见图 8.3)。该探测器的初始版本与微井探测器有一定的相似性,但是初始版本的阳极点直径小于阴极孔的直径。

阻性微像素探测器的原理图见图 8.21,剖面图见图 8.22。比较图 8.3 和图 8.21,初看探测器似乎是相同的,但实际上有一个本质区别：阻性微像素探测器的阴极电极覆盖有阻性材料(更多详细信息见图 8.21)。(Ochi et al.,2012)

一般情况下,比较阻性阴极微像素探测器与传统金属阴极微像素探测器,阳极周围的静

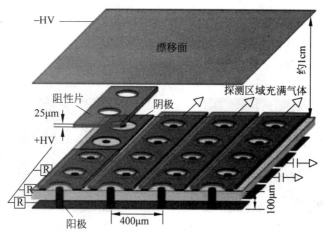

图 8.21　阻性微像素探测器的结构原理图

阳极连接到背部的读出条，阴极印刷在外表面上，环绕阳极并被阻性板覆盖。通过读取阳极和阴极的信号可以重建出二维坐标。

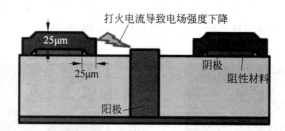

图 8.22　阻性微像素探测器阳极和阴极周围的放大剖面图

由于阴极上的阻性膜有较高的电阻，因此打火或沉积较大能量所引起的大电流会使电场减小。

电场几乎相同，信号可以直接从阳极中读出。来自阴极的信号也会与传统的探测器相同，因为阻性板下的金属阴极可以感知感应电荷。但是如果沉积能量过大或者发生放电，阻性衬底上的阴极表面电势将会上升，这将导致阳极周围的电场下降，最终终止放电过程。打火放电的电荷量会受单个像素的小电容（非常小，约 0.1pF）的限制。

8.6　阻性微孔-微条和微条-微点探测器

从现有的材料可以看出，阻性电极在技术实现上并不复杂，可以实际应用在任何微结构探测器的设计上。下面介绍的阻性微孔-微条和微条-微点探测器可以进一步印证这一点（Fonte et al.，2012）。

事实上第一种探测器为 GEM 和微条探测器的结合体，第二种为 GEM 和微点或微井探测器的结合体。它们尤其适用于一些需要抑制离子和光子反馈的场合。相关的应用涉及TPC 以及各种气体和低温光电探测器（Lyashenko et al.，2009；Peskov et al.，2013）。这两种探测器原始版本（带金属电极）的介绍见 Veloso 等人的文章（2000）。

阻性微孔-微条和微条-微点探测器都是通过厚度为 0.4mm 的印制电路板制造的。就微孔-微条探测器而言，制造过程类似于阻性微条探测器（见前文描述），只不过在最后增加了数控机床钻孔的工艺。

　　PCB 的上表面覆盖了铜层, 下表面交替排列着阻性阴极条和金属阳极条。该探测器的几何参数如下：阳极条宽为 $20\mu m$, 阴极条宽为 $0.6mm$, 间距为 $1mm$, 孔直径为 $0.3mm$, 灵敏区域面积分别为 $60mm\times60mm$ 和 $100mm\times100mm$ (图 8.23)。

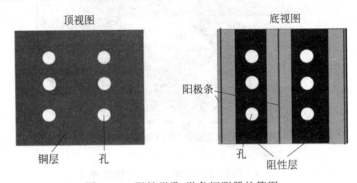

图 8.23　阻性微孔-微条探测器的简图

它的表面覆盖有铜层, 钻孔呈矩阵形排列。底层排列着互相平行的阻性阴极条和较薄的铜阳极条。

　　微条-微点探测器与微孔-微条探测器的设计非常相似, 但阴极条更宽并覆盖有阻性材料覆膜, 膜上有沿阳极条周期排列的圆形开口可作为阳极点 (图 8.24)。

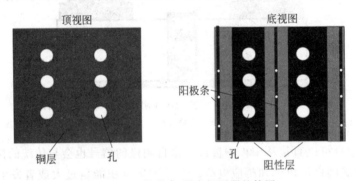

图 8.24　阻性微条-微点探测器的简图

　　图 8.25 简要解释了为什么阻性微孔-微条和微条-微点探测器能够有效抑制光子和离子反馈。可以看出, 雪崩发出的光在几何上与光电阴极屏蔽开, 所以只有一小部分 (主要是探测器内部和灵敏体积中的散射光) 可以到达光阴极。这样光子反馈实际上被完全消除。

　　在短暂的雪崩发光和快电子收集后, 正离子仍继续缓慢地向周围的电极运动。其中的一些将被收集到最近的阻性阴极条上, 另一些将被收集在上端电极上, 因此只有一小部分能到达光阴极 (图 8.25)。通过对施加的多个电压值 (即阳极条/点和阻性阴极之间的电压、孔内部的电压、阴极和探测器上表面电极间的电压) 进行仔细的优化, 可以将离子回流抑制到原来的 1/10 甚至更低。在实践中通常使用级联孔型探测器, 从而将离子反馈抑制到可以忽略不计的水平。

　　综上所述, 对于阻性微结构探测器的发展可以得出以下结论：

　　(1) 阻性电极法成功地应用于各种微结构探测器的设计中, 抑制其打火放电。

　　(2) 所有类型的阻性微结构探测器均可以在高达 $10^4\,Hz/cm^2$ 的计数率情况下工作, 增益却不降低。

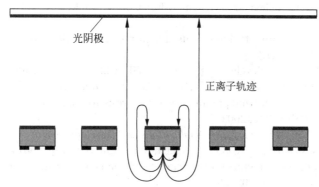

光阴极

正离子轨迹

图 8.25　阻性微孔-微条和微条-微点探测器中光子和离子反馈抑制示意图

所有的光电子都是从光阴极产生的，在阳极条或阳极点附近发生雪崩。图中显示了雪崩产生的离子轨迹。

（3）如第 6 章和第 7 章所述，可以优化电极电阻率，从而实现更好的计数率特性。

（4）阻性微结构探测器的应用越来越广。例如将在 ATLAS 小环中安装大面积的阻性 MICROMEGAS 探测器，并考虑在 CMS μ 子探测系统升级时安装大面积的微井探测器。

目前所有的研发都为将来更好的发展提供了基础，阻性法在微结构气体探测器上的应用也将会越来越广泛（最新进展见文献（Peskov et al.，2013））。

参考文献

Akimoto, R. *et al.* (2010) Measurements of basic features of thick-GEM and resistive GEM. *JINST*, **5**, 1–8. doi: 10.1088/1748-0221/5/03/P03002.

Alexopoulos, T. *et al.* (2011) A spark-resistant bulk-micromegas chamber of high-rate applications. *Nucl. Instrum. Methods Phys. Res., Sect. A*, **640**, 110–118.

Arazi, L. *et al.* (2013) Beam studies of the segmented resistive WELL: a potential thin sampling element for digital hadron calorimetry. *Nucl. Instrum. Methods Phys. Res., Sect. A*, **732**, 199.

Bencivenni, G. *et al.* (2015) The micro-resistive WELL detector: a compact spark-protected single amplification-stage MPGD. *JINST*, **10** (P02008), 1–10.

Bencivenni, G. *et al.* (2016) Status of the R&D on μ-RWELL, https://indico.cern.ch/ event/532518/contributions/2184447/attachments/1287085/1915054/Micro-RWELL-status-report-RD51-June-2016.pdf (accessed 24 October 2017).

Bencivenni, G. *et al.* (2017) The RWELL detector. *JINST*, **12** (C06027), 1–8.

Bianco, M. (2016) Micromegas detectors for the muon spectrometer upgrade of the ATLAS experiment. *Nucl. Instrum. Methods Phys. Res., Sect. A*, **824**, 496.

Bidault, J.M. *et al.* (2006) A novel UV photon detector with resistive electrodes. *Nucl. Phys. B, Proc. Suppl.*, **158**, 199–203.

CERN Courier (1998) A GEM of a detector, 27 November 1998.

Charpak, G., Giomataris, Y., Rebourgerad, P. *et al.* (1995) High resolution position detectors for high-flux ionizing particles. Patent WO1996FR01576.

De Araujo, T. (2016) Timing and High Rate Capable (THRAC) Gas Detector, https://kt.cern/technologies/timing-and-high-rate-capable-thrac-gas-detector (accessed 08 November 2017).

Di Mauro, A. *et al.* (2006) A new GEM-like imaging detector with electrodes coated with resistive layers. IEEE Nuclear Science Symposium Conference Record, vol. 6, pp. 3852–3859.

Fonte, P. *et al.* (1999) The fundamental limitations of high-rate gaseous detectors. *IEEE Trans. Nucl. Sci.*, **46**, 321.

Fonte, P. *et al.* (2009) Progress in developing hybrid RPC:GEM-like detectors with resistive electrodes. *Nucl. Instrum. Methods Phys. Res., Sect. A*, **602**, 850.

Fonte, P. *et al.* (2012) Development and preliminary tests of resistive microdot and microstrip detectors. *JINST*, **7**, P12003.

Francke, T. and Peskov, V. (2014) *Innovative Applications and Developments of Micro-Pattern Gaseous Detectors*, IGI Global, Hershey, PA. ISBN-10: 1466660147.

Iodice, M. (2015) Micromegas detectors for the Muon Spectrometer upgrade of the ATLAS experiment. *JINST*, **10**, C02026.

Jeanneau, F. *et al.* (2012) arXiv:1201.1843v1, http://arxiv.org/abs/1201.1843 (accessed 24 October 2017).

Lyashenko, A. *et al.* (2009) Development of high-gain gaseous photomultipliers for the visible spectral range. *JINST*, **4** (07P07005), 1–22. doi: 10.1088/1748-0221/4/07/P07005.

Nishi, Y. *et al.* (1998) X-ray polarimetry with the microstrip gas chamber. *J. Synchrotron Rad.*, **5**, 857.

Ochi, A. *et al.* (2002) Development of micro pixel chamber. *Nucl. Instrum. Methods Phys. Res., Sect. A*, **478**, 196.

Ochi, A. *et al.* (2012) Development of micropixel chamber with resistive electrodes. *JINST*, **7**, C05005.

Oed, A. (1988) Position-sensitive detector with microstrip anode for electron multiplication with gases. *Nucl. Instrum. Methods Phys. Res., Sect. A*, **251**, 35.

Oliveira, R. *et al.* (2007) First test of thick GEM with electrodes made of resistive kapton. *Nucl. Instrum. Methods Phys. Res., Sect. A*, **576**, 362–366.

Oliveira, R. *et al.* (2010) First test of MICROMEGAS and GEM-like detectors made of a resistive mesh. *IEEE Trans. Nucl. Sci.*, **57**, 3744–3752.

Peskov, V., Di Mauro, A., Fonte, P. *et al.* (2013) Development of a new generation of micropattern gaseous detectors for high energy physics, astrophysics and medical applications. *Nucl. Instrum. Methods Phys. Res., Sect. A*, **732**, 255–259.

Peskov, V. *et al.* (2009) Progress in developing of photosensitive GEMs with resistive electrodes manufactured by a screen printing technology. *Nucl. Instrum. Methods Phys. Res., Sect. A*, **610**, 169–173.

Peskov, V. *et al.* (2011) Conference awards. IEEE Nuclear Science Symposium Conference Record, N5–2, p. 80.

Peskov, V. *et al.* (2012) Development of novel spark-protected micropattern gaseous detectors with resistive electrodes. *JINST*, **7**, 1–18.

Razin, V.I. *et al.* (2009) RETGEM with Polyvinylchloride (PVC) Electrodes, ArXiv:0911.4807, pp. 1–5, also in Instruments and Experimental Technique. doi: 10.1134/S002044121104021X.

Rubin, A. *et al.* (2013) First studies with resistive plate WELL gaseous multiplier. *JINST*, **8**, P11004.

Sauli, F. (1997) GEM: a new concept for electron amplification in gas detectors. *Nucl. Instrum. Methods Phys. Res., Sect. A*, **386**, 531–534.

Veloso, F.C.A. *et al.* (2000) A proposed new microstructure for gas radiation detectors: the microhole and strip plate. *Rev. Sci. Instrum.*, **71**, 2371.

Visbeck, S. (1996) Untersuchungen von Prototypen der Mikrostreifen-Gaskammern (MSGC) des inneren Spurkammersystems des HERA-B Experiments. Diploma thesis. Physikalisches Institut der Universität Heidelberg.

Yoshikawa, A. *et al.* (2017) Development of resistive electrode gas electron multiplier (RE-GEM). *JINST*, **7** (C06006), 1–9. doi: 10.1088/1748-0221/7/06/C06006.

Yu, B.X. *et al.* (2011) Performances of RETGEM with resistive elec-trodes made of kapton foils. *Chinese Phys. C*, **35**, 1120–1123. doi: 10.1088/1674-1137/35/12/007.

第 9 章
高能物理领域之外的应用及现状

在本章中,我们主要关注阻性气体探测器在高能物理领域之外的一些应用。当然有许多应用我们仍没有提到,在这里只是简要地从概念或技术角度描述一些最有趣的应用。本章将帮助读者了解这些装置对我们的日常生活有多么巨大和重要的潜在影响力。一些具有可比性的或在某些方面甚至拥有更好性能的潜在技术目前已被使用或将被使用。例如,选择微结构气体探测器还是固态传感器就属于这种情况。必须根据具体应用情况选择要使用的设备。读者也可以阅读该领域的相关文献,并找到更多令人兴奋的应用。

9.1 基于 RPC 的正电子发射断层扫描

正电子发射断层扫描(PET)是功能性医学成像中使用的一种强大的诊断技术,该技术的原理是事先向研究对象的体内注射放射性药物,放射性核素在体内会产生 β^+ 衰变,正负电子发生湮灭产生两个能量均为 511keV 且方向相反的 γ 光子,通过同时探测到这一对 γ 光子从而确定病变的准确位置(图 9.1)。

采用气体探测器探测 511keV γ 射线的概念在 20 世纪 80 年代首次被提出。由于所有的气体在大气压下对这种 γ 射线基本上都是透明的,因此这种方法需要使用薄的固体材料

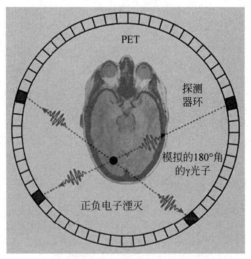

图 9.1　正电子发射断层扫描(PET)的工作原理

通过放置在待研究样品周围的环形探测器探测从正负电子对湮灭中发射的反向光子。

层,使光子与之发生相互作用,从而产生高能电子并在气体中被探测到。已研究的方法主要有两种:"光电转换板"即阴极由薄铅板制成的多丝正比室(MWPC,已在第 2 章中简要描述)(Bateman et al.,1981,1984)和"高密度雪崩室"(Jeavons et al.,1983;Missimer et al.,2004),基本上可以看作是一个由单个 MWPC 读出的具有薄铅壁的多孔漂移室。

与传统的闪烁晶体探测技术相比,其优点如下:单位面积成本低(因为不用光电探测器就可以直接产生电信号,且晶体本身是昂贵的);光子作用点的三维定位准确。这些优点的影响胜于其低探测效率的影响,而且探测效率可以通过多层薄探测器得到部分补偿。

另外,有人提出 RPC 比铅转换板方法有优势(Bateman et al.,1985),因为多气隙的自然分层结构提供了一种非常经济的方法来成倍地增加敏感层的数量。此外,时间性能将会非常好,详见飞行时间-正电子发射断层扫描(TOF-PET)模式(Blanco et al.,2004,b,2013)。有两个可能的应用领域:小动物临床前 PET,其中位置分辨率的优势会起决定性作用;人体全身 PET,其低成本和良好的时间性能可以弥补较低的探测效率带来的影响,利用全身视野扫描代替薄晶体环。

迄今为止,实验和模拟研究已经印证了上述设想。测试结果表明,使用玻璃板制作的单气隙探测效率接近 0.2%,这与图 9.2 所示的模拟结果(Blanco et al.,2009)或其他文献的模拟结果(Georgiev et al.,2013)相符。此外,单光子的时间分辨率 $\sigma_t \approx 90\,ps$(Lopes et al.,2007)。图像的 FWHM 分辨率为 0.4mm(Martins et al.,2014)(图 9.3),这大约是晶体获得的最佳分辨率的一半。同时详细的模拟结果表明,全身视野的 RPC-PET 设备的灵敏度可能比目前最好的商业断层扫描设备高出 8 倍(Couceiro et al.,2014)(图 9.4)。

在将 RPC-PET 应用于肿瘤强子治疗的监测方面研究人员也进行了模拟和原型设计(Diblen et al.,2012;Watts et al.,2013)。证实了其他作者测量的 0.2% 的单气隙效率,但是时间分辨率要低得多。RPC-PET 技术确实需要更多的研发才能在这个应用领域具有竞争力。

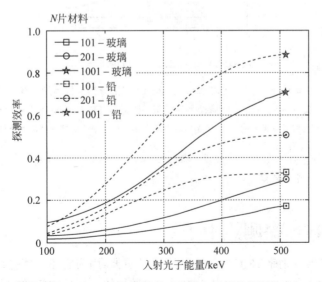

图 9.2　模拟所得 PET-RTC 最佳厚度玻璃板和铅板的探测效率与入射光子
能量的关系(Blanco et al.,2009;经 Elsevier 许可转载。)

相比之下厚晶体的效率可接近 100%。

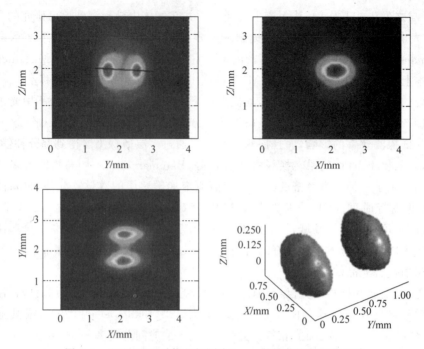

图 9.3 PET-RPC 对物理间隔为 1mm 的针状源的图像重建

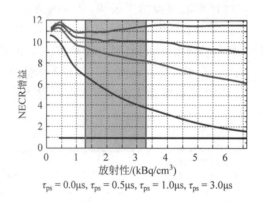

$\tau_{ps} = 0.0\mu s, \tau_{ps} = 0.5\mu s, \tau_{ps} = 1.0\mu s, \tau_{ps} = 3.0\mu s$

图 9.4 在不同电路死时间下（用 τ_{ps} 表示）时，RPC-PET 全身扫描仪预期的噪声等效计数率（详见 NECR）与最好的商用断层扫描设备（Philips gemini TF，用水平线表示）之比（有彩图） 下面的线对应于大的 τ_{ps}。阴影区域对应于临床检查中普遍接受的活度范围。

使用晶体（Zhang et al.，2014）或聚合物（Moskal et al.，2016）闪烁体技术的全身视野扫描的概念也正在研究中，但是迄今尚无确定结果。

9.2 采用 RPC 探测热中子

利用气体探测器特别是 RPC 探测热中子尤其重要，因为它还可能应用到高能物理以外的领域。例如 2000 年的 DIAMINE（基于中子后向散射的杀伤性地雷探测与成像）项目，其目标是开发一种基于中子反向散射技术（neutron backscattering technique，NBT），用于探测小型地雷的新型探测器。这种小型地雷主要由塑料制成，金属含量低，难以用普通方法探测。

中子反向散射技术是指使用较低活度中子源照射土壤,通常使用^{252}Cf 源,裂变后可以发射 1~4MeV 能量范围的中子。它们穿透地表面并与埋藏地雷周围地形层中的原子核作用发生散射,其中一部分中子在热化后反向散射,使得位于地面上的热中子探测器就可以探测到它们。而反向散射的中子产额主要取决于被照射物体中氢的含量,因此,地雷中爆炸物与地雷塑料外壳中的氢含量会导致中子产额局部增加,所以地表探测器中计数的增大,则意味着地下可能存在着小型地雷(探测系统见图 9.5)。

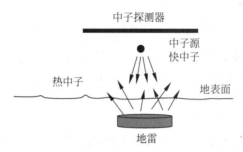

图 9.5　用于探测低金属含量地雷的中子反向散射技术

在这个探测系统中,开发一种成本低且易操作的热中子探测器就显得尤其重要。然而,由于中子不是带电粒子,因此只有在与合适物质相互作用之后产生电离粒子,气体探测器才能探测到它们,这种合适物质称为转换器。一种可能性是使用^{3}He 作为转换器,因为^{3}He 与热中子反应时具有较大的反应截面,并且会释放较大的能量。此外,在原则上,^{3}He 可以添加到气体探测器使用的标准混合气体中,使得电离粒子直接在漂移区和倍增区产生。缺点是^{3}He 在自然界中非常罕见,并且难以人工生产。因此,需要寻找更常见的材料作为转换器。

另一种可能性是使用^{10}B,^{10}B 与热中子相互作用时,可以产生 α 粒子。除了^{10}B 之外,还可以选择钆的两个同位素(^{157}Gd,^{155}Gd),因为它们具有最大的热中子截面(约为 10^5 barn①量级),所以它们是天然的选择对象。这两种转换器都是固态的,因此它们必须用在与探测器气体相邻的薄层中,使得电离次级粒子有很大的可能性逃逸出来并进入气体层。

一种常见的选择是使用比例约为 30% 的上述两种 Gd 的天然同位素制成转换器层。由于热中子的捕获过程,大约 60% 的天然 Gd 会放出内转换电子,其能谱范围为 30~200keV,主峰在 70keV 左右。Gd 中产生的电子射程从大约 5μm 到 20~30μm。

实际上,在处理固态转换体时,转换体层的厚度是一个需要优化的重要参数。由于与初级中子相互作用产生的次级粒子必须从转换体层逃逸出并进入气体层,以便产生能触发可探测信号的离子-电子对,因此,增加转换体厚度可以提高中子相互作用的概率,但也必须考虑到,如果转换体过厚,一些次级粒子可能会被阻挡在转换体内部而无法进入气体层。

在 RPC 中,原则上可以在两个朝向气体层的表面分别沉积转换体,如图 9.6 所示。相对于入射中子的方向,这两种可能的结构可以简便地归类为"向前"或"向后",其中次级电子必须以此方向移动才能进入气体。

① 　1barn=10^{-24}cm^2。

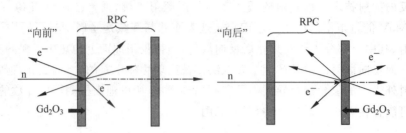

图 9.6 "向前"和"向后"配置原理示意图

必须考虑到的是,即使次级电子是各向同性产生的,由于中子与核的相互作用,中子通量在转换体层内也呈指数下降。这意味着在"向前"装置中,大多数转换发生在远离气隙的位置,并且转换体层的厚度不能超过电子的射程,以确保它们进入气隙。而在"向后"装置中,转换体层的厚度没有这么重要。

然而,天然 Gd 是一种在空气中不稳定的金属,因此在 RPC 中不太容易使用。这就是为什么使用 Gd-氧化物(Gd_2O_3,通常称为"Gadolina")作为转换体来制造该种原型机的原因,Gd-氧化物是一种白色惰性粉末,可通过商购获得,其颗粒直径为 $1\sim3\mu m$,易于处理,价格低廉。在电木 RPC 中,将氧化钆粉末与经常涂在电极内表面的亚麻油混合,在组装前喷涂到电极上。通过这种方式,一旦聚合,Gd-氧化物颗粒就留在油中,产生厚度和密度恒定的均匀层,而不改变电木电极的电性能,特别是它们的面电阻率(Abbrescia et al.,2003)。

该原型机如图 9.7 所示,在位于比利时海尔的 GELINA 加速器(Geel Electron LINear Accelerator)上进行了束流实验,其中高强度中子束是由电子束撞击铀靶而获得的。图 9.8 中报告了在热中子能区 RPC 探测效率在 10% 的范围内,使得该探测器成为绝对性能最好的热中子探测器之一。注意,如图 9.8 所示,由于中子截面的减小,效率随着能量的增加而降低,中子截面在该区域通常与中子速度成反比。

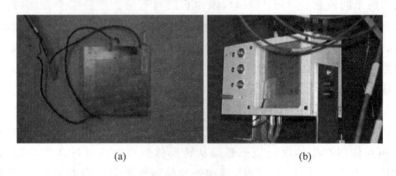

图 9.7 涂有亚麻油和氧化钆混合物的首个 RPC 原型机
(a) 在工作台上;(b) 在束流实验中

几年后韩国(Hong et al.,2006)和中国研究小组(Qian et al.,2009,2015)也研制了类似的 RPC 原型,获得了与之前结果相当的热中子探测效率(图 9.9)。特别是在中国,这些装置与中国散裂中子源(CSNS)项目有关,该项目将成为中子科学研究的重要中心,并通过加速器驱动系统(ADS)研究次临界核堆等装置。一般来说,大面积中子通量的监测是所有核电厂的重要问题。

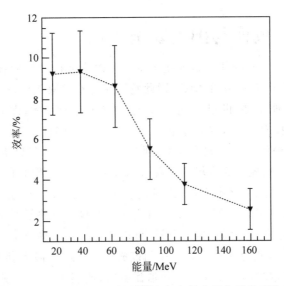

图 9.8　图 9.7 所示原型机探测效率与入射中子能量的函数关系

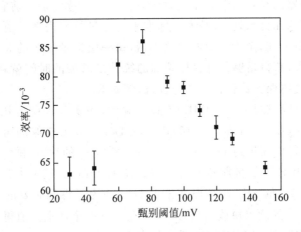

图 9.9　使用 Gd 转换器 RPC 的热中子探测效率与信号甄别阈值的关系，最高效率约为 8.5%

对中子敏感的 RPC 也使用其他转换体来构建，如 LiF，其中 Li 是活性靶（Hong et al.，2006），还有 B_4C，具有丰富的 ^{10}B 含量（Arnaldi et al.，2004，2006），后者是前面提到的 DIAMINE 项目开发的。在这两种情况下，探测器都被证明是有效的。它们的优点是，次级粒子是重电离氚或 α 粒子，原则上易于与背景区分。然而，这两种方法只得到了较低的效率（大约百分之几），反映了 Li 和 ^{10}B 相对于 Gd 中子截面较低。

最近，结合欧洲散裂源（ESS）中子反射测量的应用，还开发了气隙宽度为 $350\mu m$ 的薄气隙 RPC，适合于组装成多个单气隙的堆叠或多气隙结构（Margato et al.，2016）。在此情况下，在 8cm×8cm 铝板上涂覆 $2\mu m$ 的 $^{10}B_4C$ 层作为阴极，而用玻璃作为阳极。另外的特点是具有 2mm 宽的读出条，这证明了建造具有亚毫米空间分辨率中子探测器的可能性。注意，对于现场应用来说，一些技术问题必须解决，例如这些探测器工作时尽量用小气体流量或者根本不流气，以及使用便携式电池供应高压，等等。

9.3 μ子断层成像与国土安全应用

Muon 断层成像是一种使用宇宙射线 muon 对物体进行成像的技术。由于 muon 具有高穿透能力(例如,高于 X 射线)的特征,因此它可在合理的曝光时间内用于获得大、厚和致密物体的图像。它发明于 20 世纪 50 年代早期,主要有两种技术,即 muon 透射成像技术和 muon 散射断层成像技术(muon scattering tomography,MST)。

Muon 透射是一种射线显影成像技术,通过比较预期到达探测器的宇宙 μ 子的数量与实际入射的数量(可以从模拟或现场测量获得),以确定它们所穿越的材料(如岩石)的数量,并揭示是否存在任何空隙。基本上,宇宙射线 μ 子透射成像技术与 X 射线照相术类似,只是穿透射线用 μ 子代替了 X 射线:对宇宙射线 μ 子的吸收反映了所穿透材料的厚度和密度性能。此外,通过重复来自不同位置的测量,可以计算并画出物质密度分布的 3D 图。

20 世纪 50 年代,埃里克·乔治首次使用该成像方法测量澳大利亚隧道的深度,但最著名的例子可能是诺贝尔奖得主路易斯·阿尔瓦雷斯,他利用 μ 子透射成像在吉萨的切弗伦金字塔中寻找隐藏的洞穴,但是最终没有发现洞穴(Alvarez et al.,2007)。

目前,不同探测器已经被用于 μ 子透射成像技术中。特别是目前它被用于研究火山的局部密度变化,在深达几百米处,该技术比标准重力测量技术表现得更好。在这种情况下,为了重建入射 μ 子的方向,至少需要两层探测器,每一层记录 μ 子的 3 个坐标。此外,探测器面积和接收度越大,获得足够估计目标轮廓的统计量所需的时间就越少,这使得廉价、大尺寸和易于操作的气体探测器就自然成为首选,例如 RPC。

玻璃 RPC 目前已经被用在 TOMUVOL 实验中,该实验证明应用大气中的宇宙射线 μ 子对法国中央地区(Le Menedeu,2016)Puy de Dôme 火山成像的可行性。TOMUVOL 探测器由 4 层组成,每层面积约 1m²,由 6 块 50cm×33cm 的 RPC 拼装而成,与里昂核物理研究所设计的 CALICE 强子量能器非常相似。在 1.2mm 的气隙中充有 93% 的 $C_2H_2F_4$、5.5% 的异丁烷和 1.5% 的 SF_6,玻璃厚度为 1.1mm。为了得到必要的空间分辨率,这些探测器采用面积为 1cm² 的读出块读出信号,总共约 40 000 个通道。值得特别注意的是,系统使用第 4 章中已经提到的 HARROC2 低功耗专用集成电路(ASIC)的读出电路。实际上,功耗对于要部署在火山上的设备非常重要,因为其通常需要依靠电池供电。

TOMUVOL 合作组已经开展了各种数据采集实验。第一台原型探测器在 2011—2012 年用于一些初步测量,证实了使用 μ 子对火山进行成像的可行性,其中部分结果如图 9.10 和图 9.11 所示。很明显,即使减少了数据采集时间,简化了探测器和分析技术,也可以获得 Puy de Dôme 火山的透射图像。特别是在图 9.11 中,可以看到位于山顶下方的具有较低 μ 子透射率的结构,而散射 μ 子(背景径迹)似乎来自火山的底部,模拟显示其具有更高的穿透率。

受这些结果的激励,2013—2016 年间类似的研究工作分别在不同地方开展。当然,使探测器性能(特别是效率)在变化的环境条件下保持稳定是一个重要的问题。有关学者采用与高能实验相同的校正方法——电压校正来实现探测器性能稳定,详情见式(3.34)。为了详细了解探测器性能,对原始数据进行校正是至关重要的。图 9.12 为所得结果的一个例子,其显示了在 Col de Ceyssat 进行的 4 个月实验测量重建出的 μ 子通量与方位角和仰角的关系。同样,对火山内部结构有一定的显示,这也证实了这种技术有望得到好的结果。实

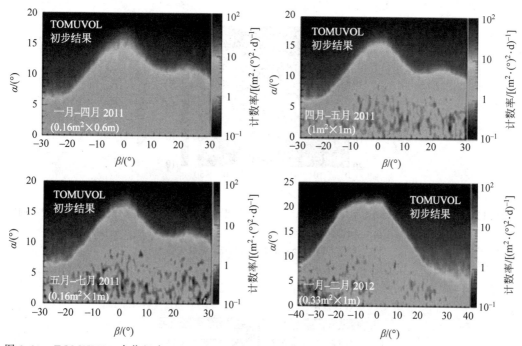

图 9.10　TOMUVOL 合作组在 2011—2012 年初步实验中,使用 μ 子获得的 Puy de Dôme 火山的图像
第 4 幅图形状不同是因为探测器放置于不同位置。

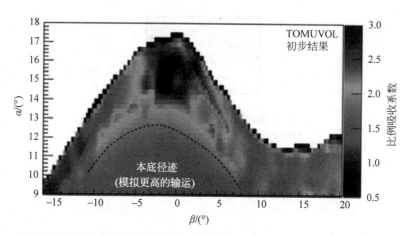

图 9.11　在格罗特德拉泰勒里山使用约 1/6m² 的探测器,对 Puy de Dôme 火山测量 7 个月得到
的 μ 子透射系数图可以观测到山顶下方的结构

际上,μ 子成像越来越被认为是浅层地质勘测的有效方法,它甚至被考虑用于研究地外行星
(Kedar et al.,2013)。

　　μ 子散射断层成像(MST)的原理如图 9.13 所示。需要用堆叠的探测器对宇宙射线 μ
子在通过待分析物体前和后的径迹进行跟踪;μ 子在材料内部发生多次库仑散射,平均散
射角与材料厚度和原子序数 Z 相关,因此可以粗略地区分不同的化学物质。目前,这种技
术被认为非常有希望用于国土安全领域,特别是用于解决隐藏在集装箱或大型卡车中的放
射性或核材料的非法走私问题。

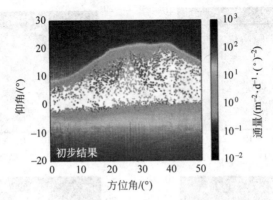

图 9.12　2015 年 10 月—2016 年 1 月 TOMUVOL 合作组在 Col de Ceyssat 火山实验测试重建出的宇宙 μ 子通量与方位角和仰角的关系

在这里,负仰角指向与火山相反方向的天空。

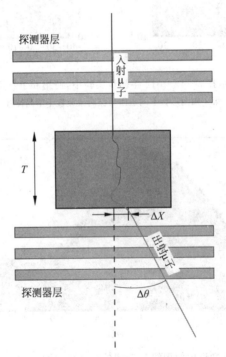

图 9.13　μ 子散射断层成像原理

μ 子穿过上部探测器,在被测物质中散射,并穿过下部探测器出射。测量的散射角大小可以粗略区分不同被测物的质子数。

　　从实际角度来看,它具有一些重要的优点:首先,使用宇宙射线 μ 子,不需要产生任何高于本底水平的人工剂量;其次,与 μ 子透射成像相同,由于 μ 子的强穿透性,可以在合理的时间内获得大物体的图像。另一方面,这种技术也存在局限性,一是它只能区分低、中、高 Z 材料,因此铅或钨等合法材料可能与铀或钚的图像相同;另一个原因是 μ 子能量无法调节,其能谱范围可以横跨几个数量级。

　　构建有效断层扫描系统的探测器一直是各种详细研究的主题(Cox et al.,2008)。在一块材料中经历多次散射的 μ 子出现的偏差角可以通过均值为零的高斯分布进行拟合,其宽度 σ_θ 由下式给出:

$$\sigma_\theta \approx \frac{13.6\text{MeV}}{p_\text{m}c\beta}\sqrt{\frac{T}{X_0}\left[1+0.038\ln\left(\frac{T}{X_0}\right)\right]} \tag{9.1}$$

其中,p_m 是 μ 子的动量;β 是其速度除以光速 c;X_0 是材料的辐射长度;T 是穿过的材料的厚度。辐射长度 X_0 又可以表示为

$$X_0 \approx \frac{716.4A_\text{w}}{Z(Z+1)\ln\left(\frac{287}{\sqrt{Z}}\right)} \; (\text{g}/\text{cm}^2) \tag{9.2}$$

其中,A_w 是被测物质的原子量,单位为 g/mol;Z 是其原子序数(Cox et al.,2008)。式(9.1)和式(9.2)清楚地表明了 σ_θ 对于 Z 的相关性。此外,σ_θ 取决于 μ 子的动能、材料几何形状和辐射长度(它本身取决于它的 Z),因此,从一个给定的角度可以得到多种参数组合,这样就使得问题更加复杂。

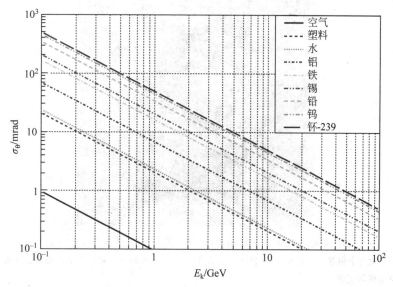

图 9.14　经过所选材料一个辐射长度后散射角 σ_θ 与 μ 子动能的关系(有彩图)

测量时,必须在所测物体的两侧放置两个或更多的探测器以实现符合。为了将符合事例从探测器的独立本底计数中有效区分出来,探测器通常需要纳秒级的时间分辨率。此外,空间分辨率取决于所需测量 μ 子入射和出射径迹之间的小角度。区分中 Z 和高 Z 材料所需测量的角度大约为 10mrad,如果探测器距离目标 1m 左右,则需要厘米级的空间分辨率。在可以达到亚毫米空间分辨率的情况下,可以将探测器放置在离目标更近的位置,从而产生更紧凑且通常性能更高的设备。此外,如果探测器可以提供 100ps 以下的时间分辨率,则可以使用 TOF 技术粗略估计 μ 子的能量。

应用断层成像方法进行数据重建可以实现对物质的三维成像,例如,散射点的位置可以通过最近点方法(PoCA 算法)确定,根据散射点可以回推得到 μ 子的入射与出射径迹(Schultz et al.,2004)。

应用以下探测器证实了该技术的有效性,如 MWPC(Burns et al.,2015;La Rocca et al.,2015)和微孔气体探测器如 GEM 等(Gnanvo et al.,2010),相关文献的数量也在稳步增

多。在这里,我们总结一些仅使用阻性气体探测器得到的结果。

布里斯托尔大学建立了一个原型系统,如图 9.15 所示(Thomay et al.,2012；Baesso et al.,2014)。它采用尺寸为 58cm×58cm 的玻璃 RPC,2mm 的气隙,工作气体是比例为 60∶30∶10 的 Ar、$C_2H_2F_4$ 和 i-C_4H_{10} 混合物。每个探测器都通过印制电路板读出,每个印制电路板有 330 个条宽为 1.5mm 的读出条,读出条与支持 HELIX 芯片的混合板相连。该混合板最初是为 HERA-B 实验设计,并针对硅微条和气体探测器也进行了优化。后来该混合板还使用了 MAROC 芯片。该原型系统总共由 12 个 RPC 组成,2 个一组地放置在 6 个铝盒中,3 个铝盒位于目标上方,3 个位于目标下方。

图 9.15 布里斯托尔大学使用 RPC 建立的 μ 子散射断层成像的系统照片

图中 6 个铝盒每个包含 2 个 RPC,分别用于提供 X 和 Y 坐标。可以看到高低压电缆和数据传输线。气体混合器位于仪器底部。

该设备已经进行了多年的数据采集,结果显示效率在 87%～95% 之间,空间分辨率优于 0.5mm (Baesso et al.,2014)。在图 9.16 中显示了用该原型对铝($Z=13$)、铁($Z=26$)和钨($Z=74$)制成的 3 个小块进行数小时取数后得到的结果图。该图像表明,随着原子序数的增加,这些小块越来越明显,这使得人们认识到这种装置具备区分不同化学物质的能力。

清华大学使用玻璃 MRPC 构建了一个类似的原型,名为 TUMUTY(图 9.17 显示了系统的框图和实际照片)。在这种情况下,每个 MRPC 采用二维读出,每个面有 224 个读出铜条,只需要 6 个 MRPC,3 个在样品上方而另外 3 个在样品下方,因此总共需要 2688 个读出通道。每个 MRPC 含有 6 个 0.25mm 厚的气隙,工作气体是比例为 90∶5∶5 的 $C_2H_2F_4$、i-C_4H_{10} 和 SF_6 气体混合物 (Wang et al.,2015)。图 9.18 中显示了使用 TUMUTY 进行 12 天数据采集所获得的图像,图像显示可以区分高 Z 材料和低 Z 材料,并且可以看清小型物体 (尺寸约 20mm)和复杂物体。

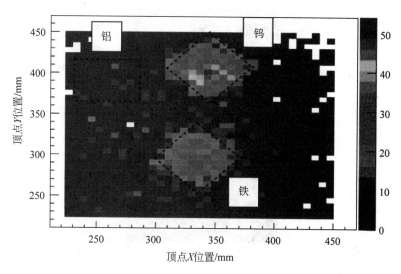

图 9.16 布里斯托尔大学研制的探测器系统原型通过几个小时的数据采集,使用 PoCA 算法重建得到的 50mm×50mm×50mm 铝块、铁块和钨块的图像

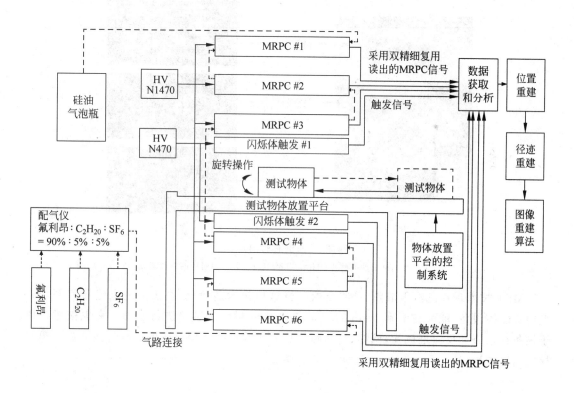

(a)

图 9.17 清华大学 TUMUTY 装置的结构框图(a)和照片(b)

(b)

图 9.17 （续）

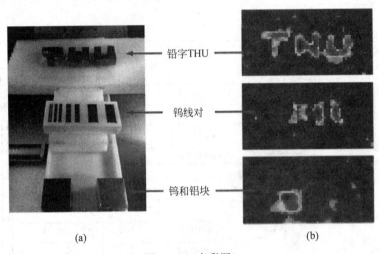

铅字THU

钨线对

钨和铝块

(a)   (b)

图　9.18(有彩图)

（a）一些测试工件的照片；（b）在 TUMUTY 装置中对应的成像图像

　　MST 技术现在已经很成熟,一些公司已将这项技术商业化,在不同地点建造和部署大型门式监控设备,能够在不到 1min 的时间内对 10m 量级集装箱进行检测。它也被考虑用于核条约核查和反应堆成像,例如,洛斯阿拉莫斯实验室穆恩辐射成像组对受损的福岛第一核电站反应堆(Morris et al.,n.d.)进行的试验。

9.4　X 射线成像

　　在大多数医学 X 射线检查中,不仅要获得高质量的图像,而且要确保患者接受尽可能低的剂量。通过使用所谓的光子计数技术,可以平衡这两种要求,其中每个单独的光子都通过单光子位置灵敏探测器进行计数。历史上,第一台低剂量 X 射线扫描仪是由新西伯利亚集团(Baru et al. ,1985；Baru et al. ,1989)开发的。

　　按照这个想法,瑞典 XCounter. AB 公司在临床环境中开发并测试了基于高速窄间隙 RPC 的商业低剂量乳腺摄影装置(Francke et al. ,2001a.b；Martin and Flynn,2004；Thunberg et al. ,2004,b)。图 9.19 显示了使用这种设备的乳房 X 光扫描仪的示意图,说明了其工作原理；图 9.20 为商业原型的照片。

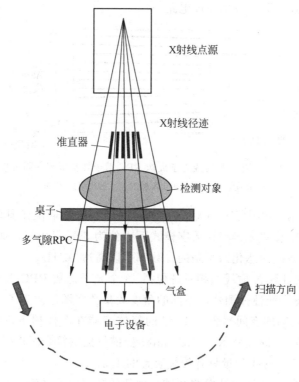

图 9.19　由瑞典 XCounter 公司开发的基于 RPC 的乳腺 X 射线扫描仪的方案
虚线表示执行扫描的圆弧。

图 9.20　由瑞典 XCounter 公司开发的乳腺 X 射线照相扫描仪的临床原型照片

该探测器集成在标准乳腺 X 射线摄影装置中,包含接近点状的 X 射线源(即,发射点小到几十微米的特殊 X 射线管)和用于女性乳房压缩的托板。在此板下方是间隙厚度 $\leqslant 0.3mm$ 的 RPC 阵列(关于这种 RPC 配置的详细信息,见第 4 章和第 7 章)。由于存在准直器,X 射线进入每个 RPC 的位置接近其阴极(距离小于 $50\mu m$)并且与之平行(图 9.21)。RPC 使用陶瓷阳极板和硅阴极构建,内表面上有金属条,指向 X 射线微焦点,因此与光子轨迹对齐。每个读出条连接到其专用集成电路。

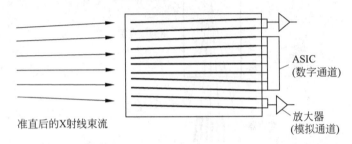

图 9.21　正文所述用于 X 射线光子成像 RPC 用于乳腺摄影的阳极板示意图
平均条间距为 $50\mu m$,而与 X 射线焦点的距离为 78cm。

探测器填充 $40\%Xe+40\%Kr+CO_2$ 的气体混合物,压力取决于具体结构,在 1～3 大气压之间。这些器件的位置分辨率在数字模式下大约为 $50\mu m$(由读出条间距决定,并且会由于失调和其他仪器效应而恶化),每条的计数率可以高达 10^5Hz。

XCounter 公司的乳腺 X 射线照相系统包括 48 个光子计数 RPC,X 射线源和探测器对患者进行全身扫描,每个线性探测器以不同的角度收集数字图像。为了解决死区问题(由于 RPC 电极以及 RPC 之间的空间),含有 RPC 的气体容器在图像拍摄过程中沿着圆弧进行几秒钟的移动(如图 9.19 虚线所示)。XCounter 扫描仪提供符合医疗标准要求的高质量乳腺摄影图像,同时所需 X 射线剂量只有传统装置的 1/5。

下一步工作是在临床环境中开发并测试一种新的断层合成系统,参见图 9.22 和参考文献(ADA et al. ,2005,2006;Th. erg et al. ,2002,2004,b)。断层合成技术是一种特殊的乳腺摄影技术,它利用几种不同角度的低剂量 X 射线产生乳房的三维图像。在这种情况下,乳房的定位和压缩方式与通常的乳房 X 光片相同,但是 X 射线管在乳房周围以圆弧形移动(图 9.19)。然后由计算机处理这些信息,计算机生成对医学诊断十分有用的乳房 3D 图像。乳房断层合成技术是一种先进的技术,但尚未应用于所有的医学成像设施中。

由于该探测器技术的以下几个特征,所获得的图像具有非常高的质量。

(1) RPC 对散射辐射几乎不敏感,准直器和探测器的几何结构确保只有从 X 射线源的焦点发出的初级光子才能引起探测器的响应。

(2) 探测器本身不产生任何电路噪声:单光子的气体倍增高,因而可简单利用足够高的阈值来排除电子学噪声的计数,避免该噪声对最终的图像重建产生影响。

(3) 图像像素非常小(约 $60\mu m$),避免了每个子图像的扫描时间造成的运动模糊。

请注意,此探测器技术不会产生任何残留或重影,因为这可能会使医生感到困惑。在 $24cm\times30cm$ 区域 15s 内可获得适合于断层合成的信息。

临床测试证明,该装置所获得的图像质量完全满足医学应用的要求。一般来说,断层合成图像能比在屏—胶片乳房 X 射线照片中识别出更多的钙化点。此外,断层合成图像中的

图 9.22　XCounter 成像系统的照片,能够进行投影乳腺摄影和断层合成

为了安装扫描探测器和 X 射线源,系统会比图 9.19 中的设备大。

钙化比屏幕胶片图像中的钙化边缘更清晰,对比度更高。

　　例如,图 9.23 所示的乳房断层合成图像;乳房解剖学的所有细节,如腺体和脂肪组织,Cooper 的韧带、血管、淋巴结和其他结构,都有非常明显的区分。在第一次评估测试中证实了该装置的有效性,其中使用断层合成非常明显地鉴定了 20 名女性中的 1 名患有癌症的患者,而该病症在屏—胶片图像中仅略微可见。

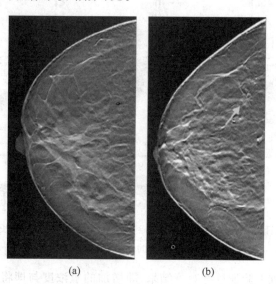

(a)　　　　　　　　　　(b)

图 9.23　从医学角度上令人感兴趣的特征图像示例:基于 RPC 的乳腺 X 线照相扫描仪所得图像

(a) 专科医生可以识别出患者有许多钙化;(b) 患者有可疑肿块,后来通过活组织检查确定为导管癌

　　目前,基于 RPC 的 X 射线扫描仪的用途是有限的,未来它们是否能够经受住来自其他固体和闪烁光子计数设备日益激烈的竞争,我们将拭目以待。

9.5 基于 GEM 经济高效的氡探测器

具有电阻电极的气体探测器的另一个潜在应用领域是对环境空气中的 α 粒子计数。这是因为：在过去 10 年中,一些研究表明,有可能将氡(Rn)(一种惰性的放射性气体)在土壤或地下水中的浓度增加与地震的早期预测相关联(Richon et al.,1994；Yasuoka,Shinogi,1997；Wakida et al.,1995；Dobrovsky et al.,1978；Fleischer et al.,1981；Magro-Campero,1980；Segovia et al.,1986；Khan et al.,1990；Igarashi et al.,1995)。

可能最令人印象深刻的观测之一是从卫星观测到日本东北部 9 级地震前几天红外辐射的增加(图 9.24)。这是由地震发生前地壳的小幅运动释放的氡导致的(Ouzounov et al.,2011)。氡是 α 发射体,而 α 是高度电离粒子。上述研究表明,氡在空气中产生电离粒子,进而导致水分子从其蒸汽状态凝结出来。这种冷凝过程释放能量,导致附近的大气温度升高,从而增加红外辐射。

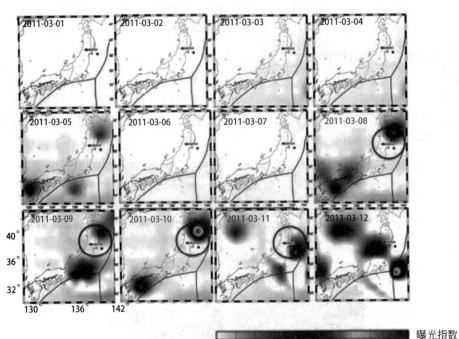

图 9.24 2011 年 3 月 1 日—3 月 12 日从卫星观测到的日间异常红外辐射(波长为 10~13μm)时间序列圆圈显示了东北 9.0 级地震附近红外异常的空间位置。所有帧都具有左下图所示的相同比例尺。

为了在统计学基础上验证这些观测结果,即增加的氡浓度与即将发生的地震之间的相关性,将需要一个廉价、紧凑和高灵敏度氡探测器组成的大型网络,这些探测器将被部署在地震可能发生的关键点处。现有的优秀商用探测器,例如 ATMOS 12dpx(Radon Analytics Inc.,2014)或 RADIM3(Plch M. Eng.-SMM,2015),成本高达数万欧元,太昂贵导致不能大规模使用。它们价格昂贵是因为其在光谱响应等方面性能优越。然而,为了测量几个位置处的氡浓度并确定不同测量之间的相关性,并不总是需要这样良好的能量分辨率。在大多数情况下,同时记录高于给定阈值的信号就足够提供关于氡出现和累积的可靠信息(图 9.25 和图 9.26)。

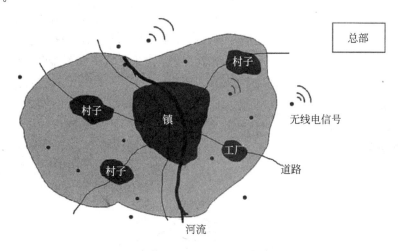

图 9.25　地震区氡监测站的大致网络示意图

每个站都配备有无线电发射器,向总部发送信号,在那里实时收集和分析数据。

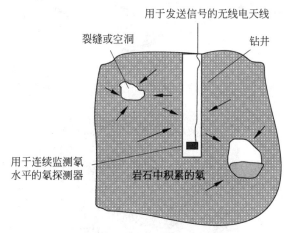

图 9.26　氡监测站的大致布置

既可以安装在特定钻探井中,也可以安装在房屋的地下室中。

　　实施这种方法的关键点是低成本、低功耗的传感器。探测器网络必须配备无线电发射器,以便将信号发送到总部,在那里存储和分析数据。为了延长电池寿命,可以每小时进行几分钟的测量。这种方法已经在几个电池供电的设备上成功测试过,例如 DT Linc. 瑞士日内瓦公司。

　　构建这种装置的可能选择之一是使用气体探测器。它们的主要优点是成本低并可独特地在环境空气中以雪崩模式运行,提供了高信噪比,并且因此具有高探测效率。当然,具有电阻电极的探测器由于其坚固性和火花保护而特别受关注(Charpak et al.,2008a)。

然而，困难在于这些探测器是否能够在恶劣条件下操作，例如在 100% 潮湿空气中。为此，还用传统的单丝探测器和 MWPC 进行了实验，但在阳极丝和阴极之间采用了特殊形状的介电界面，防止漏电流出现（Charpak et al.，2010）。

无论如何，对于廉价氡传感器的批量生产，工业微电子技术生产的阻性电极微结构探测器原则上更具有吸引力。因为它们能够轻易地以工业规模生产。根据这一想法，最近一种能够在 100% 潮湿空气中运行的特殊 GEM 探测器被研制出来。这个探测器含有两个由特殊形状间隔物支撑的带孔电阻板（参见图 9.27 和图 9.28 以及文献（Peskov et al.，2013））。这些间隔物位于远离孔的位置（所谓的无壁 GEM）。这些孔严格对准，使形成的电场和标准 GEM 电场非常相似。这种结构可在气体增益高达 1000 的 100% 潮湿空气中运行且没有杂散脉冲。它测氡的灵敏度好于市面上的氡传感器，但是其成本估计至多是市售探测器的 1/10。此外，该探测器最主要的优点是：通过快速去除（借助于特殊的可替换漂移电极）探测器基准体积中的氡子体，其氡浓度变化的测量比商业探测器快 10 倍。

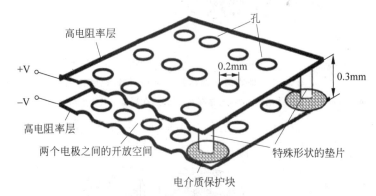

图 9.27　带有阻性电极的"无壁 GEM"探测器示意图

图 9.28　氡探测器原型的照片

由一个漂移网和一个有效面积为 10cm×10cm 的阻性 GEM 组成。

9.6　用于紫外光子探测的阻性 GEM

级联 GEM 是优秀的单电子探测器，它们因几何结构可在多种气体中以非常高的增益运行，包括纯惰性气体，且没有强烈的离子反馈或光子反馈。此外，如果配备适当的光电阴极将光子转换为电子,它们也可以被用作气体光电倍增器。多个小组进行了该方面的研究,所有的必要信息以及最近一本书(Francke et al.,2016)详细列出的参考文献都可以被找到。由于 GEM 对位置敏感,如果与光学系统相结合使用,它们还可以提供成像功能,这是另一个非常独特的功能。这种用于成像的气体光电倍增器可以在多种应用上和其他探测器形成竞争。例如切伦科夫环形成像(RICH,其操作原理将在下文简要描述)、日光条件下的紫外可视化,以及火焰和火花的探测。

然而,必须指出,在以大约 100% 的效率探测单个光电子所需的高增益($>10^4$)时,偶然击穿实际上是不可避免的。这是由于众所周知的 Raether 限制,因此在出现故障之前必须控制雪崩中可达到的最大总电荷。实验表明,在级联 GEM 中,根据所选择的特定几何形状和气体,雪崩中的最大总电荷通常在 $10^6 \sim 10^7$ 个电子之间(Francke et al.,2014),因此在最好的情况下最大可实现的增益是

$$A_{\max} \approx 10^7 (\text{电子})/n_0 \qquad (9.3)$$

其中,n_0 是电离辐射产生的初级电子数。

可以合理地假设,在大约 10^4 的工作增益下,相对于可实现的最大增益,应该具有至少大约 10 的安全系数。由于在标准条件下,在存在宇宙和/或天然放射性的情况下工作,由该背景产生的初级电子的数量范围大约为 100,因此不能将 $A_{\max}$ 设置为高于 10^5 以避免击穿。因此,火花保护的阻性 GEM 提供了可以克服该问题的实用选择。

基于阻性厚 GEM 的成像光电倍增管有两种主要设计:

(1) GEM 与 CsI 光电阴极相结合

(2) GEM 里充满某种光敏蒸汽,例如,Tetrakis dimethylamine ethylene(通常简称为TMAE)。

在这里,我们介绍第一种设计,它提供了更好的位置分辨率。

9.6.1　用于 RICH 的基于 CsI 的阻性 GEM

当带电粒子穿过介质的速度大于其在该介质中的光速 $v = c/n_r$(其中 n_r 是介质的折射率)时,会产生称为切伦科夫光的电磁辐射。该辐射的特征是切伦科夫光相对于粒子径迹以特定角度 θ 方向发射:

$$\cos\theta = 1/\beta n_r \qquad (9.4)$$

切伦科夫光主要在光谱的可见光和紫外区域,其中 $n_r > 1$。由于光锥的孔径大小取决于粒子速度,人们可以将这些信息与粒子动量测量结合起来(粒子动量可以使用其他技术测量得到),以此方式鉴别粒子。就像在 RICH 一样,应用这种技术的设备的一个基本要素是一种能够高效探测单光子的位置灵敏探测器。

位置灵敏的级联阻性 GEM 是其中的一个代表。Martinengo 等人的文章中描述了涂有CsI 的厚阻性 GEM 搭建的 RICH 原型的一些初步测试结果,相应的装置结构如图 9.29 所示,其照片如图 9.30 所示。

该探测器由 CaF_2 切伦科夫辐射体和三层 GEM 探测器耦合而成,顶部 GEM 上涂有CsI,工作气体为 1 个大气压下的 90%Ne+10%CH$_4$ 或 90%Ne+10%CF$_4$。每个阻性 GEM 有

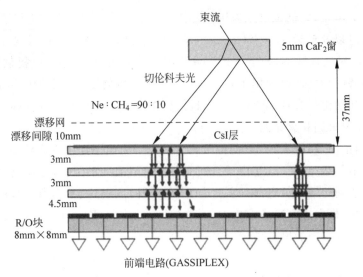

图 9.29　RICH 探测器原型的结构

具有 CaF$_2$ 辐射体和三层 GEM 和 CsI 光电阴极。

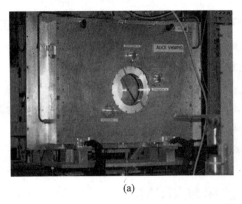

(a)

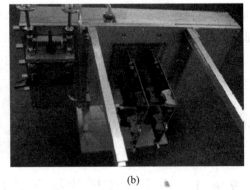

(b)

图　　9.30

(a) 使用三层 GEM 的小型 RICH 探测器的正面照片,顶部电极涂有 CsI,该探测器由 ALICE RICH 小组研制测试,
可以在前法兰的中心清楚地看到 CaF$_2$ 辐射体,它朝向粒子束以及用于初步测试的放射源的三个窗口；(b) 探测器
的后视图,显示了连接到读出块平面的前端电路

效面积为 10cm×10cm,厚度为 0.45mm,孔直径为 0.4mm,孔间距为 0.8mm。块读出平面位
于 GEM 的下面。在该装置中,UV 光子可以从沉积在第一层 GEM 上表面上的 CsI 光电阴
极中打出电子。电子被电场作用引导到最近的孔,在那里它经历了第一次放大；然后雪崩
电子在随后的 GEM 中进行第二次放大(也可以多次放大,取决于 GEM 箔的数量),最终在
块型读出板上感应出信号。结合适当的读出电路,该探测器可以对切伦科夫辐射进行成像。

图 9.31(a)~(d)显示了一些结果。图(a)和(c)表示该 RICH 原型相对于约 6GeV/c π$^-$ 束
流以夹角约 20°和 37°探测时得到的图像。实验期间使用具有反向漂移电场(约 200V)的三
层阻性 GEM 来增强对来自 CsI 阴极的光电子的探测效率,总增益约为 10^5(Azevedo et al.,
2010)。每个图顶部的点是粒子束的图像,而中间的水平带对应于探测到的切伦科夫光子。
直方图(b)和(d)显示出了图(a)和(c)记录的事件在 x 轴和 y 轴的投影。

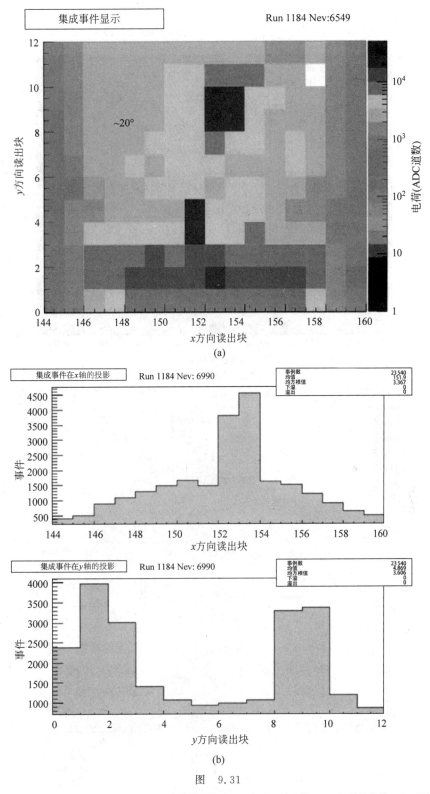

图　9.31

（a）束流实验时用约 $6\mathrm{GeV}/c$ π^- 束流以约 $20°$ 的角度入射到 CsI 涂层三层阻性 GEM 记录的事件；（b）顶图在 x 轴
上的投影；（下图）顶图在 y 轴上的投影；（c）和（d）$6\mathrm{GeV}/c$ π^- 相同束流以约 $37°$ 的角度入射的测量结果

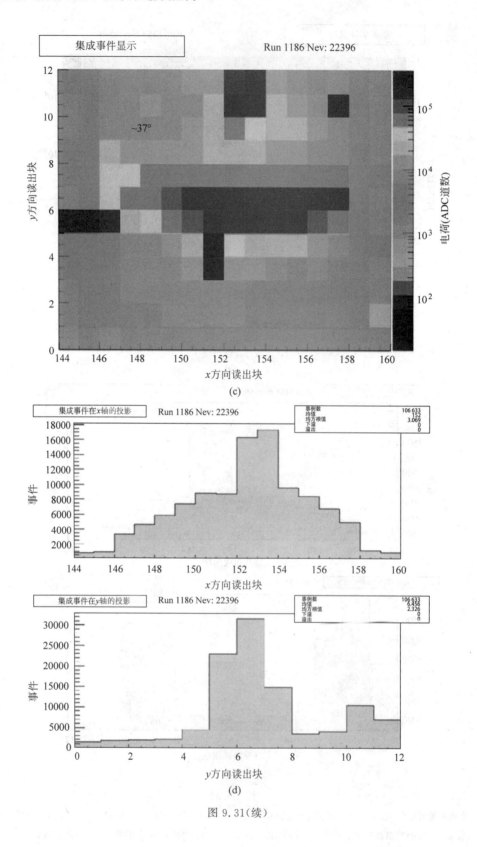

图 9.31(续)

9.6.2　使用阻性 GEM 对火焰和火花的探测及成像

将相同的上述探测器置于气密封容器中工作,可用于室内外火灾探测系统,不仅可以记录明火和火花的外观,还可以准确定位火灾危险。本书作者之一 Vladimir Peskov 在 ALICE 团队和 CERN 技术转让项目的支持下最近开发了这种设计,原理图如图 9.32 所示。这是早期原型的改进版本(Bidault et al.,2006,2007;Di Mauro et al.,2007;Charpak et al.,2008b,2009),给出了一些火焰数字图像的示例。

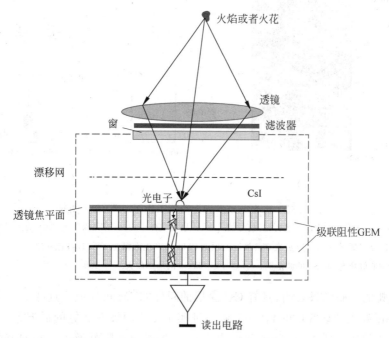

图 9.32　级联阻性 GEM 结合 CsI 光电阴极的工作原理(图中还示出了光学系统)

窄带滤波器(图 9.32)选择波长在 185～220nm 范围内的波,因为空气中的火焰在该波段强烈发射,而太阳光被大气层上层的臭氧阻挡。然后 CsI 阴极打出的光电子被级联 GEM 倍增,最后在读出电极上产生信号。

初步测试表明,这种装置达到的灵敏度和时间分辨率比最好的商用火焰探测器好 100 倍,另外商用探测器没有任何成像能力。此外,通过适当的模式识别算法,该探测器可以有效抑制错误信号,从而保证火焰探测系统稳定运行。

9.7　带阻性电极的低温探测器

双相液态惰性气体时间投影室(TPC)(Chepel et al.,2013)被用于寻找一些暗物质的实验中。从图 9.33 可以看出,它们的工作原理基于从合适液体中打出的初级电子,随后其在上述具有均匀电场的气体中进行次级作用发出闪烁光。初始电子可以通过各种机制产生,例如弱相互作用大质量粒子(WIMP)的弹性相互作用(反冲),这是寻找暗物质的主要作用。部分初始电子会被复合产生瞬态信号 S1,其由包围在 TPC 的液体体积外的光电倍增管

（PMT）阵列记录。在外加的均匀电场的作用下,没有复合的电子会从相互作用点漂移到TPC的顶部。在液体和气体间的边界上,具有更强的电场,会将电子拉到两个平行网格之间的间隙中。在这里电子会产生强烈的次级闪烁光信号 S2,它与从液体中打出的电子数量成正比。通过将瞬态和次级闪烁信号之间的时间差与顶部 PMT 阵列上次级信号的分布结合可以得到作用点的 3D 位置。

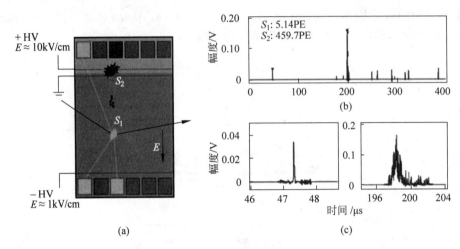

图 9.33　双相电致发光探测器工作原理图(有彩图)

(a)通过几个 PMT(在图中以黄色标记)信号的符合,识别在液体中相互作用(深灰色)产生的闪烁光 S_1,气体中强烈的次级闪烁光 S_2(浅蓝色)在靠其最近的顶部 PMT 上产生大幅度信号(以红色标记);(b)液态惰性气体 TPC PMT 信号 S_1 和 S_2 的波形图;(c)信号 S_1 和 S_2 的局部放大。

　　令人鼓舞的实验结果表明,具有 CsI 涂层的阻性 GEM 可能成为这些应用中 PMT 的替代品。Periale 等人的研究(2004,2005)确实证实了 CsI 阴极在液氮的低温条件下仍能保持足够高的量子效率。此外,一些带阻性电极的探测器例如阻性厚 GEM(Di Mauro et al.,2007,2009)或阻性微孔微带探测器(见第 8 章和文献(Peskov et al.,2013)),在低温下电极电阻率会急剧增加,导致探测器在稠密气体中的最大可实现增益下降和计数率能力下降(图 9.34),但它们仍可工作。

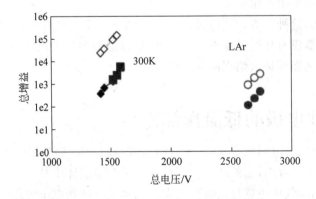

图 9.34　阻性 GEM 的增益与电压的关系

电极材料为 CrO,阻性 GEM 膜厚度为 1mm,上面涂有 0.4nm 厚的 CsI 层,工作气体为氩气,在双相 TPC 的氩液面上方 1cm 处,测量温度为室温。在图中,实心符号表示单层阻性 GEM,空心符号表示双层阻性 GEM。

鉴于这种探测器可能在液态惰性气体 TPC 中的应用,人们研究了两种主要的方案:一种方案是将探测器置于有紫外透明窗口的密封室内,(图 9.35),另一种是无窗电子倍增器,例如,放置在液面上方气体中的孔型探测器(图 9.36)。

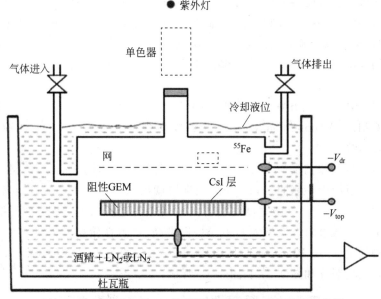

图 9.35　低温下密封 CsI 涂层阻性 GEM 的研究装置示意图

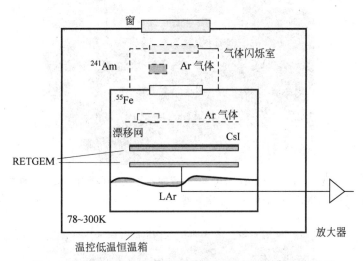

图 9.36　低温下使用无窗阻性 GEM 进行测量的装置示意图
术语"RETGEM"在这里代表阻性厚 GEM。

当然,每种选择都有其优点和缺点。例如,无窗探测器结构简洁,对远紫外光子具有高灵敏度,这对液氙 TPC 很重要,而微孔微带室能强烈抑制光子反馈(见第 8 章),使得 CsI 光阴极浸入液体工作成为可能(Peskov et al.,2013)。

目前正在研究的另一种替代方法是使用玻璃毛细管板或厚 GEM 膜(Periale et al.,2004—2006;Breskin et al.,2011;Badertscher et al.,2011;Erdal et al.,2017)。然而阻性探测器由于其火花保护功能而更有优势。

9.8 使用 RPC 的数字量能器

直线对撞机实验量能器合作组(CALICE)是一个由来自世界各地的约 280 名物理学家和工程师组成的研发小组,共同开发用于高能 e^+e^- 实验的新型高性能探测器。在强子量能器领域,它的目标是粒子流方法的应用(PFA,见文献(Brient et al.,2002)),要求量能器具有非常精细的读出单元(通常称为数字取样量能器),读出单元横向尺寸大约为 $1cm^2$,沿纵向逐层排列。

在多种方案中,合作组开发了两种基于 RPC 的量能器原型,为方便起见,命名为数字强子量能器(DHCAL)(Adams et al.,2016)和半数字强子量能器(SDHCAL)(The CALICE collaboration,2016)。

两种原型均由气隙宽度为 1.15～1.2mm 的宽单气隙钠钙玻璃 RPC 层与重材料吸收体交错组成。通过阳极一侧的 1cm×1cm 读出块读出信号。采用了尽可能薄的玻璃,实际上最小厚度约为 0.8mm。气隙宽度由沿着灵敏区域的边框(PVC 或玻璃纤维)和 PVC 套管或陶瓷球确定。通过阻性涂层为 DHCAL 提供高压,阻性涂层面电阻率为 1～5MΩ/□。每个原型探测器由 50 层 RPC＋吸收体组成,有效体积约为 $1m^3$(包括吸收体)。这些吸引人的原型探测器的照片如图 9.37 和图 9.38 所示。

图 9.37　位于欧洲核子研究中心的 DHCAL 装置的照片显示了带有钨板的主堆栈,接着是带有钢板的 TCMT(尾部捕手/μ 子跟踪器)

图 9.38　SPS 测试束流处的 SDHCAL 原型

由于高粒度是这种量能器的标志,其读出通道的数量超过 40 万。有关学者为每个原型开发了专用 ASIC,这已在 4.7 节中进行了讨论。SDHCAL 的设计可以粗略测量读出块的占用率。为此对每个读出块的放大信号设计了 3 个不同阈值的比较器。

这些原型在费米实验室和欧洲核子研究中心进行了系统的测试,结果符合预期。事件显示图(如图 9.39 和图 9.40 所示)展示了设备独特的成像和粒子鉴别功能。

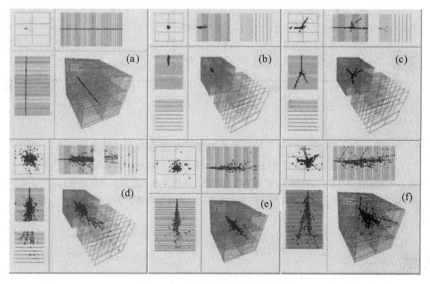

图 9.39　显示不同事件的视图

(a) μ 子在吸收层中的径迹;(b) 8GeV 正电子在 DHCAL 中的径迹;(c) 8GeV π 介子在 DHCAL 和 TCMT 中的径迹;(d) 120GeV 质子在 DHCAL 和 TCMT 中的径迹;(e) 10GeV 正电子在吸收层中的径迹;(f) 10GeV π 介子在吸收层中的径迹

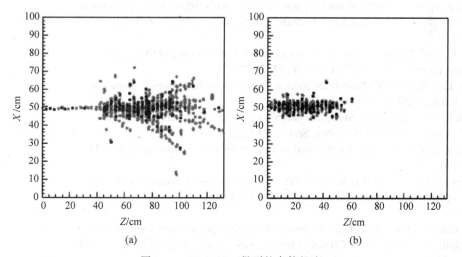

图 9.40　SDHCAL 得到的事件径迹

(a) 70GeV π 介子的事件展示,暗点表示电荷超过最高阈值的读出块,浅灰点表示电荷超过最低阈值的读出块;(b) 具有相同编码的 70GeV 电子事件

能量分辨率在 80GeV 时达到 7.7%(图 9.41),在 5~80GeV 能量范围内原始数据的线性响应偏差为 4%~5%(CALICE,2016)。

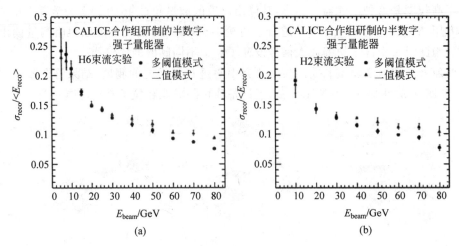

图 9.41　重建出的强子能量的相对能量分辨率与束流能量的关系

(a) 显示了 2012 年 H6 束流线；(b) 表示 2012 年 H2 束流线

三角形图表示仅使用命中总数(二值模式)计算重建的能量。圆形图表示使用三阈值信息(在原始图中指示为多阈值模式)计算重建的能量。两种模式均使用总击中数的二次函数重建粒子能量。

参考文献

Abbrescia, M. *et al.* (2003) Resistive plate chambers as thermal neutron detectors. *Nuclear Physics B (Proc. Suppl.)*, **125**, 4347.

Abbrescia, M. *et al.* (2004a) Resistive plate chambers as detectors for thermal neutrons. *Nucl. Instrum. Methods Phys. Res., Sect. A*, **518**, 440–442.

Abbrescia, M. *et al.* (2004b) Resistive plate chambers with Gd-coated electrodes as thermal neutron detectors. *Nucl. Instrum. Methods Phys. Res., Sect. A*, **533**, 149–153.

Adams, C. *et al.* (2016) Design, construction and commissioning of the Digital Hadron Calorimeter—DHCAL. *JINST*, **11**, P07007.

Alvarez, L.W. *et al.* (2007) Search for hidden chambers in the pyramids using cosmic rays. *Science*, **832** (New series), 167.

Arnaldi, R. *et al.* (2004) Resistive plate chamber for thermal neutron detection. *Nucl. Instrum. Methods Phys. Res., Sect. B*, **213**, 284–288.

Arnaldi, R. *et al.* (2006) RPC for thermal neutron detection. *J. Phys. Conf. Ser.*, **41**, 384–390.

Azevedo, C.D.R. *et al.* (2010) Towards THGEM UV-photon detectors for RICH: on single-photon detection efficiency in ne/CH4 and ne/CF$_4$. *JINST*, **5**, P01002.

Badertscher, A. *et al.* (2011) First operation of a double phase LAr Large Electron Multiplier Time Projection Chamber with a two-dimensional projective readout anode. *Nucl. Instrum. Methods Phys. Res., Sect. A*, **641**, 48.

Baesso, P. *et al.* (2014) Toward a RPC-based muon tomography system for cargo containers. *JINST*, **9**, C10041.

Baru, S.E. *et al.* Digital X-ray imaging installation for medical diagnostics. *Nucl. Instrum. Methods Phys. Res., Sect. A*, **238** (1985), 165.

Baru, S.E. *et al.* Multiwire proportional chamber for a digital radiographic installation. *Nucl. Instrum. Methods Phys. Res., Sect. A*, **283** (1989), 431.

Bateman, J.E. *et al.* (1981) X-ray and gamma imaging with multiwire proportional counters. *Nucl. Instrum. Methods*, **221**, 131.

Bateman, J.E. *et al.* (1984) The Rutherford Appleton laboratory's mark I multiwire proportional counter positron camera. *Nucl. Instrum. Methods Phys. Res.*, **225**, 209.

Bidault, J.M. *et al.* (2006) A novel UV photon detector with resistive electrodes. *Nucl. Phys. B (Proc. Suppl.)*, **158**, 199.

Bidault, J.M. *et al.* (2007) The first applications of newly developed gaseous detectors with resistive electrodes for UV imaging in daylight conditions. *Nucl. Instrum. Methods Phys. Res., Sect. A*, **580**, 1036.

Blanco, A., Carolino, N., Correia, C.M.B.A., Ferreira Marques, R., Fonte, P., González-Díaz, D., Lindote, A., Lopes, M.I., Macedo, M.P., and Policarpo, A. (2004) An RPC-PET prototype with high spatial resolution. *Nucl. Instrum. Methods Phys. Res., Sect. A*, **533**, 139–143.

Blanco, A., Chepel, V., Ferreira-Marques, R., Fonte, P., Lopes, M.I., Peskov, V., and Policarpo, A. (2013) Perspectives for positron emission tomography with RPCs. *Nucl. Instrum. Methods Phys. Res., Sect. A*, **508**, 88–93.

Blanco, A., Couceiro, M., Crespo, P., Ferreira, N.C., Ferreira Marques, R., Fonte, P., Lopes, L., and Neves, J.A. (2009) Efficiency of RPC detectors for whole-body human TOF PET. *Nucl. Instrum. Methods Phys. Res., Sect. A*, **602**, 780–783.

Blanco, A. *et al.* (2004) Progress in timing resistive plate chambers. *Nucl. Instrum. Methods Phys. Res., Sect. A*, **535**, 272–276.

Breskin, A. *et al.* (2011) CsI-THGEM gaseous photomultipliers for RICH and noble-liquid detectors. *Nucl. Instrum. Methods Phys. Res., Sect. A*, **639**, 117.

Brient, J.C. *et al.* (2002) The calorimetry at a future e⁺e⁻ linear collider, arXiv:hep-ex/0202004v1.

Burns, J. *et al.* (2015) A drift chamber tracking system for muon scattering tomography applications. *JINST*, **10**, 10041.

Cârloganu, C. *et al.* (2013) Towards a muon radiography of the Puy de Dôme. *Geosci. Instrum. Methods Data Syst.*, **2**, 55–60.

Charpak, G. *et al.* (2008a) Detectors for alpha particles and X-rays operating in ambient air in pulse counting mode or/and with gas amplification. *JINST*, **3**, P02006.

Charpak, G. *et al.* (2008b) Development of new hole-type avalanche detectors and the first results of their applications. *IEEE Trans, Nucl. Sci.*, **55**, 1657.

Charpak, G. *et al.* (2009) Progress in the development of a S-RETGEM-based detector for an early forest fire warning system. *JINST*, **4**, P12007.

Charpak, G. *et al.* (2010) arXiv:1002.4732v2.

Chepel, V. *et al.* (2013) Liquid noble gas detectors for low energy particle physics. *JINST*, **8**, R04001.

Couceiro, M. *et al.* (2014) Scatter fraction, count rates, and noise equivalent count rate of a single bed position RPC TOF PET system assessed by simulations following the NEMA NU2 2001 standards. *IEEE Trans. Nucl. Sci.*, **61**, 1153–1163.

Cox, L. *et al.* (2008) Detector requirements for a cosmic ray muon scattering tomography system. Nuclear Science Symposium Conference Record, pp. 706–710.

Dahlbom M. (2012) "PET Imaging: Basics and New Trends". *In Handbook of Particle Detection and Imaging*, Ch. 38, pp. 935-71 (eds Grupen C., & Buvat I.), Springer-Verlag, Germany, ISBN: 978-3-642-13270-4.

Di Mauro, A. *et al.* (2007) Development of innovative micro-pattern gaseous detectors with resistive electrodes and first results of their applications. *Nucl. Instrum. Methods Phys. Res., Sect. A*, **581**, 225.

Di Mauro, A. *et al.* (2009) GEMs with double layered micropattern electrodes and their applications. *IEEE Trans. Nucl. Sci.*, **56**, 1550.

Diblen, F. *et al.* (2012) Comparison study of RPC and crystal based PET systems for hadron therapy monitoring. IEEE Nuclear Science Symposium and Medical Imaging Conference (NSS/MIC). doi: 10.1109/NSSMIC.2012.6551504.

Dobrovsky, I.P. *et al.* (1978) Estimation of the size of earthquake preparation zones. *Pure Appl. Geophys.*, **117**, 1025.

Erdal, E. *et al.* (2017) First demonstration of VUV-photon detection in liquid xenon with THGEM and GEM-based Liquid Hole Multipliers. *Nucl. Instrum. Methods Phys. Res., Sect. A*, **845**, 218.

Fleischer, R.L. *et al.* (1981) Dislocation model for radon response to distant earthquakes. *Geophs. Res. Lett.*, **8**, 477.

Francke, T. *et al.* (2001a) Dose reduction in medical X-ray imaging using noise free photon counting. *Nucl. Instrum. Methods Phys. Res., Sect. A*, **471** (1–2), 85–87.

Francke, T. *et al.* (2001b) High contrast and position resolution using photon counting digital-ray imaging. Proceedings of ASNT Digital Imaging Conference, Mashantucket, CT, USA, August 2001.

Francke, T. *et al.* (2014) *Innovative Applications and Developments of Micro-Pattern Detectors*, IGI Global, USA.

Francke, T. *et al.* (2016) *Position-Sensitive Gaseous Photomultipliers: Research and Applications*, IGI Global, USA.

Georgiev, G., Ilieva, N., Kozhuharov, V., Lessigiarska, I., Litov, L., Pavlov, B., and Petkov, P. (2013) Multigap RPC for PET: development and optimisation of the detector design. *JINST*, **8**, P01011. doi: 10.1088/1748-0221/8/01/P01011.

Gnanvo, K. *et al.* (2010) Detection and imaging of high-Z materials with a muon tomography station using GEM detectors. Nuclear Science Symposium Conference Record (NSS/MIC), IEEE. doi: 10.1109/NSSMIC.2010.5873822.

Gnanvo, K. *et al.* (2011) Imaging of high-Z material for nuclear contraband detection with a minimal prototype of a muon tomography station based on GEM detectors. *Nucl. Instrum. Methods Phys. Res., Sect. A*, **652**, 16–20.

Hong, B. *et al.* (2006) Sensitivity of hybrid resistive plate chambers to low-energy neutrons. *Nucl. Phys. B (Proc. Suppl.)*, **158**, 161–165.

Igarashi, G. (1995) Ground-water radon anomaly before the Kobe earthquake in Japan. *Science*, **269** (5220), 60–61. doi: 10.1126/science.269.5220.60.

Jeavons, A., Parkman, C., Donath, A., Frey, P., Herlin, G., Hood, K., Magnanini, R., and Townsend, D. (1983) The high-density avalanche chamber for positron emission tomography. *IEEE Trans. Nucl. Sci.*, **NS-30**, 640–645.

Kedar, S. *et al.* (2013) Muon radiography for exploration of Mars geology. *Geosci. Instrum. Methods Data Syst.*, **2**, 157–164.

Khan, H.-A. *et al.* (1990) *J. Islamic Acad. Sci.*, **3** (3), 229; (1997) *Access to Energy News Lett. Arch.*, **24**, (9).

La Rocca, P. *et al.* (2015) Fabrication, characterization and testing of silicon photomultipliers for the Muon portal project. *Nucl. Instrum. Methods Phys. Res., Sect. A*, **787**, 236–239.

Le Menedeu, E. (2016) For the TOMUVOL collaboration, RPC application in muography and specific developments. *JINST*, **11**, C06009.

Lopes, L., Pereira, A., Fonte, P., and Ferreira Marques, R. (2007) Accurate timing of gamma rays with high-rate resistive plate chambers. *Nucl. Instrum. Methods Phys. Res., Sect. A*, **573**, 4–7.

Magro-Campero, A. (1980) *J. Geophys. Res.*, **85**, 3053.

Maidment, A.D.A. (2006) Clinical evaluation of a photon-counting tomosynthesis mammography system, in *Digital Mammography. IWDM 2006*, Lecture Notes in Computer Science, vol. **4046** (eds S.M. Astley, M. Brady, C. Rose, and R. Zwiggelaar), Springer-Verlag, Berlin, Heidelberg.

Maidment, A.D.A., Adelow, L., Blom, O. *et al.* (2006) Evaluation of a photon-counting breast tomosynthesis imaging system, in *Physics of Medical Imaging, Proceedings of SPIE*, vol. **6142** (ed. M.J. Flynn), SPIE.

Maidment, A.D.A., Albert, M., Thunberg, S. *et al.* (2005) Evaluation of a photon-counting breast tomosynthesis imaging system, in *SPIE Medical Imaging* (ed. M.J. Flynn), pp. 572–582.

Margato, L. *et al.* (2016) Boron-10 based thin-gap hybrid RPCs for sub-millimeter resolution thermal neutron detectors. Presentation Given at RPC 2016 – The XIII Workshop on Resistive Plate Chambers and Related Detectors, Gent February 2016.

Martinengo, P. *et al.* (2009) A new generation of GEM detectors and their applications. *Nucl. Instrum. Methods Phys. Res., Sect. A*, **604**, 8–10.

Martinengo, P. *et al.* (2011) *Nucl. Instrum. Methods Phys. Res., Sect. A*, (126), 639.

Martins, P. *et al.* (2014) Towards very high resolution RPC-PET for small animals. *JINST*, **9**, C10012.

Missimer, J. *et al.* (2004) Performance evaluation of the 16-module quad-HIDAC small animal PET camera. *Phys. Med. Biol.*, **49**, 2069.

Morris, C.L. *et al.* Analysis of muon radiography of the Toshiba nuclear critical assembly reactor. *Appl. Phys. Lett.*, **106** (2). doi: 10.1063/1.4862475.

Moskal, P. *et al.* (2016) Time resolution of the plastic scintillator strips with matrix photomultiplier readout for J-PET tomography. *Phys. Med. Biol.*, **61**, 2025.

Ouzounov, D. *et al.* (2011) arXiv:geoph/1105.2841v1, https://arxiv.org/ftp/arxiv/papers/1105/1105.2841.pdf (accessed 31 October 2017).

Periale, L. *et al.* (2004) The development of gaseous detectors with solid photocathodes for low-temperature applications. *Nucl. Instrum. Methods Phys. Res., Sect. A*, **535**, 517.

Periale, L. *et al.* (2005) The successful operation of hole-type gaseous detectors at cryogenic temperatures. *IEEE Trans. Nucl. Sci.*, **52**, 927.

Periale, L. *et al.* (2006) *Nucl. Instrum. Methods Phys. Res., Sect. A*, **567**, 381.

Peskov, V. *et al.* (2007) Development and first tests of GEM-like detectors with resistive electrodes. *IEEE Trans. Nucl. Sci.*, **54**, 1784.

Peskov, V. *et al.* (2013) Development of a new generation of micropattern gaseous detectors for high energy physics, astrophysics and environmental applications. *Nucl. Instrum. Methods Phys. Res., Sect. A*, **732**, 255.

Plch M. Eng.-SMM (2015) https://www.irsm.cas.cz/materialy/pristroje/Radim3A_manual_EN.pdf (accessed 31 October 2017).

Qian, S. *et al.* (2009) Study of the RPC-Gd as thermal neutron detector. *Chin. Phys. C*, **33** (9), 769–773.

Qian, S. *et al.* (2015) The study and design of the large area neutron monitor with RPC-Gd. *JINST*, **10**, C02014.

Radon Analytics Inc. (2014) http://www.radon-analytics.com and http://www
.radon-analytics.com/index.php?show=atmos12dpx.

Richon, P. *et al.* (1994) Radon anomaly in the soil of Taal volcano, the Philippines: a
likely precursor of the M 7.1 Mindoro earthquake (1994). *Geophys. Res. Lett.*, **30**,
34 (9).

Schultz, L.J. *et al.* (2004) Image reconstruction and material Z discrimination via
cosmic ray muon radiography. *Nucl. Instrum. Methods Phys. Res., Sect. A*, **519**,
687–694.

Schumann, M. (2013) http://cerncourier.com/cws/article/cern/54673 (accessed 31
October 2017).

Segovia, N. *et al.* (1986) Radon variations in active volcanoes and in regions with
high seismicity: internal and external factors. *Nucl. Track*, **12**, 871.

The CALICE collaboration (2016) First results of the CALICE SDHCAL
technological prototype. *JINST*, **11**, P04001.

Thomay, G. *et al.* (2012) Resistive plate chambers for tomography and radiography.
Geosci. Instrum. Methods Data Syst., **1**, 235–238.

Thunberg, S.J., Maidment, A.D.A. *et al.* (2004) Tomosynthesis with a multi-line
photon counting camera. 7th International Workshop on Digital Mammography
(ed. E. Pisano), pp. 459–465.

Thunberg, S.J. *et al.* (2002) Evaluation of a photon-counting mammography system.
Proc. SPIE, **4682**, 202–208.

Thunberg, S.J. *et al.* (2004) Dose reduction in mammography with photon counting
imaging. *Proc. SPIE*, **5368**, 457–465.

Wang, X. *et al.* (2015) The cosmic ray muon tomography facility based on large scale
MRPC detectors. *Nucl. Instrum. Methods Phys. Res., Sect. A*, **784**, 390–393.

Watts, D., Borghi, G., Sauli, F., and Amaldi, U. (2013) The use of multi-gap resistive
plate chambers for in-beam PET in proton and carbon ion therapy. *J. Radiat. Res.*,
54 (Suppl. 1), i136–i142. doi: 10.1093/jrr/rrt042.

Yasuoka, Y. and Shinogi, M. (1997) Anomaly in atmospheric radon concentration.
Health Phys., **72**, 759.

Zhang, X. *et al.* (2014) Feasibility study of micro-dose total-body dynamic PET
imaging using the EXPLORER scanner. *J. Nucl. Med.*, **55**, 269.

结论与展望

气体探测器时代的终结已经被人们预言了很多次,但是无一例外这些预言都被证明是不正确的。在气体探测器被发明一百多年以后的今天,无论是在加速器还是宇宙射线的主要实验中它们仍发挥着关键作用。同时,在其他应用物理领域,气体探测器也得到越来越多的应用。

气体探测器的未来注定更加辉煌,因为这个领域的研发正在再次蓬勃发展,并且,正在运行的大型实验的升级也将会使用气体探测器。此外,纵观整个世界,现在还有若干大型实验的设计已经开始,用于未来可能建造的环形或者直线加速器。而这些实验多数都将使用本书中所描述的气体探测器或其衍生物。

20世纪下半叶发生了很多重要的突破,这给探测器物理学的这一个分支带来了新的生命。这是因为这些突破中,在气体探测器中运用阻性材料的方法可能有最成功的突破之一,而这也是本书的主题。

当然,问题也会随之而来:气体探测器的发展到此终结了吗?在可见的未来这个领域还会不会有更加深入的发展?我们能设想到很多发展,但是可能有更多我们难以想象的发展。

比方说,阻性板室的综合性模拟模型依旧不存在,而且我们对于阻性板室运行的很多方面依旧没有统一的见解。比如,目前已有雪崩发展和信号感应方面的先进理论,可以提供可靠的预测。可是,雪崩到流光演变的动力学或者气体中以及气体与电极之间物理化学作用的相关理论依旧很不成熟。如果能够将整个问题不同部分现有的分散模型汇集到一个开放的通用框架中,将其作为RPC物理模拟的参考并随着知识的进展而发展,这将会是非常有意思的事情。这可以促进模型和实验之间的比较,因为实验者倾向于将他们的数据与参考模型进行比较从而以一种更加优化且更加有组织的方式对模型进行测试。这方面还有大片新大陆有待人们去探索!

近期要解决的问题不那么深远,但也很重要。其中之一是寻找四氟乙烷和六氟化硫的替代品,它们是RPC中使用的气体混合物的主要成分。它们不仅昂贵,而且也是温室气体,因此在欧洲共同体中被禁止使用。虽然科研上的使用暂时免于禁令,并且可以通过循环气体和解决漏气来限制其危害,但是长期解决方案十分必要。这意味着我们需要寻找一种新的混合气体,并重新理解其性能,尤其是有关老化的问题。但这并不容易。气体是气体探测器的"核心"。

RPC的老化问题的相关知识仍有待补充,虽然我们以相关的惨痛教训为代价获得了一些知识,但是我们仍需要更多的相关知识。更深入地了解气体中发生的复杂化学过程以及气体如何与电极表面相互作用,将为研究老化机理以及如何减缓老化的关键因素提供新的认知。

上述内容均与新材料的寻找相关,要求新材料搭建的探测器能用于背景和计数率比目前高几个数量级的情况,这是下一代加速器的特征。我们已经合成出了很多有趣的新材料,但主要是很小的样品,由于种种技术上的困难,大面积的高质量板材还不能够量产。显然我们的物理实验规模越来越大,这意味着计数率以及其他的指标必须在更大的面积上保持均一。这要求我们升级量产的技术以及更严格控制质量。

也许现有的材料已经足够了? 或许我们一旦学会精细调整电阻率并且理解了计数率对于探测器配置的依赖关系就能够为下一代的实验做好准备? 这些都是我们需要考虑的具体事项,事实上,这也是大型合作组努力的方向。

但是,在此方面我们还有很多不清楚的地方,比如:直到现在我们甚至不知道电木或玻璃中电流传导的细节,尽管这些材料已经被用了近 30 年。所以,寻找新材料以及改进并且使用更好的现有 RPC 材料将是另一个挑战。当然,正如过去一样,电子学设备在这里仍然非常关键,这是另一个我们需要考虑的因素。

我们还期望在不久的将来阻性微结构探测器技术能够得到发展(由于它们优秀的位置分辨能力甚至能够接近某些固体探测器)。在这些设备中引进阻性材料是其一大突破,使得这些探测器能够受到电火花保护,从而能够克服其早期所遇到的问题。现在,它们首次在大型实验中被用于数百平方米的区域,这将是证明该技术完全成熟的关键测试。

所以,任何想要投身于这个领域的人都将有很多机会! 仍然有很多问题亟待解决。

最后,让我们指出一种能够在合理的时间内有效地解决以上所有问题的方法。当然,成功与否取决于现在活跃在这个领域的研究组的通力合作。如果建立了合适的合作框架,我们将极大程度上获益于世界范围内的协调工作,各个小组的能力将相互完善,可以更快地实现对问题的更广泛的认识。

每两年一次的关于 RPC 及其相关探测器的研讨会对于信息交流和结果比较十分重要。该研讨会已经有超过 20 年的历史,它们为活跃在这个领域的小组提供了重要的参考。在这些论坛中,经常会进行非常有趣,有时又非常热烈的讨论——这代表了这个领域的生命力。但是,也许我们还能投入更多努力。一个比较有前景的策略是建立一个类似于 RD51 的合作组,RD51 包括大约 500 名参与人员和 75 个合作机构,目标是发展用于基础和应用研究的微结构气体探测器技术。实际上,这种方法被证明非常有效。良好氛围下建立的合作使他们取得了相关进展。这可能是我们的发展方向,作者们将乐于促进这方面的努力。

“我们变得非常渴望,渴望在一个单一的探测器中得到所有的信息。”这是上一次 RPC 研讨会总结讲话的开场白。我们的梦想是能够有一个仪器,它同时具有几十 kHz/cm^2 的高计数率、亚毫米级的空间分辨率和优于 100ns 的时间分辨率,并且它也应该易于建造并且可以稳定运行很多年。我们正在向这个方向努力。

附录 A
关于 RPC 制造的指南

在本书前面的章节中,我们介绍了关于 RPC 运行的详细理论,RPC 现在的应用和今后在这个领域前景很好的发展。

本附录将专注于实际的问题,我们将讨论如何在实验室中组装电木和玻璃的 RPC。相信这个部分对于那些要在实验室中组装这些仪器的初学者将会非常有趣。

关于组装电木 RPC 的步骤在附录的第一部分进行描述;在经过作者同意后,我们使用了 Biswas(2010)的图片和文字。第二部分主要描述玻璃 RPC 的组装,配以 Loterman (2014)和 Repond(2009)的图片。而第三部分将主要讲述多气隙定时 RPC 的组装。在这个部分中,我们主要使用了 EEE 合作组的材料。用于解释步骤的照片拍摄于欧洲核子中心组装这些探测器的实验室。经过作者同意后,我们主要使用了 La Rocca 等(2017)的图片。在这里对他们致以衷心的感谢。

A.1 电木 RPC 的组装

图 A.1 是我们将要描述组装方法的 RPC 的一张草图。在这个例子中,电木板厚度是 2mm,气隙厚度是 2mm。当然,我们所说的组装方法也适用于其他不同参数的 RPC。通过直径 1cm 按钮状的垫片保证了两个电极之间距离的均匀(一般来说 10cm×10cm RPC 需要 1 个垫片,30cm×30cm RPC 需要 5 个垫片,100cm×100cm RPC 则需要 49 个垫片)。气隙通过周边密封获得气密性,有时也被称为边框,厚度为 8mm。垫片和边框均由聚碳酸酯制成。

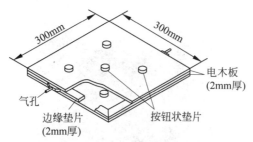

图 A.1　本附录所描述的阻性板室的简略草图(Biswas,2010)

气孔是边框的一部分,在接近两个对角的位置,用于进气和出气,也是用聚碳酸酯做成。在更大的 RPC 中,一般会有 4 个这样的气孔。使用 Araldite 环氧树脂黏合剂将所有这些组件(气孔、边缘垫片和按钮垫片)黏合到电木板上。其中一些可以在图 A.2 中见到。而后,

图 A.2　聚碳酸酯按钮垫片,边缘垫片和气孔(Biswas,2010)

通过施加一层环氧树脂黏合剂来密封电木板的边缘,以防止气体泄漏。

　　在操作前检查气密性是非常重要的,可以通过用氩气或氦气填充 RPC 并使用检漏探头来完成。另一种方法是在保持气体出口关闭的同时给腔室内充空气(或一些气体),从而在内部产生几毫巴的超压。气密性是压力能否时时保持稳定的一个检验标准。

　　组装这种 RPC 的主要步骤在图 A.3 中展示。黏合垫片和气孔到电木板上的步骤在图 A.3 特别展示了黏合垫片和气孔到电木板上的步骤。经过适当的清洁后,电木电极的外表面必须使用喷枪涂上薄的石墨层(面电阻率≈1MΩ/□),以便使高压(HV)均匀分布在整个 RPC。需要注意的是,如果涂层的电阻率太低,则感应电荷将发射多条电场线,从而使空间分辨率变差。相反,如果电阻率太高,则电场可能不够均匀,或者电极在放电后不会很快再充电。因此,必须找到最佳值,有时则需要通过经验测试来得到。

图 A.3　在 30cm×30cm 电木板上粘贴垫片和气孔(Biswas,2010)

　　在电木边缘和石墨层之间留有 1cm 的间隙,以避免放电。然后在两个外表面上使用聚酰亚胺胶带粘贴两个厚度约为 $20\mu m$ 的小铜箔(20mm×10mm)。高压电极焊接在这些铜箔上(图 A.4)。

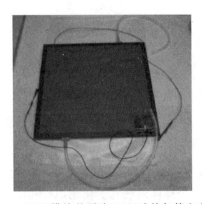

图 A.4　30cm×30cm RPC 模块的照片,已经连接气管和高压(Biswas,2010)

为了收集感应信号,信号读出条放置在石墨涂层表面上方,由绝缘体隔开(图 A.5)。信号读出条由铜(20μm 厚)制成,一面粘贴在用作电介质的 10mm 厚的泡沫上,这样的设计同时还使结构具有刚性。这些条的尺寸为 300mm×30mm,并且相邻的两个条之间还有 2mm 的间隔。由铝制成的接地平面粘贴在装置另一侧的泡沫上。

图 A.5 装配好的 RPC 的照片,可以明显看到,30cm 长的信号读出条连接到带状电缆(Biswas,2010)

显然,制造更大的 RPC 更复杂,但主要的技术步骤基本不变。例如,100cm×100cm RPC 的组装阶段如图 A.6 和图 A.7 所示,相同尺寸的完整 RPC 模块如图 A.8 所示。

图 A.6 1m×1m 电木电极上垫片组装过程的照片(Biswas,2010)

图 A.7 1m×1m 电木电极的照片,带有粘贴好的垫片,并准备与另一个电极组装(Biswas,2010)

图 A.8 完全组装好的 RPC 的照片,包裹在屏蔽层中(Biswas,2010)

A.2 玻璃 RPC 的组装

构建玻璃 RPC 所需的步骤取决于 RPC 的设计目的和尺寸。在我们举的这个例子中,参考了文献(Loterman,2014)中描述的组装步骤。这个例子中是双气隙 RPC,其中两个阳极彼此面对并且由同一组铜条读出信号,如图 A.9 所示。

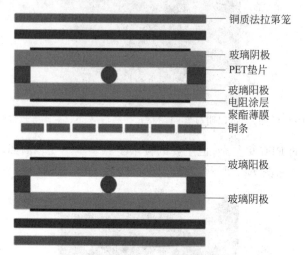

铜质法拉第笼

玻璃阴极
PET垫片
玻璃阳极
电阻涂层
聚酯薄膜
铜条

玻璃阳极

玻璃阴极

图 A.9 双气隙玻璃 RPC 原型的横截面图(Loterman,2014)

在用这种材料制作 RPC 的过程中,玻璃清洁是非常重要的。因此,我们用适当的化学产品彻底清洗玻璃板,然后在一个表面上用喷枪喷涂阻性涂层。为了将边缘垫片和气嘴安置在灵敏区域之外,用胶将它们粘贴在玻璃板上。

下一步是组装 RPC 气隙。在这个例子中,通过在板之间放置 9 个球状间隔物来确保间隙高度的均匀性。球的直径为 1mm,由陶瓷制成(图 A.10)。外密封件通常由聚对苯二甲酸乙二醇酯(PET)制成,这是一种韧性和硬度都很好且尺寸稳定的材料,并且几乎不吸收水分。

图 A.10 RPC 玻璃气隙的构造(Loterman,2014)

白点是陶瓷球间隔物,边缘可以看到聚对苯二甲酸乙二醇酯(PET)密封。在左上角可以看到其中一个进气口。

一旦所有垫片粘好,第二块玻璃板就被放在顶部。在胶水固化期间,在板的顶部添加一些重量(比如金属砖)以施加适当的压力。此后,将高压电缆连接到阻性涂层。首先,使用填充银的环氧树脂将一小片铜粘贴在阻性涂层上,高压电缆焊接在铜片上(图 A.11),使用硅胶并在其外面使用绝缘胶带确保绝缘。

图 A.11 高压连接(Loterman,2014)
白色电缆是高压电缆,黑色电缆是接地电缆,连接到 RPC 的另一侧。

我们将 16 个 15mm 宽的铜制信号读出条(上面有一层很薄的锡)以 1.5mm 的间隔粘贴在作为绝缘层的聚酯薄膜上(图 A.12)。最后,将带有中间读出条的两个气隙包裹在铜箔中,从而最大限度地减少由读出条拾取的外部噪声。

图 A.12 玻璃 RPC 照片(Loterman,2014)
图中可以看到已经连接读出线的读出条。

有若干很有趣的读出模式,例如,如果使用读出片,则可以使用特制的电路板(PCB,参见图 A.13 和图 A.14)来实现 2D 信号读出。

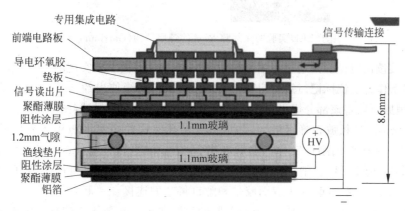

图 A.13 玻璃 RPC 的示意图(Repond,2009)
带有片状读出板,通过导电环氧树脂连接到前端电子设备;在这个例子中,尼龙钓鱼线(见下一段有关详细信息)部分包覆 PVC 套筒被用作垫片。

图 A.14　读出电路板(a)正面、(b)反面的照片(Repond，2009)
可以清楚地看到前端芯片。

A.3　玻璃 MRPC 的组装

现在让我们来看多气隙 RPC 的组装过程。正如之前提到的，这里引用在 EEE 实验合作组中使用的 MRPC，其组装过程由 C. Williams 及其在欧洲核子研究中心的团队发明并且完善。其中一个室的各层结构如图 A.15 所示。使用的材料很常见，即塑料、玻璃、渔线和带胶的铜带。组装程序主要是从底部开始向上逐步搭建图 A.15 中显示的各层。

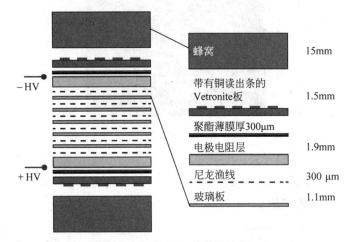

图 A.15　用于 EEE 实验的多气隙 RPC 的各层结构(Garritano et al.，2015)

首先组装读出电极。是通过将铜带粘贴到 Vetronite 面板上来实现的，在粘贴铜带期间通常会绘制线条作为定位标记。然后切割铜片使其从面板边缘伸出约 2cm，并折叠在面板的另一侧，以便稍后可以将该部分用于焊接连接读出条到前端电路的导线(图 A.16)。

将 Vetronite 平板放在蜂窝板上，并沿边缘钻孔。这些蜂窝面板用于容纳腔室的内部各层并为整个结构提供刚性支撑。然后取出 Vetronite 平板并将 Vetronite 平板中的孔加宽并拧紧，以便它们可以容纳 1.5cm 尼龙螺丝(图 A.17)。最后将再次组装好的 Vetronite 平板和蜂窝板组合到一起，并用双面胶带和螺钉将它们连接在一起。

在 Vetronite 平面的顶部放置 $175\mu m$ 厚的聚酯薄膜。在薄膜上连接由铜制成的高压触点，在其顶部有一块双面胶带。当去掉胶带上的保护层时，它将与第一块玻璃板形成电接触(图 A.18)。

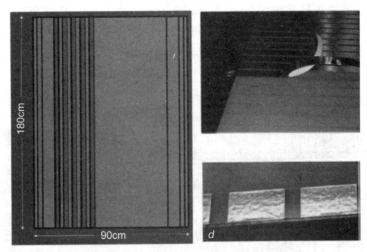

图 A.16　组装读出条的各个步骤(La Rocca et al.,2017)

图 A.17　用于 MRPC 组装的 Vetronite 面板边缘尼龙螺钉的细节(La Rocca et al.,2017)

图 A.18　EEE 实验的 MRPC 上的高压连接(La Rocca et al.,2017)

　　两个外部玻璃电极由普通浮法玻璃制成,尺寸为 $164cm \times 85cm \times 0.19cm$。为了确保最佳效果,玻璃表面首先用酒精和水进行清洗(这是一种适用于建筑中使用的玻璃板的程序,由于玻璃板通常来自工厂,覆盖着一层薄薄的石蜡)。由于高压必须施加在每个外部玻璃电极的一个表面上,因此我们在玻璃表面喷涂电阻涂料(Licron)。重复该操作几次,从而获得尽可能均匀的电阻率的平板。之后,Licron 涂料变干通常需要半天左右,因此我们还喷涂了额外的氨基甲酸乙酯的保护层。

　　现在可以开始腔室的组装。涂有 Licron 涂料的玻璃在先前制备的蜂窝/Vetronite 平面上向下放置。通过静电枪清洁玻璃板,静电枪使用小的电离氩气射流。每次放置新的玻璃板时都必须重复该操作。

然后将渔线缠绕在尼龙螺丝上,如图 A.19 所示。渔线的直径是 $250\mu m$ 或 $300\mu m$(或其他值),用以确定两个相邻玻璃板之间的间隙尺寸。另一个玻璃板位于顶部,渔线缠绕在其上。然后再定位下一个玻璃板,直到完成 5 个或 6 个间隙。如图 A.15 所示,内部玻璃板厚 1.1mm。最后一块玻璃板与第一块玻璃板同样厚 1.9mm,其上表面涂有 Licron 涂料。

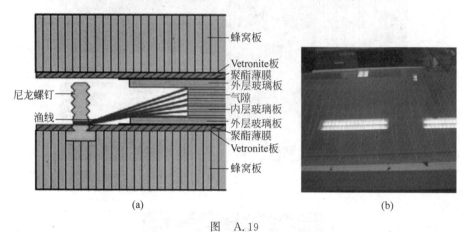

(a)　　　　　　　　　　　　　　　　(b)

图　A.19

(a) 围绕尼龙螺丝缠绕的渔线示意图(Abbrescia et al.,2008);(b) 渔线的实际照片,其用于保持 EEE 实验的 MRPC 中玻璃板之间的气隙间隔(La Rocca et al.,2017)

在上下两个面板上,用 20cm 长的导线焊接到先前组装的高压触点上。第二个 Vetronite 蜂窝放置在结构的顶部,需要注意在 4 个角落放置 1.5cm 的橡胶垫片。在距边缘 1cm 处钻孔,并插入螺钉将两个面板连接在一起。这时应该使用真空台以防止灰尘进入腔室。然后将读出线连接到读出条上,如图 A.20 所示进行焊接。

图 A.20　照片中显示了在 EEE MRPC 中焊接到读出条的读出线(La Rocca et al.,2017)

然后将 MRPC 插入预先制作的铝盒中,该铝盒除了确保气密性,还必须配备合适的连接器件,包括将读出连接到前端电子设备,将高压电缆连接到电源,以及连接气体供应。然后,将蜂窝/Vetronite/玻璃夹层提起放置在盒子内部,沿探测器侧面定位放置合适的垫片以提供机械稳定性(图 A.21)。最后,信号和高压电缆焊接到盒子内的相关连接器件上,关闭盒子。

当然,有关所描述的电木和玻璃以及多间隙 RPC 的组装步骤的更多细节,请读者参考这里引用的原始文献。

图 A. 21　EEE 实验中的一个 MRPC 的 Vetronite/玻璃结构，它正位于金属盒内（La Rocca et al. ，2017）

参考文献

Abbrescia, M. *et al*. (2008) Performance of a six gap MRPC built for large area coverage. *Nucl. Instrum. Methods Phys. Res., Sect. A*, **593**, 263–268.

Biswas, S. (2010) Development of high resolution gas filled detectors for high energy physics experiments. PhD thesis. University of Calcutta, http://www.ino.tifr.res .in/ino/theses/Saikat.Biswas-thesis.pdf (accessed 30 October 2017).

Garritano, L. *et al*. (2015) An educational activity: building a MRPC. *World J. Chem. Educ.*, **3** (6), 150–159.

La Rocca, P., Riggi, F., and (for the EEE collaboration) (2017) Aspetti operativi e legati alla sicurezza durante le procedure di costruzione e assemblaggio delle camere MRPC, EEE Internal note 2017/01.

Loterman, D. (2014) *Development of a Glass Resistive Plate Chamber for the Phase-2 Upgrade of the CMS Detector at the Large Hadron Collider*, University of Gent, http://lib.ugent.be/fulltxt/RUG01/002/163/596/RUG01-002163596_2014_0001_ AC.pdf (accessed 30 October 2017).

Repond, J. (2009) *A Calorimeter with Resistive Plate Chambers*, Seminar at University of Virginia, Charlottesville, VA, http://www.phys.virginia.edu/Files/ fetch.asp?EXT=Seminars:1873:SlideShow (accessed 30 October 2017).

缩 略 词

3S(absorption factors)　吸收系数

DC(analog to digital converter)　模数转换器

ALICE(a large ion collider experiment)　大型离子对撞机实验

ASIC(application-specific integrated circuit)　专用集成电路

ATLAS(a toroidal LHC apparatus)　超环面仪器

CERN (Organisation Européenne pour la recherche nucléaire) 或 (European Organization
　　　for Nuclear Research)　欧洲核子研究中心

CMS(compact muon solenoid)　紧凑 μ 子线圈

CNAF(Centro Nazionale Analisi Fotogrammi)　意大利国家架构分析中心

CNC(computer numerical controlled (machine))　电脑数控(机)

DESY(Deutsches Elektronen-Synchrotron)　德国电子同步加速器研究所

GEM(gas electron multiplier)　气体电子倍增器

HPTDC(high performance time to digital converter)　高精度时间-数字转换器

HV(high voltage)　高压

LHC(large hadron collider)　大型强子对撞机

MIP(minimum ionizing particle)　最小电离粒子

MPGC(micropattern gaseous detectors)　微结构气体探测器

MRPC(multi-gap resistive plate chamber)　多气隙阻性板室

MSGC(microstrip gas chamber)　微条气体探测器

MWPC(multiwire proportional chamber)　多丝正比室

PCB(printed circuit board)　印制电路板

PET(polyethylene terephthalate)　聚对苯二甲酸乙二醇酯,涤纶

PET(positron emission tomography)　正电子发射断层成像

PM(photomultiplier)　光电倍增管

PSC(planar(pestov)spark chambers)　平面火花室

RICH(ring imaging cherenkov)　环形成像切伦科夫探测器

RPC(resistive plate chamber)　阻性板室

TDC(time to digital converter)　时间-数字转换器

TTL(transistor-transistor logic)　晶体管-晶体管逻辑